Inhaltsverzeichnis

1 Techniken des Gleichungslösens

Bei den nachfolgenden Gleichungen wählen wir die reellen Zahlen $\mathbb{R}$ als Grundmenge.

1.1 Lineare Gleichungen

Eine Gleichung des Typs $ax + b = 0$ mit $a, b \in \mathbb{R}$ nennt man *lineare Gleichung*. Sie besitzt
für $a \neq 0$ genau eine Lösung $x = -\frac{b}{a}$,
für $a = 0$ und $b = 0$ alle Elemente der Grundmenge als Lösungen,
für $a = 0$ und $b \neq 0$ keine Lösung.

Beispiele zum Lösen linearer Gleichungen

(1) $5x - 4 = 2(x - 3) + 1$ (2) $3(2x + 1) = 6x$ (3) $2(x + 1) - x = x + 2$

zu (1)

$5x - 4 = 2(x - 3) + 1$		ausmultiplizieren
$5x - 4 = 2x - 6 + 1$		zusammenfassen
$5x - 4 = 2x - 5$	$\mid -2x$	Vielfaches von x auf einer Seite der Gleichung eliminieren
$3x - 4 = -5$	$\mid +4$	Konstante auf der anderen Seite eliminieren
$3x = -1$	$\mid :3$	Dividieren
$x = -\frac{1}{3}$		
$L = \{-\frac{1}{3}\}$		

zu (2)

$3(2x + 1) = 6x$		ausmultiplizieren
$6x + 3 = 6x$	$\mid -6x$	Vielfaches von x auf einer Seite der Gleichung eliminieren
$3 = 0$		
$L = \{\}$		

zu (3)

$2(x + 1) - x = x + 2$		ausmultiplizieren
$2x + 2 - x = x + 2$		zusammenfassen
$x + 2 = x + 2$	$\mid -x$	Vielfaches von x auf einer Seite der Gleichung eliminieren
$2 = 2$	$\mid -2$	Konstante auf der anderen Seite eliminieren
$0 = 0$		
$L = \mathbb{R}$		

1. Bestimme die Lösungsmenge wie im Beispiel zuvor.

a) $\frac{1}{2}(3x + 1) = -x + 2$
b) $\frac{2}{3}(6x - 4) = 4x$
c) $x - (\frac{1}{4}x - 1) = \frac{3}{4}x + 1$
d) $2x + \pi = 0$
e) $0 \cdot x + 2 = 3$
f) $\sqrt{2} \cdot x = \sqrt{6}$
g) $(x - 1)^2 = x^2 - 3x$
h) $(2x - 4)(x + 2) = 2x^2$
i) $(\frac{4}{5}x + \frac{1}{4})(-2) = -\frac{1}{4}x + 3$

1.2 Quadratische Gleichungen

Eine Gleichung des Typs $x^2 + px + q = 0$ mit $p, q \in \mathbb{R}$ nennt man eine *quadratische Gleichung* in Normalform.
Die zugehörige Lösungsformel lautet

$x_{1/2} = -\frac{p}{2} \pm \sqrt{\left(\frac{p}{2}\right)^2 - q}$ mit $D = \left(\frac{p}{2}\right)^2 - q$.

Sie liefert für

$D > 0$ zwei Lösungen,
$D = 0$ genau eine Lösung,
$D < 0$ keine Lösung.

Der Term D heißt *Diskriminante.*

Beispiele zum Lösen quadratischer Gleichungen

(1) $x^2 - x - 6 = 0$

$$x_{1/2} = \tfrac{1}{2} \pm \sqrt{\left(\tfrac{1}{2}\right)^2 - (-6)}$$
$$x_{1/2} = \tfrac{1}{2} \pm \sqrt{\tfrac{1}{4} + 6}$$
$$x_{1/2} = \tfrac{1}{2} \pm \sqrt{\tfrac{25}{4}}$$
$$x_{1/2} = \tfrac{1}{2} \pm \tfrac{5}{2}$$
$$x_1 = 3 \quad \text{und} \quad x_2 = -2$$
$$L = \{-2; 3\}$$

(2) $-2x^2 + 2x - \frac{1}{2} = 0 \quad |:(-2)$

$$x^2 - x + \tfrac{1}{4} = 0$$
$$x_{1/2} = \tfrac{1}{2} \pm \sqrt{\left(\tfrac{1}{2}\right)^2 - \tfrac{1}{4}}$$
$$x_{1/2} = \tfrac{1}{2} \pm 0$$
$$x_1 = x_2 = \tfrac{1}{2}$$
$$L = \{\tfrac{1}{2}\}$$

1. Bestimme die Lösungsmenge wie im Beispiel zuvor.

a) $x^2 + 11x + 28 = 0$
b) $x^2 = x + 20$
c) $2x^2 - 11x - 6 = 0$
d) $6x^2 - x = 12$
e) $6x = 4x^2 + 3$
f) $\frac{1}{13}x^2 - 2x = -13$
g) $4x^2 - 7x - 2 = 0$
h) $4 = 5x + 6x^2$
i) $28x - 4 = 49x^2$
j) $5x^2 + 4 + 8x = 0$
k) $34 + 12x = -x^2$
l) $x^2 - 4 = \sqrt{2}\,x$

2. Bestimme $a \in \mathbb{R}$ so, dass die Gleichung genau eine Lösung besitzt.

$\frac{1}{2}x^2 = 3x + a \quad | -3x - a$ auf Normalform bringen
$\frac{1}{2}x^2 - 3x - a = 0 \quad | \cdot 2$
$x^2 - 6x - 2a = 0$

Aus $D = 0$ folgt
$9 + 2a = 0 \quad | -9$
$2a = -9 \quad | :2$
$a = -\frac{9}{2}$

a) $\frac{1}{2}x^2 + 7x = a$
b) $5x^2 - 4x + a = 0$
c) $4x^2 + 20ax + 25a^2 = 0$
d) $8x^2 + ax + 18 = 0$
e) $x^2 + (a+1)x + a = 0$
f) $2x^2 + 4x = ax + 2a$
g) $3x^2 - 6ax + 9 = 0$
h) $x^2 = a(x - 1)$
i) $x^2 - a = x + a$

1.3 Bruchgleichungen

Gleichungen, bei denen die Lösungsvariable im Nenner auftritt, bezeichnet man als *Bruchgleichungen.*

Beachte:
Alle Werte der Lösungsvariable, für die ein Nenner den Wert 0 annimmt, gehören nicht zur Definitionsmenge.

1. Bestimme die Definitionsmenge.

a) $\frac{x}{1-x} = 7$

b) $\frac{x^2}{(x-2)(x+8)} = 9$

c) $\frac{7}{3x+1} = x$

d) $x - 4 = \frac{x+3}{5-8x}$

e) $\frac{1}{x} - \frac{x^2+1}{x^2-3x} = 0$

f) $\frac{x+5}{x^2-25} = \frac{1}{x+9}$

g) $\frac{3}{x^2+2} = x - 8$

h) $\frac{1}{x^2-16} = 2x + 5$

i) $\frac{x+4}{x^2+x-2} = 5x - 3$

j) $\frac{7}{x^2-4x+21} = x + 8$

k) $\frac{x^2-3}{x-4} = \frac{x-4}{x^2-3}$

l) $x + \frac{2}{x^2+3} = \frac{1}{3x-4}$

$\frac{3}{x-2} = \frac{x^2+1}{(x+1)\cdot x}$

(1) $x - 2 = 0 \Leftrightarrow x = 2$
(2) $(x+1)x = 0 \Leftrightarrow x = -1 \vee x = 0$

Damit ergibt sich die Definitionsmenge $D = \mathbb{R} \setminus \{-1; 0; 2\}$.

Beispiele zur Bestimmung der Definitionsmenge und der Lösungsmenge

(1) $\frac{3}{x-1} = \frac{2}{x+2}$, also $D = \mathbb{R} \setminus \{-2; 1\}$

$\frac{3}{x-1} = \frac{2}{x+2} \quad |\cdot (x-1)(x+2)$

$3(x+2) = 2(x-1)$

$3x + 6 = 2x - 2 \quad | - 2x$

$x + 6 = -2 \quad | - 6$

$x = -8 \in D$

$L = \{-8\}$

(2) $\frac{1}{x^2-x} = \frac{1}{x-1}$

$\frac{1}{x(x-1)} = \frac{1}{x-1}$, also $D = \mathbb{R} \setminus \{0; 1\}$

$\frac{1}{x(x-1)} = \frac{1}{x-1} \quad |\cdot x(x-1)$

$x = 1 \notin D$

$L = \{\,\}$

Wichtig:
– Faktorisieren der Nenner zur Bestimmung der Definitionsmenge und des Hauptnenners
– Durchmultiplizieren mit dem Hauptnenner
– Zugehörigkeit der Lösungen zur Definitionsmenge prüfen, denn alle Werte der Lösungsvariable, für die ein Nenner der Bruchgleichung den Wert 0 annimmt, gehören nicht zur Definitionsmenge.

2. Bestimme die größtmögliche Definitionsmenge und die Lösungsmenge wie zuvor im Beispiel.

a) $\frac{x}{x+3} = 0$

b) $\frac{2}{1+x} = 3$

c) $\frac{7}{2x+1} = 0$

d) $\frac{3}{x+2} - \frac{2}{x-2} = \frac{x-10}{x^2-4}$

e) $\frac{2x+3}{x-1} = \frac{2x+2}{x+1}$

f) $\frac{-x+3}{2x+8} = \frac{3x+5}{-6x-3}$

g) $\frac{3}{2x-2} + \frac{6x-13}{3x-5} = 2$

h) $\frac{2x^2-3}{x^2-1} - \frac{x}{x+1} = 1$

i) $\frac{1}{x} = \frac{4x}{9x-2}$

j) $\frac{x+1}{2x+1} = \frac{3x-1}{x+2}$

k) $\frac{3x-1}{2x} - \frac{x+1}{3x+1} = \frac{1}{2}$

l) $\frac{3}{2}x - \frac{2}{x+3} = -5$

1.4 Wurzelgleichungen

Gleichungen, bei denen die Lösungsvariable unter der Wurzel auftritt, bezeichnet man als *Wurzelgleichungen.*

Beispiele zum Lösen von Wurzelgleichungen

(1) $x = \sqrt{x + 30}$

(2) $7 + \sqrt{x + 4} = 2x$

zu (1) $x = \sqrt{x + 30}$ Quadrieren

$x^2 = x + 30$

$x^2 - x - 30 = 0$

$x_{1/2} = \frac{1}{2} \pm \sqrt{\frac{1}{4} + 30}$

$x_{1/2} = \frac{1}{2} \pm \sqrt{\frac{121}{4}}$

$x_{1/2} = \frac{1}{2} \pm \frac{11}{2}$

$x_1 = 6, \quad x_2 = -5$

Probe für $x_1 = 6$: $6 = \sqrt{36}$ (wahr)

Probe für $x_2 = -5$: $-5 = \sqrt{25}$ (falsch)

$L = \{6\}$

zu (2) $7 + \sqrt{x + 4} = 2x$ Wurzel isolieren

$\sqrt{x + 4} = 2x - 7$ Quadrieren

$x + 4 = (2x - 7)^2$

$x + 4 = 4x^2 - 28x + 49$

$0 = 4x^2 - 29x + 45$

$0 = x^2 - \frac{29}{4}x + \frac{45}{4}$

$x_{1/2} = \frac{29}{8} \pm \sqrt{\frac{841}{64} - \frac{45}{4}}$

$x_{1/2} = \frac{29}{8} \pm \sqrt{\frac{121}{64}}$

$x_{1/2} = \frac{29}{8} \pm \frac{11}{8} \Leftrightarrow x_1 = 5, \; x_2 = \frac{9}{4}$

Probe für $x_1 = 5$: $7 + \sqrt{9} = 10$ (wahr)

Probe für $x_2 = \frac{9}{4}$: $7 + \sqrt{\frac{25}{4}} = \frac{9}{2}$ (falsch)

$L = \{5\}$

Wichtig:

- Isolieren von Wurzeltermen
- Quadrieren bzw. potenzieren
- Unerlässliche Probe ausführen

1. Löse wie im Beispiel zuvor.

a) $\sqrt{x} + x = 2$
b) $\sqrt{x + 5} = 4$
c) $\sqrt{8x + 1} = -5$
d) $3 = x - \sqrt{3x - 5}$
e) $\sqrt{x^2 + 7} = x + 1$
f) $2\sqrt{x + 3} - 3\sqrt{x - 2} = 0$
g) $\sqrt{2x - 4} = 2\sqrt{x + 4}$
h) $\sqrt{x - 4} \cdot \sqrt{x + 6} = 0$
i) $\sqrt{x - 3} \cdot \sqrt{x + 3} = 4$

2. Löse wie im Beispiel, prüfe das Ergebnis.

a) $\sqrt[3]{x + 1} = 2$
b) $\sqrt[3]{4 - x} = 1$
c) $\sqrt[3]{2x - 1} = -1$
d) $\sqrt[3]{x^3 + 7} = x + 1$
e) $\sqrt[4]{8x + 1} = 3$
f) $\sqrt[4]{x^4 + x^2 - 3x - 10} = x$
g) $\sqrt[6]{x^6 - x + 3} = x$
h) $\sqrt[3]{x^2 - 4 + x^6} = x^2$

$\sqrt[4]{2x + 9} = 1 \quad | \text{ hoch } 4$

$2x + 9 = 1 \quad | -9$

$2x = -8 \quad | :2$

$x = -4$

Probe für $x = -4$:

$\sqrt[4]{1} = 1$ (wahr)

$L = \{-4\}$

1.5 Gleichungen höherer Ordnung — Polynomdivision

Gleichungen bei denen die Lösungsvariable in mindestens dritter Potenz auftritt bezeichnen wir als *Gleichungen höherer Ordnung.*

Beispiele zum Lösen mithilfe der n-ten Wurzel

(1) $-\frac{1}{2}x^3 - 12 = 0$ (2) $3x^4 - 36 = 0$ (3) $5x^5 = 10$ (4) $5x^6 = -3$

zu (1) $-\frac{1}{2}x^3 - 12 = 0 \Leftrightarrow -\frac{1}{2}x^3 = 12 \Leftrightarrow x^3 = -24$
$\Leftrightarrow x = -\sqrt[3]{24} \Leftrightarrow x = -2\sqrt[3]{3}$, $L = \{-2\sqrt[3]{3}\}$

zu (2) $3x^4 - 96 = 0 \Leftrightarrow 3x^4 = 96 \Leftrightarrow x^4 = 32$
$\Leftrightarrow x_{1/2} = \pm\sqrt[4]{32} \Leftrightarrow x_{1/2} = \pm 2\sqrt[4]{2}$, $L = \{-2\sqrt[4]{2};\ 2\sqrt[4]{2}\}$

zu (3) $5x^5 = 10 \Leftrightarrow x^5 = 2 \Leftrightarrow x = \sqrt[5]{2}$, $L = \{\sqrt[5]{2}\}$

zu (4) $5x^6 = -3 \Leftrightarrow x^6 = -\frac{3}{5}$ ist unerfüllbar, $L = \{\,\}$

1. Löse die Gleichungen mithilfe der n-ten Wurzel.

a) $2x^3 + 54 = 0$ **e)** $\frac{8}{9}x^5 + \frac{27}{4} = 0$ **i)** $128x^8 - 3 = 0$

b) $\frac{1}{2}x^3 - \frac{1}{4} = 0$ **f)** $-64x^5 + 2 = 0$ **j)** $-512x^{10} = -1$

c) $\frac{1}{2}x^4 - 8 = 0$ **g)** $\frac{4}{5}x^6 + 1 = 0$ **k)** $x^n = 1,\ n \in \mathbb{N}$

d) $-3x^4 = 243$ **h)** $x^7 + 256 = 0$ **l)** $x^n = -1,\ n \in \mathbb{N}$

Beipiele zum Lösen mittels Substitution

(1) $\frac{2}{5}(x-1)^3 = 16$ (2) $x^4 + x^2 = 12$

zu (1) $\frac{2}{5}(x-1)^3 = 16$
setze $x - 1 = u$
$\frac{2}{5}u^3 = 16 \Leftrightarrow u^3 = 40 \Leftrightarrow u = \sqrt[3]{40} \Leftrightarrow u = 2\sqrt[3]{5}$
setze $u = x - 1$
$x - 1 = 2\sqrt[3]{5} \Leftrightarrow x = 1 + 2\sqrt[3]{5}$, $L = \{1 + 2\sqrt[3]{5}\}$

zu (2) $x^4 + x^2 = 12 \Leftrightarrow x^4 + x^2 - 12 = 0$
setze $x^2 = u$
$u^2 + u - 12 = 0$
$u_{1/2} = -\frac{1}{2} \pm \sqrt{\frac{1}{4} + 12} \Leftrightarrow u_{1/2} = -\frac{1}{2} \pm \sqrt{\frac{49}{4}} \Leftrightarrow u_{1/2} = -\frac{1}{2} \pm \frac{7}{2} \Leftrightarrow u_1 = -4,\ u_2 = 3$
setze $u = x^2$
$x^2 = -4$ ist unerfüllbar $x^2 = 3$
$x_{1/2} = \pm\sqrt{3}$, $L = \{-\sqrt{3};\ \sqrt{3}\}$

2. Löse die Gleichungen mittels Substitution.

a) $-(x+1)^3 = 8$ **d)** $3(\frac{1}{2}x^2+2)^6+1=0$ **g)** $x^6-7x^3-8=0$

b) $\frac{1}{4}(4x-1)^4=4$ **e)** $x^4-6x^2+5=0$ **h)** $9x^4-37x^2+4=0$

c) $4(2-x)^5-\frac{1}{8}=0$ **f)** $x^4+x^2=20$ **i)** $27x^6-1=26x^3$

Beispiel zum Lösen durch Faktorisierung (ausklammern)

(1) $x^3-x^2=0$

$x^2(x-1)=0$

$x=0 \vee x=1,\quad L=\{0; 1\}$

(2) $4x^3-4x^2+x=0$

$x^3-x^2+\frac{1}{4}x=0$

$x(x^2-x+\frac{1}{4})=0$

$x(x-\frac{1}{2})^2=0$

$x=0 \vee x=\frac{1}{2},\quad L=\{0; \frac{1}{2}\}$

3. Löse durch Faktorisierung.

a) $2x^3+3x^2=0$ **c)** $7x^4+5x^3=0$ **e)** $9x^3-12x^2+36x=0$

b) $4x^3+3x=0$ **d)** $2x^4-8x^2=0$ **f)** $4x^4+28x^3+49x^2=0$

4. Bestätige, dass die angegebene Zahl x_1 die Gleichung erfüllt und bestimme alle weiteren Lösungen mittels Polynomdivision.

a) $x^3-2x^2-5x+6=0;\ x_1=-2$

b) $x^3-13x=12;\ x_1=-3$

c) $x^3-3x^2=18x-40;\ x_1=2$

d) $2x^3-x^2-8x+4=0;\ x_1=\frac{1}{2}$

e) $x^3+x^2-16x+20=0;\ x_1=2$

f) $4x^3+27x^2+54x+27=0;\ x_1=-3$

g) $4x^4-8x^3=37x^2-20x;\ x_1=4$

h) $x^4+x^3=2x^2+2x;\ x_1=-1$

i) $x^5+3x^4=x+3;\ x_1=-3$

Beispiel zum Lösen mittels Polynomdivision

$x^3-4x^2=-2x+8,\ x_1=4$

Die Probe für $x_1=4$ liefert:

$32-32=-4+4$ wahr

$x^3-4x^2+2x-8=0$

Polynomdivision:

$$\begin{array}{l}(x^3-4x^2+2x-8):(x-4)=x^2+2\\ \underline{-(x^3-4x^2)}\\ \qquad\qquad 2x-8\\ \qquad\quad \underline{-(2x-8)}\\ \qquad\qquad\quad 0\end{array}$$

$(x^2+2)(x-4)=0$

Da $x^2+2=0$ unerfüllbar ist, ergibt sich $L=\{4\}$.

5. Bestimme die Lösungsmenge mit einem geeigneten Verfahren.

a) $\frac{1}{4}x^4-x^2=0$

b) $x^4=125x$

c) $x^3-x^2+4x=0$

d) $8x^3+27=0$

e) $\frac{1}{6}x^4-x^3+\frac{3}{2}x^2=0$

f) $\frac{1}{2}(x+2)^5=-16$

g) $-4x^4=\frac{1}{4}$

h) $3x^6=60x$

i) $6x^3+7x^2-x-2=0,\ x_1=\frac{1}{2}$

j) $x^5+2x^4+x+2=0,\ x_1=2$

k) $3x^3-x^2-27x+9=0,\ x_1=\frac{1}{3}$

l) $\frac{x^4}{2}+\frac{5}{2}x^2+3=0$

m) $6x^3+7x^2-3x=0$

n) $x^4+4x^3-x^2-4x=0,\ x_1=1$

o) $x^3-x^2+4x-4=0,\ x_1=1$

p) $-x^4+25x^2-144=0$

6. Bestimme $a \in \mathbb{R}$ so, dass die Gleichung genau zwei Lösungen besitzt.

a) $x^3-2x^2+ax=0$ **b)** $x^4+ax^3+9x^2=0$

1.6 Exponentialgleichungen

Eine Gleichung, bei der die Lösungsvariable im Exponent auftritt, bezeichnet man als *Exponentalgleichung.*

Beispiele zum Lösen von Exponentialgleichungen durch Erzeugen gleicher Basen

(1) $2^{x-1} = 32$ (2) $3^{4x-1} = 9^{x+2}$

zu (1)
$2^{x-1} = 32$ Erzeugen gleicher Basen
$2^{x-1} = 2^5$ Vergleichen der Exponenten
$x - 1 = 5$
$x = 6$ $L = \{6\}$

zu (2)
$3^{4x-1} = 9^{x+2}$ Erzeugen gleicher Basen
$3^{4x-1} = (3^2)^{x+2}$
$3^{4x-1} = 3^{2\cdot(x+2)}$
$3^{4x-1} = 3^{2x+4}$ Vergleichen der Exponenten
$4x - 1 = 2x + 4$
$2x = 5$
$x = \frac{5}{2}$ $L = \{\frac{5}{2}\}$

1. Bestimme die Lösungsmenge durch Erzeugen gleicher Basen.

a) $4^{x+1} = 1$
b) $2^{1-x} = \frac{1}{4}$
c) $3^{2x+1} = \sqrt{3}$
d) $4^{x+2} = \frac{1}{2}$
e) $(\frac{1}{2})^x = 4$
f) $9^{2x+3} = 27$
g) $4^{x+3} = 2^{x-1}$
h) $8^{1-x} = 16^{1-x}$
i) $2^{3x+2} = (\frac{1}{2})^{x+1}$

Beispiele zum Lösen von Exponentialgleichungen durch Logarithmieren

(1) $2^x = 11$ (2) $3^x = -3$ (3) $3 \cdot 2^{x+2} = 2 \cdot 5^{2x}$

zu (1)
$2^x = 11$ Logarithmieren
$\lg 2^x = \lg 11$
$x \lg 2 = \lg 11$
$x = \frac{\lg 11}{\lg 2} \approx 3{,}46$ $L = \{\frac{\lg 11}{\lg 2}\}$

zu (2) $3^x = -3$ ist unerfüllbar, da Logarithmen nur zu positiven Zahlen definiert sind. $L = \{\ \}$

zu (3)
$3 \cdot 2^{x+2} = 2 \cdot 5^{2x}$ Logarithmieren
$\lg(3 \cdot 2^{x+2}) = \lg(2 \cdot 5^{2x})$ 1. Logarithmengesetz anwenden
$\lg 3 + \lg 2^{x+2} = \lg 2 + \lg 5^{2x}$ 3. Logarithemengesetz anwenden
$\lg 3 + (x+2)\lg 2 = \lg 2 + 2x \lg 5$ Ausmultiplizieren
$\lg 3 + x \lg 2 + 2 \lg 2 = \lg 2 + 2x \lg 5$ Sortieren
$x \lg 2 - 2x \lg 5 = -\lg 2 - \lg 3$ x ausklammern
$x(\lg 2 - 2 \lg 5) = -\lg 2 - \lg 3$ Dividieren
$x = \frac{-\lg 2 - \lg 3}{\lg 2 - 2 \lg 5} \approx 0{,}71$ $L = \{\frac{-\lg 2 - \lg 3}{\lg 2 - 2 \lg 5}\}$

2. Bestimme die Lösungsmenge durch Logarithmieren.

a) $4^x = 3$ **e)** $5^{x+3} - 3 = 0$ **i)** $5 \cdot 2^x = 3 \cdot 2^{2x-1}$

b) $3^x - 6 = 0$ **f)** $3^{2x+1} - 4 = 0$ **j)** $4 \cdot 3^{x+1} = 8 \cdot 9^{1-2x}$

c) $2^{x+2} = 5$ **g)** $2^{x+2} = 3^x$ **k)** $2 \cdot \left(\frac{1}{2}\right)^x = 3 \cdot \left(\frac{1}{4}\right)^{x-1}$

d) $6^{x+4} + 1 = 0$ **h)** $3^{x+1} = 2^{2x}$ **l)** $5 \cdot 2^{x-1} = 4 \cdot 3^{1-x}$

Beispiele zum Lösen von Exponentialgleichungen mittels Substitution

(1) $4^x + 2^x = \frac{3}{4}$ (2) $e^{2x} + e^x - 2 = 0$ (3) $2^x - 7 - 8 \cdot 2^{-x} = 0$

zu (1) $4^x + 2^x = \frac{3}{4} \Leftrightarrow (2^2)^x + 2^x - \frac{3}{4} = 0$

$\Leftrightarrow 2^{2x} + 2^x - \frac{3}{4} = 0 \Leftrightarrow (2^x)^2 + 2^x - \frac{3}{4} = 0$

setze $2^x = u$

$u^2 + u - \frac{3}{4} = 0 \Leftrightarrow u_{1/2} = -\frac{1}{2} \pm \sqrt{\frac{1}{4} + \frac{3}{4}}$

$\Leftrightarrow u_{1/2} = -\frac{1}{2} \pm 1 \Leftrightarrow u_1 = -\frac{3}{2},\ u_2 = \frac{1}{2}$

setze $u = 2^x$

$2^x = -\frac{3}{2}$ $\vee$ $2^x = \frac{1}{2}$

unerfüllbar $x = -1$ $L = \{-1\}$

zu (2) $e^{2x} + e^x - 2 = 0 \Leftrightarrow (e^x)^2 + e^x - 2 = 0$

setze $e^x = u$

$u^2 + u - 2 = 0 \Leftrightarrow u_{1/2} = -\frac{1}{2} \pm \sqrt{\frac{1}{4} + 2}$

$\Leftrightarrow u_{1/2} = -\frac{1}{2} \pm \sqrt{\frac{9}{4}} \Leftrightarrow u_{1/2} = -\frac{1}{2} \pm \frac{3}{2}$

$\Leftrightarrow u_1 = -2,\ u_2 = 1$

setze $u = e^x$

$e^x = -2$ $\vee$ $e^x = 1$

unerfüllbar $x = 0$ $L = \{0\}$

zu (3) $2^x - 7 - 8 \cdot 2^{-x} = 0 \quad | \cdot 2^x$

$\Leftrightarrow (2^x)^2 - 7 \cdot 2^x - 8 = 0$

setze $2^x = u$

$u^2 - 7u - 8 = 0 \Leftrightarrow u_{1/2} = \frac{7}{2} \pm \sqrt{\frac{49}{4} + 8}$

$\Leftrightarrow u_{1/2} = \frac{7}{2} \pm \frac{9}{2} \Leftrightarrow u_1 = 8,\ u_2 = -1$

setze $u = 2^x$

$2^x = 8$ $\vee$ $2^x = -1$

$x = 3$ unerfüllbar $L = \{3\}$

3. Bestimme die Lösungsmenge mittels Substitution.

a) $9^x - 4 \cdot 3^x + 3 = 0$ **c)** $25^x - 7 \cdot 5^x + 10 = 0$ **e)** $7^{2x} + 4 \cdot 7^x - 21 = 0$

b) $2^{2x} - 7 \cdot 2^x - 2^3 = 0$ **d)** $e^{2x} - 2e^x + 1 = 0$ **f)** $3^{3x} - 8 \cdot 3^{2x} - 9 \cdot 3^x = 0$

4. Bestimme die Lösungsmenge.

a) $5^x = 0{,}2$ **d)** $9 \cdot 1{,}5^x = 4$ **g)** $10 \cdot 2^{2x+1} = 3^{x-1}$

b) $2^{x+3} = \frac{1}{4}$ **e)** $27 \cdot 2^x = 8 \cdot 3^x$ **h)** $3^{2x} - 4 \cdot 3^x + 3 = 0$

c) $e^{x-1} = 1$ **f)** $5 \cdot 10^x = 2 \cdot 6^{x+1}$ **i)** $2^x - 3 - 4 \cdot 2^{-x} = 0$

2 Funktionen

2.1 Funktionsbegriff

Eine Zuordnung f, die jedem $a \in D$ mit $D \subseteq \mathbb{R}$ genau einen Wert $f(a) \in \mathbb{R}$ zuweist, heißt *reelle Funktion*. Wir nennen f(a) den *Funktionswert von f an der Stelle a.*

Ist $f(a) = 0$, so ist a eine *Nullstelle* von f. In der Regel wird f durch den sogenannten *Funktionsterm* f(x) gegeben.

Das Schaubild K von f besitzt die Gleichung $y = f(x)$.

D heißt *Definitionsbereich*, die Menge W aller Funktionswerte *Wertebereich* der Funktion f.

Die größtmögliche Teilmenge von $\mathbb{R}$, für die der Funktionsterm definiert ist, heißt *maximaler Definitionsbereich.*

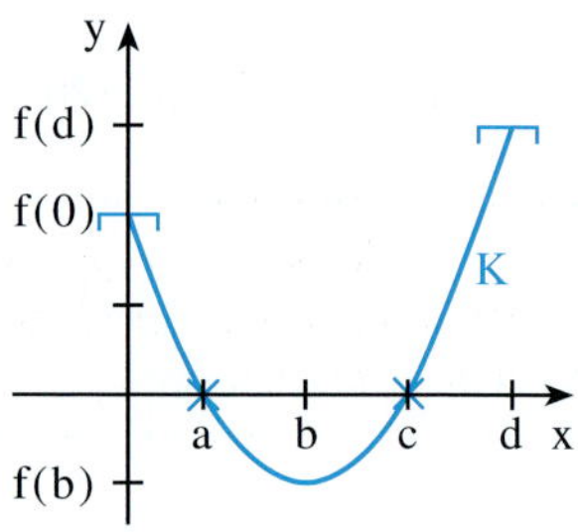

$D = [0;\ d]$
$W = [f(b);\ f(d)]$
Nullstellen: a; c

1. Bestimme zu den nachfolgenden Funktionen die Funktionswerte an den vorgegebenen Stellen.

a) f mit $f(x) = x^2 - 7x + 5,\ x \in \mathbb{R}$
$f(0);\ f(-2);\ f(4);\ f(\frac{1}{2});\ f(\sqrt{2});\ f(-\sqrt{3})$

b) g mit $g(x) = \sqrt{2x - 9},\ x \in [\frac{9}{2};\ \infty[$
$g(\frac{9}{2});\ g(5);\ g(17);\ g(6);\ g(\frac{45}{8})$

c) h mit $h(x) = 2 + \frac{3}{x},\ x \in \mathbb{R}\backslash\{0\}$
$h(1);\ h(-1);\ h(3);\ h(-\frac{1}{2});\ h(\frac{3}{4});\ h(\sqrt{3})$

d) i mit $i(x) = 3 \cdot 2^x,\ x \in \mathbb{R}$
$i(0);\ i(1);\ i(-2);\ i(5);\ i(\frac{1}{2});\ i(\log_2 5)$

2. Gegeben ist die Funktion f mit

a) $f(x) = 3x + 1,\ x \in \mathbb{R}$. An welcher Stelle ist der Funktionswert -2 $(0;\ \frac{1}{2};\ 1;\ 7)$?

b) $f(x) = x^3,\ x \in \mathbb{R}$. An welcher Stelle ist der Funktionswert -27 $(-\frac{1}{8};\ 0;\ 1;\ 64;\ 100)$?

c) $f(x) = \sqrt{x + 1},\ x \in [-1;\ \infty[$. An welcher Stelle ist der Funktionswert 0 $(\frac{1}{2};\ 1;\ 3;\ \sqrt{10})$?

d) $f(x) = 3^x,\ x \in \mathbb{R}$. An welcher Stelle ist der Funktionswert $\frac{1}{27}$ $(1;\ \sqrt{3};\ \sqrt[4]{27},\ 81)$?

3. Bestimme die Nullstellen von f.

a) $f(x) = \frac{1}{2}x - \frac{1}{3},\ x \in \mathbb{R}$

b) $f(x) = \frac{1}{2}x^2 - 2x + 2,\ x \in \mathbb{R}$

c) $f(x) = \frac{2x - 3}{x + 1},\ x \in \mathbb{R}\backslash\{-1\}$

d) $f(x) = \sqrt{4 - x^2},\ x \in [-2;\ 2]$

e) $f(x) = \lg(x + 5),\ x \in\ ]-5;\ \infty[$

f) $f(x) = 2^x - 3,\ x \in \mathbb{R}$

4. Bestimme die maximale Definitionsmenge D der Funktion f mit

a) $f(x) = \sqrt{2x - 3},\ x \in D$

b) $f(x) = \frac{x}{x^2 - x - 12},\ x \in D$

c) $f(x) = \sqrt{x^2 + 3},\ x \in D$

d) $f(x) = \sqrt{x^2 - 9},\ x \in D$

e) $f(x) = \frac{3}{x^2 + 6x},\ x \in D$

f) $f(x) = |\frac{1}{2}x - 1|,\ x \in D$

g) $f(x) = \frac{2}{(x - 5)^2},\ x \in D$

h) $f(x) = \frac{a}{3x - b},\ x \in D;\ a, b \in \mathbb{R}$

5. Skizziere das Schaubild der Funktion f und bestimme damit ihren Wertebereich.

a) $f(x) = \frac{3}{5}x - 2,\ x \in [1; 4]$

b) $f(x) = x^2 - 7,\ x \in \mathbb{R}$

c) $f(x) = \sqrt{x+1},\ x \in [0; 3]$

d) $f(x) = 3^x - 1,\ x \in \mathbb{R}$

e) $f(x) = 2 \cdot \sin x;\ x \in \mathbb{R}$

f) $f(x) = \frac{4}{x^2},\ x \in \mathbb{R}\setminus\{0\}$

g) $f(x) = -x^2 + 2x + 4,\ x \in \mathbb{R}$

h) $f(x) = \frac{1}{5}x^5,\ x \in]-2; 3[$

2.2 Lineare Funktionen

Eine Funktion des Typs f mit $f(x) = mx + c$, $x \in \mathbb{R}$ ($m, c \in \mathbb{R}$) nennen wir *lineare Funktion.* Ihr Schaubild mit der Gleichung $y = mx + c$ heißt *Gerade*. Dabei ist m die *Steigung* und c der *y-Achsenabschnitt.*

Beispiele zum Zeichnen von Geraden.

(1) $g_1: y = \frac{2}{3}x + 1$ (2) $g_2: y = 3 - \frac{5}{2}x$ (3) $g_3: y = -2{,}5$

zu (1) Da $c = 1$, liegt der Punkt $S_1(0\,|\,1)$ auf der Geraden g_1. Wegen $m = \frac{2}{3}$ kann man von S aus eine Einheit nach rechts und $\frac{2}{3}$ Einheiten nach oben gehen, um zu einem weiteren Punkt der Geraden zu gelangen. Praktischer ist es jedoch 3 Einheiten nach rechts und $3 \cdot \frac{2}{3}$ Einheiten, also 2 Einheiten nach oben zu gehen (Kurz: Nenner der Steigung nach rechts, Zähler der Steigung nach oben) um zu $P_1(3\,|\,3)$ zu gelangen

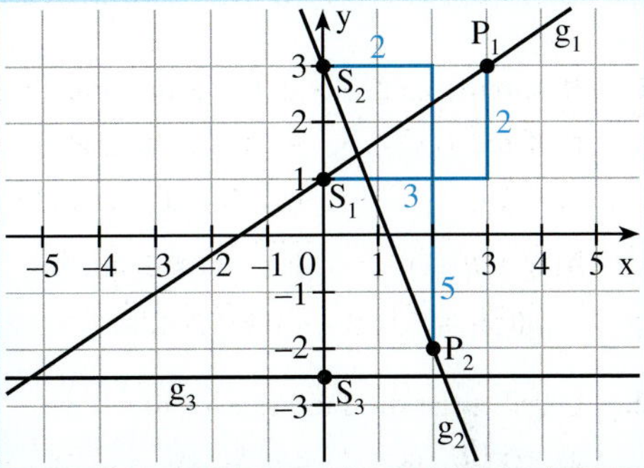

zu (2) Aus $c = 3$ folgt $S_2(0\,|\,3) \in g_2$. Wegen $m = -\frac{5}{2}$ gehen wir von S_2 aus 2 Einheiten nach rechts und 5 Einheiten nach unten und gelangen so zu $P_2(2\,|\,-2)$

zu (3) Aus $c = -2{,}5$ folgt $S_3(0\,|\,-2) \in g_3$. Wegen $m = 0$ verläuft g_3 parallel zur x-Achse.

Wichtig:
Für lineare Funktionen gilt $f(x+1) = m(x+1) + c = mx + c + m = f(x) + m$, d. h. bei Vergrößerung eines beliebigen x-Wertes um 1 wird der zugehörige y-Wert um m größer oder kleiner. Mit dieser Eigenschaft kann man von einem beliebigen Punkt der Geraden ausgehend weitere Punkte erhalten.

1. Zeichne die Geraden mit den angegebenen Gleichungen.

a) $y = \frac{1}{4}x + 2$ **b)** $y = -0{,}4x + 1$ **c)** $y = \frac{5}{3}x - \frac{3}{2}$ **d)** $y = -\frac{4}{7}x - 1$

2. Gegeben ist die Gerade g mit der Gleichung $y = -\frac{1}{2}x + \frac{3}{2}$. Bestimme die Koordinaten des Punktes der Geraden g, welcher

a) den x-Wert -5 (-3; $\frac{1}{3}$; $1\frac{3}{5}$; $\sqrt{2}$) besitzt.

b) den y-Wert -2 ($-\frac{1}{2}$; $\frac{3}{4}$; $2\frac{1}{6}$; π) besitzt.

c) auf der x-Achse (y-Achse) liegt.

d) auf der 1.- bzw. 2. Winkelhalbierenden liegt.

3. Liegen die Punkte $P(4\,|\,4)$, $Q(3\,|\,0)$, $R(\frac{1}{2}\,|\,2\frac{1}{2})$, $S(2\,|\,1)$, $T(-2\,|\,-5)$ auf, oberhalb oder unterhalb der Geraden $g\colon\ y = -x + 3$ ($h\colon\ y = \frac{3}{2}x - 2$)?

Beispiel für P(4 | 4)

Da $-4 + 3 = -1 < 4$, liegt P oberhalb der Geraden g.

Da $\frac{3}{2} \cdot 4 - 2 = 4$, liegt P auf der Geraden h.

4. Zeichne die Geraden mit folgenden Gleichungen in ein gemeinsames Achsenkreuz ein.

a) $g\colon\ y = -x + 1$ $h\colon\ y = \frac{7}{4}x$ $i\colon\ x = 3$ $j\colon\ y = -0{,}5$ $k\colon\ 3x - 4y + 4 = 0$

b) $g\colon\ y = -x + 4$ $h\colon\ y = \frac{3}{7}x$ $i\colon\ y = -3$ $j\colon\ 3x - 2y - 2 = 0$ $k\colon\ x = 2$

Beachte: Geraden des Typs $x = a$ mit $a \in \mathbb{R}$ verlaufen parallel zur y-Achse. Sie sind keine Schaubilder linearer Funktionen.

Geradengleichungen

$P(x\,|\,y)$ ist ein beliebiger Punkt einer Geraden.

Hauptform $g\colon\ y = mx + c$
m ist die *Steigung* und c der *y-Achsenabschnitt* der Geraden.

Punktsteigungsform $g\colon\ \frac{y - y_1}{x - x_1} = m$
m ist die Steigung und $P_1(x_1\,|\,y_1)$ ein gegebener Punkt der Geraden.

Zweipunkteform $g\colon\ \frac{y - y_1}{x - x_1} = \frac{y_2 - y_1}{x_2 - x_1}$
$P_1(x_1\,|\,y_1)$ und $P_2(x_2\,|\,y_2)$ sind zwei gegebene Punkte der Geraden mit $x_1 \neq x_2$.

Allgemeine Geradengleichung $g\colon\ ax + by + c = 0;\ a, b \in \mathbb{R}$,
wobei $a \neq 0 \vee b \neq 0$.

Zwischen dem Steigungswinkel der Weite α ($-90° < \alpha < 90°$) und der Steigung m besteht die Beziehung: $\tan\alpha = m = \frac{y_2 - y_1}{x_2 - x_1}$

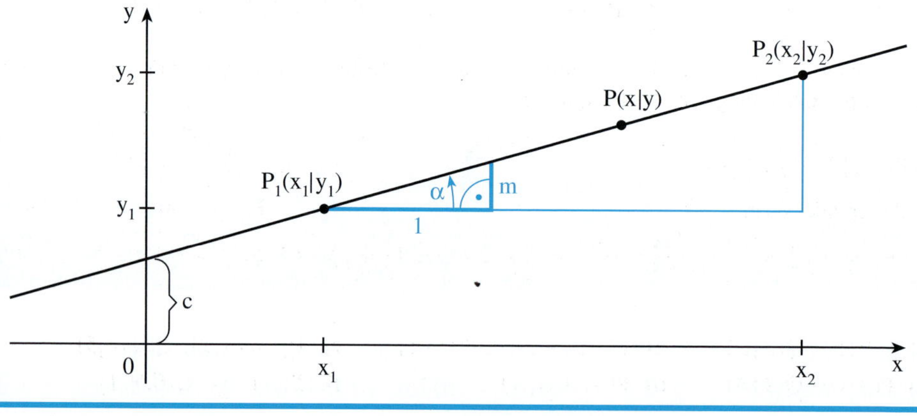

Beispiele zum Bestimmen von Geradengleichungen

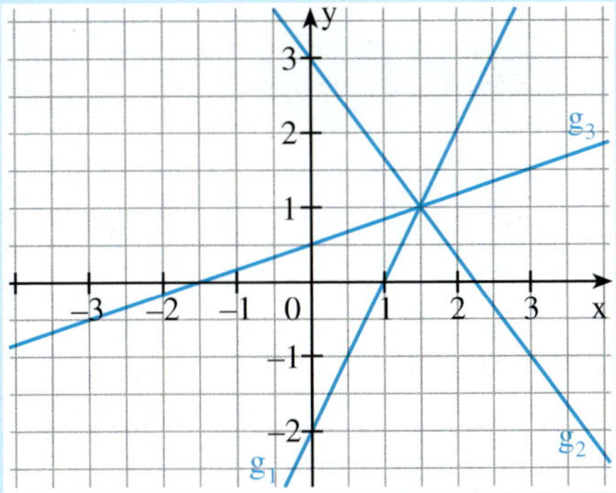

(1) Wegen $S_1(0\,|\,-2)$ ist $c = -2$.
Da g_1 durch $P_1(1\,|\,0)$ verläuft, ist $m = 2$ und somit $y = 2x - 2$ die Gleichung von g_1.

(2) Wegen $S_2(0\,|\,3)$ ist $c = 3$.
Da g_2 durch $P_2(3\,|\,-1)$ verläuft, ist $m = -\frac{4}{3}$ und somit $y = -\frac{4}{3}x + 3$ die Gleichung von g_2.

(3) Wegen $S_3(0\,|\,0{,}5)$ ist $c = \frac{1}{2}$
Da g_3 durch $P_3(3\,|\,1{,}5)$ verläuft, ist $m = \frac{1}{3}$ und somit $y = \frac{1}{3}x + \frac{1}{2}$ die Gleichung von g_3.

5. Lies aus der Abbildung die Gleichungen der Geraden g_1, g_2 und g_3 ab.

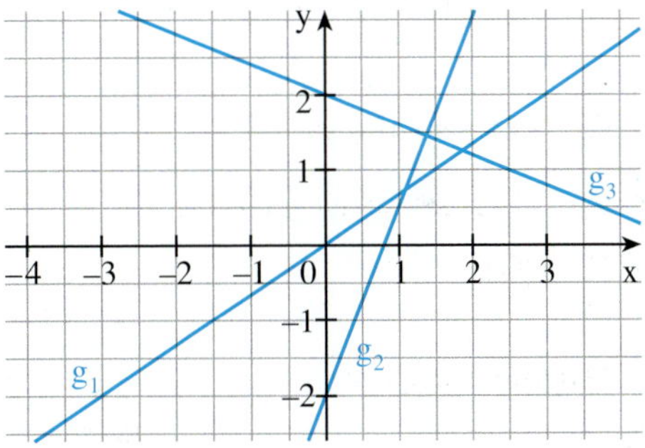

6. Eine Gerade verläuft durch den Punkt P und besitzt die Steigung m. Bestimme eine Gleichung der Geraden. Bringe die Gleichung auf Hauptform.

$P(1\,|\,3)$, $m = \frac{1}{2}$

Punktsteigungsform — Hauptform

$\frac{y-3}{x-1} = \frac{1}{2} \Leftrightarrow y - 3 = \frac{1}{2}(x-1) \Leftrightarrow y - 3 = \frac{1}{2}x - \frac{1}{2} \Leftrightarrow g\colon\ y = \frac{1}{2}x + \frac{5}{2}$

a) $P(-3\,|\,0)$, $m = \frac{1}{3}$ **c)** $P(-2\,|\,3)$; $m = -\frac{3}{4}$ **e)** $P(\pi\,|\,0)$; $m = -\frac{2}{\pi}$

b) $P(4\,|\,2)$, $m = \frac{1}{2}$ **d)** $P(-\frac{1}{2}\,|\,5)$, $m = -2$ **f)** $P(\sqrt{3}\,|\,3)$, $m = \sqrt{3}$

7. Eine Gerade verläuft durch die Punkte P und Q. Bestimme eine Gleichung der Geraden. Bringe die Gleichung auf die Hauptform.

$P(-2\,|\,3)$, $Q(3\,|\,-4)$

Zweipunkteform — Hauptform

$\frac{y-3}{x-(-2)} = \frac{-4-3}{3-(-2)} \Leftrightarrow \frac{y-3}{x+2} = \frac{-7}{5} \Leftrightarrow y - 3 = -\frac{7}{5}(x+2) \Leftrightarrow g\colon\ y = -\frac{7}{5}x + \frac{1}{5}$

a) $P(0\,|\,5)$, $Q(3\,|\,2)$ **c)** $P(-3\,|\,-1)$, $Q(2\,|\,-1)$ **e)** $P(-4\,|\,-2)$, $Q(4\,|\,4{,}5)$

b) $P(3\,|\,0)$, $Q(9\,|\,4)$ **d)** $P(-3\,|\,\frac{3}{2})$, $Q(2\,|\,-1)$ **f)** $P(-1\,|\,\frac{3}{2})$, $Q(0{,}5\,|\,1)$

8. Bestimme zu den Geraden mit den nachfolgend angegebenen Gleichungen die Steigung und den Schnittpunkt mit der y-Achse.

Hauptform

$3x - 2y + 4 = 0 \;\Leftrightarrow\; -2y = -3x - 4 \;\Leftrightarrow\; y = \frac{3}{2}x + 2$

Die Gerade besitzt die Steigung $m = \frac{3}{2}$ und schneidet die y-Achse in $S(0\,|\,2)$

a) $2x + 4y - 1 = 0$ **d)** $4x - 10y - 15 = 0$ **g)** $-3x + 15y = 10$

b) $5x + 4y + 3 = 0$ **e)** $26x - 39y + 12 = 0$ **h)** $\sqrt{6}\,x + \sqrt{3}\,y - 3 = 0$

c) $-8x + 12y + 9 = 0$ **f)** $-21x - 14y + 8 = 0$ **i)** $3y - x + \pi = 0$

9. Bestimme eine Gleichung der Geraden g, h, i, k und l.

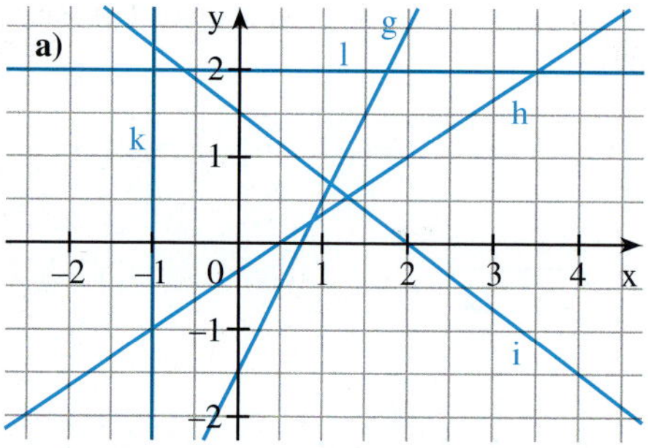

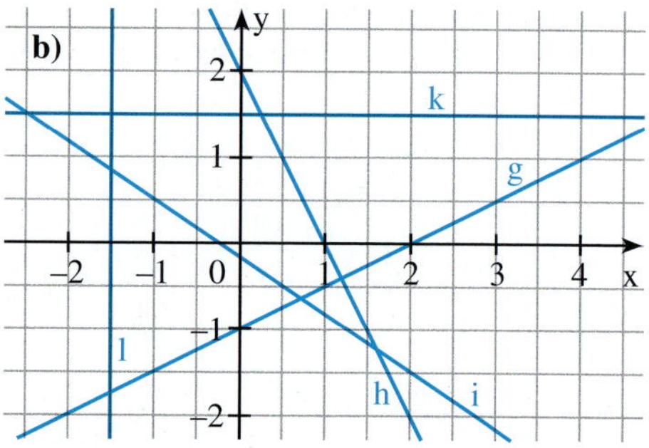

Schnittwinkel von Geraden, Parallelität, Orthogonalität

Zwei Geraden mit den Steigungen m_1 und m_2 bilden einen Schnittwinkel der Weite δ $(0° \leq \delta \leq 90°)$.

Dabei gilt: $\tan\delta = \left|\frac{m_2 - m_1}{1 + m_1 \cdot m_2}\right|$, wenn $m_1 \cdot m_2 \neq -1$.

Die Geraden sind *orthogonal* $(\delta = 90°)$, wenn $m_1 \cdot m_2 = -1$.

Die Geraden sind *parallel* $(\delta = 0°)$, wenn $m_1 = m_2$.

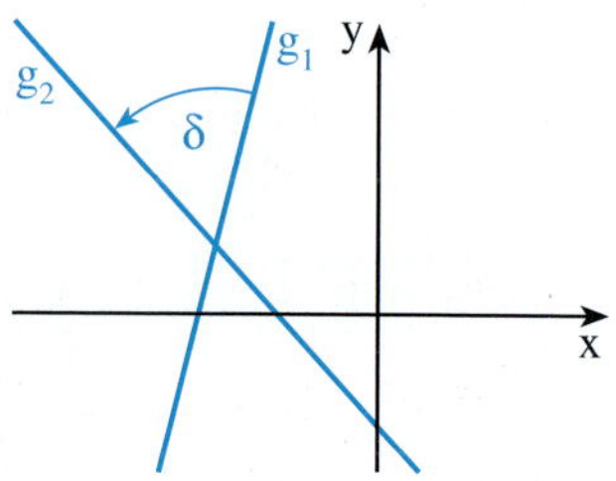

10. Welche der nachfolgenden Geraden sind zueinander parallel (orthogonal)?

$g_1\colon\ y = \frac{1}{3}x + 1 \Rightarrow m_1 = \frac{1}{3}$

$g_2\colon\ +9x + 3y = 2 \Leftrightarrow 3y = -9x + 2 \Leftrightarrow y = -3x + \frac{2}{3} \Rightarrow m_2 = -3$

$g_3\colon\ \frac{y-1}{x+2} = \frac{1}{3} \Rightarrow m_3 = \frac{1}{3}$ Es ist $g_1 \parallel g_3$ und $g_1 \perp g_3$, sowie $g_2 \perp g_3$.

a) $g_1\colon\ y = -5x + 1$ $g_2\colon\ y = 0{,}2x + 3$ $g_3\colon\ y = 4x - 2$

$g_4\colon\ x + 4y = 3$ $g_5\colon\ 12x - 3y = 0$ $g_6\colon\ 10x - 2y + 3 = 0$

b) $g_1\colon\ \frac{y+2}{x-3} = -2$ $g_2\colon\ 6x + 4y = 7$ $g_3\colon\ y = -1{,}5x$

$g_4\colon\ y = -4x + 1$ $g_5\colon\ x - 2y + 1 = 0$ $g_6\colon\ 2x - 3y = 5$

11. Gegeben ist die Gerade g_1: $y = 3x + 1$ (g_2: $3x + 4y = 2$). Bestimme eine Gleichung der Geraden h, die parallel zu g durch P verläuft.

> *Beispiel* für g_1: $y = 3x + 1$ und $P(4 \mid -2)$:
> Da $h \parallel g_1$ ist $m = m_1 = 3$
>
> Punkt-Steigungsform | Hauptform
>
> h: $\frac{y+2}{x-4} = 3 \Leftrightarrow y + 2 = 3(x - 4) \Leftrightarrow y + 2 = 3x - 12 \quad \Leftrightarrow y = 3x - 14$
>
> oder Punktprobe für $P(4 \mid -2)$ in
>
> h: $y = 3x + c$ liefert $-2 = 3 \cdot 4 + c \Leftrightarrow -2 = 12 + c \Leftrightarrow c = -14$
> und damit h: $y = 3x - 14$

a) $P(4 \mid 0)$ **b)** $P(-1 \mid 1)$ **c)** $P(\frac{1}{3} \mid \frac{1}{2})$ **d)** $P(\sqrt{3} \mid -\sqrt{3})$

12. Gegeben ist die Gerade g_1: $y = \frac{1}{2}x + 1$ (g_2: $4x + 5y = 0$). Bestimme eine Gleichung der Geraden h, die orthogonal zu g durch P verläuft.

> *Beispiel* für $P(-3 \mid 1)$:
> Da $h \perp g_1 \Leftrightarrow m \cdot m_1 = -1 \Leftrightarrow m \cdot \frac{1}{2} = -1 \Leftrightarrow m = -2$
>
> Punkt-Steigungsform | Hauptform
>
> $\frac{y-1}{x+3} = -2 \Leftrightarrow y - 1 = -2(x + 3) \Leftrightarrow y - 1 = -2x - 6 \quad \Leftrightarrow y = -2x - 5$
>
> oder Punktprobe für $P(-3 \mid 1)$ in
>
> h: $y = -2x + c$ liefert $1 = -2 \cdot (-3) + c \Leftrightarrow 1 = 6 + c \Leftrightarrow c = -5$
> und damit h: $y = -2x - 5$

a) $P(0 \mid 5)$ **b)** $P(-2 \mid 0)$ **c)** $P(\frac{1}{4} \mid -\frac{5}{2})$ **d)** $P(\sqrt{2} \mid -2\sqrt{2})$

13. Bestimme die Koordinaten des Schnittpunktes S und die Weite des Schnittwinkels δ der Geraden g und h.

> *Beispiel* für g: $y = -x + 3$ h: $y = \frac{1}{4}x + \frac{1}{2}$
>
> Mithilfe des Gleichsetzungsverfahrens erhalten wir
>
> $-x + 3 = \frac{1}{4}x + \frac{1}{2} \quad \Leftrightarrow \quad -\frac{5}{4}x = -\frac{5}{2} \quad \Leftrightarrow \quad x = -\frac{5}{2} \cdot (-\frac{4}{5}) \quad \Leftrightarrow \quad x = 2$
>
> in g: $y = -2 + 3 = 1 \Rightarrow$ g und h schneiden sich in $S(2 \mid 1)$.
>
> Da $m_1 \cdot m_2 = -1 \cdot \frac{1}{4} \neq -1$ gilt $\tan\delta = \left|\frac{\frac{1}{4} - (-1)}{1 + (-1) \cdot \frac{1}{4}}\right| \Leftrightarrow \tan\delta = \frac{5}{3} \Leftrightarrow \delta \approx 59{,}0°$
> Der Schnittwinkel beträgt etwa 59,0°.

a) g: $y = \frac{1}{3}x + 2$
h: $y = -2x + 2$

b) g: $y = -2x - 0{,}5$
h: $y = \frac{1}{2}x + 2$

c) g: $y = \frac{1}{4}x - \frac{1}{2}$
h: $y = -\frac{1}{2}x + 1$

d) g: $y = 3x - \frac{7}{4}$
h: $8x - 20y = 9$

e) g: $3x + 2y = 1$
h: $y = 3x - 7$

f) g: $y = \frac{3}{4}x + 2$
h: $3x - 4y = 5$

g) g: $3x - 5y = 17$
h: $x + 2y = 2$

h) g: $2x + 9y = 2$
h: $4x - 3y = -3$

i) g: $12x + 9y = 39$
h: $6x - 15y = -42$

14. Gegeben ist die Gerade g: $y = \frac{3}{5}x + 1$ und der Punkt $P(-1 \mid -4)$.

a) h sei die Parallele zu g durch P. Wie lautet eine Gleichung der Geraden h?

b) i sei die Orthogonale zu g durch P. Gib eine Gleichung der Geraden i an.

c) Welche Steigungen können Geraden besitzen, die mit der Geraden g einen Winkel der Weite 45° bilden?

15. Für jedes $t \in \mathbb{R}\setminus\{0\}$ ist eine Gerade g_t gegeben mit $g_t\colon y = \frac{4}{t} \cdot x + t$.

a) Bestimme t so, dass g_t parallel zur Geraden h: $5x + 4y = 1$ verläuft.

b) Bestimme t so, dass g_t die Gerade k: $y = -\frac{3}{4}x - \frac{13}{4}$ rechtwinklig schneidet. Bestimme für dieses t den Schnittpunkt von g_t mit k.

c) Für welche t verläuft die Gerade g_t durch den Punkt $P(2 \mid 9)$?

16. Für jedes $t \in \mathbb{R}\setminus\{0\}$ ist eine Gerade g_t gegeben mit $y = \frac{1}{t} \cdot x + t + 1$

a) Bestimme $t \in \mathbb{R}$ so, dass g_t parallel zur Geraden h: $3x - 6y = 1$ verläuft.

b) Für welches t schneidet g_t die x-Achse unter einem Winkel der Weite 45°?

c) Bestimme $t \in \mathbb{R}$ so, dass g_t die Gerade i: $y = \frac{2}{3}x - 4$ rechtwinklig schneidet. Bestimme für dieses t die Koordinaten des Schnittpunktes S.

d) Für welches $t \in \mathbb{R}$ verläuft die Gerade g_t durch den Punkt $P(-6 \mid 2)$?

Länge und Mittelpunkt einer Strecke

Gegeben sind die Punkte $P_1(x_1 \mid y_1)$ und $P_2(x_2 \mid y_2)$.

Für die Länge der Strecke $\overline{P_1P_2}$ gilt $|\overline{P_1P_2}| = \sqrt{(x_1 - x_2)^2 + (y_1 - y_2)^2}$.

Der Mittelpunkt der Strecke $\overline{P_1P_2}$ ist $M\left(\frac{x_1 + x_2}{2} \mid \frac{y_1 + y_2}{2}\right)$.

17. Berechne die Länge der Strecke $\overline{AB}$.

Beispiel für: $A(4 \mid -7)$, $B(-4 \mid 8)$

$$|\overline{AB}| = \sqrt{(-4-4)^2 + (8-(-7))^2} = \sqrt{64 + 225} = \sqrt{289} = 17$$

a) $A(-3 \mid 10)$, $B(4 \mid -14)$
b) $A(-9 \mid -15)$, $B(12 \mid 13)$
c) $A(5 \mid 1)$, $B(-2 \mid 3)$
d) $A(3 \mid 11)$, $B(7 \mid 5)$
e) $A(1{,}2 \mid 3{,}1)$, $B(-1{,}2 \mid 1{,}3)$
f) $A(3{,}7 \mid 0)$, $B(0{,}5 \mid 2{,}4)$

18. Berechne den Mittelpunkt der Strecke $\overline{PQ}$.

Beispiel für: $P(3 \mid -2)$, $Q(5 \mid 6)$

$x_m = \frac{3+5}{2} = 4 \quad y_m = \frac{-2+6}{2} = 2 \Rightarrow M(4 \mid 2)$

a) $P(3 \mid -2)$, $Q(1 \mid 2)$
b) $P(4 \mid 1)$, $Q(-6 \mid 5)$
c) $P(0 \mid 0)$, $Q(\frac{1}{2} \mid \frac{4}{3})$
d) $P(2 \mid 2{,}4)$, $Q(\frac{3}{4} \mid -\frac{2}{5})$
e) $P(5 \mid 7)$, $Q(5 \mid -2)$
f) $P(-1 \mid 6)$, $Q(5 \mid 6)$

19. M ist der Mittelpunkt der Strecke $\overline{PQ}$. Berechne die Koordinaten des Punktes Q, wenn

a) $P(4\,|\,1)$, $M(3\,|\,3)$ **c)** $P(2{,}1\,|\,-1{,}2)$, $M(1{,}7\,|\,-0{,}4)$

b) $P(1\,|\,-3)$, $M(-2\,|\,0)$ **d)** $P(-\frac{3}{4}\,|\,3\,\frac{1}{2})$, $M(\frac{1}{3}\,|\,-\frac{2}{5})$

20. Berechne die Koordinaten des Schnittpunktes S (Schwerpunkt) der drei Seitenhalbierenden des Dreiecks ABC. Überprüfe damit, dass für den Schwerpunkt des Dreiecks ABC gilt: $S(\frac{x_A + x_B + x_C}{3}\,|\,\frac{y_A + y_B + y_C}{3})$.

a) $A(-1\,|\,2)$, $B(3\,|\,0)$, $C(4\,|\,4)$ **c)** $A(1\,|\,4)$, $B(2\,|\,2)$, $C(6\,|\,6)$

b) $A(2\,|\,-2)$, $B(3\,|\,1)$, $C(-2\,|\,1)$ **d)** $A(2\,|\,1)$, $B(3\,|\,-1)$, $C(4\,|\,6)$

21. Zeige, dass es sich bei den Viereck ABCD um ein Parallelogramm handelt.

a) $A(-1\,|\,-2)$, $B(3\,|\,2)$, $C(2\,|\,4)$, $D(-2\,|\,0)$ **c)** $A(0\,|\,0)$, $B(3\,|\,-2)$, $C(7\,|\,0)$, $D(4\,|\,2)$

b) $A(-3\,|\,1)$, $B(3\,|\,-1)$, $C(6\,|\,1)$, $D(0\,|\,3)$ **d)** $A(-3\,|\,-2)$, $B(6\,|\,-5)$, $C(9\,|\,-1)$, $D(0\,|\,2)$

22. Berechne die Länge der Höhe h_C im Dreieck ABC und damit dessen Flächeninhalt.

a) $A(0\,|\,-1)$, $B(4\,|\,3)$, $C(3\,|\,4)$ **c)** $A(-2\,|\,1)$, $B(3\,|\,-1)$, $C(5\,|\,4)$

b) $A(-3\,|\,-2)$, $B(0\,|\,0)$, $C(1\,|\,5)$ **d)** $A(-2\,|\,1)$, $B(4\,|\,1)$, $C(1\,|\,5)$

23. Berechne die Koordinaten des Umkreismittelpunktes U, des Schwerpunktes S und Höhenschnittpunktes H des Dreiecks ABC. Zeige, dass U, S und H auf einer Geraden (Eulergerade) liegen. Zeige, dass $2 \cdot |\overline{SU}| = |\overline{SH}|$.

a) $A(1\,|\,2)$, $B(7\,|\,0)$, $C(5\,|\,6)$ **c)** $A(-4\,|\,-4)$, $B(3\,|\,3)$, $C(0\,|\,4)$

b) $A(-3\,|\,1)$, $B(3\,|\,-1)$, $C(0\,|\,5)$ **d)** $A(-7\,|\,1)$, $B(1\,|\,-5)$, $C(5\,|\,7)$

24. Gegeben ist das Dreieck ABC mit $A(-5\,|\,-2)$, $B(1{,}5\,|\,1)$ und $C(-1\,|\,3)$.

a) Bestimme die Koordinaten des Punktes D so, dass ABCD ein Parallelogramm ist.

b) Wie groß ist der Flächeninhalt des Parallelogramms.

25. Gegeben ist das Dreieck ABC mit $A(7\,|\,6)$, $B(2\,|\,7)$ und $C(-5\,|\,0)$.

a) Wie groß sind die Innenwinkel des Dreiecks?

b) Der Punkt $D(6\,|\,-5)$ ergänzt das Dreieck ABC zum Viereck ABCD. In welchem Punkt und unter welchem Winkel schneiden sich die Diagonalen des Vierecks ABCD?

c) Zeige, dass die Seitenmitten des Vierecks ein Parallelogramm bilden.

26. Gegeben sind die Punkte $A(0\,|\,-1)$ und $B(5\,|\,-4)$. Berechne die Koordinaten eines auf der x-Achse liegenden Punktes C, sodass das Dreieck ABC in C einen rechten Winkel besitzt.

27. Gegeben ist das Viereck ABCD mit $A(-5\,|\,0)$, $B(-4\,|\,-5)$, $C(7\,|\,6)$ und $D(2\,|\,7)$.

a) Zeige, dass es sich bei dem Viereck ABCD um ein gleichschenkliges Trapez handelt.

b) Berechne den Schnittpunkt S der Diagonalen des Trapezes ABCD.

c) Berechne die Innenwinkel des Trapezes ABCD.

d) Berechne den Flächeninhalt des Trapezes ABCD.

e) Berechne den Mittelpunkt U und den Radius r des Kreises, der durch die Eckpunkte des Trapezes ABCD verläuft.

f) Zeige, dass die Mittelpunkte M_a, M_b, M_c, M_d der Seiten a, b, c, d des Trapezes eine Raute bilden.

2.3 Quadratische Funktionen

Eine Funktion des Typs f mit $f(x) = ax^2 + bx + c$, $x \in \mathbb{R}$ ($a, b, c \in \mathbb{R}$, $a \neq 0$) nennen wir *quadratische Funktion* .
Ihr Schaubild mit der Gleichung $y = ax^2 + bx + c$ heißt *Parabel 2. Ordnung*.
Sie besitzt den Scheitel $S(-\frac{b}{2a} \mid c - \frac{b^2}{4a})$ und ist für $a > 0$ ($a < 0$) nach oben (unten) geöffnet.
Für $|a| = 1$ kann man die Parabel mithilfe einer Parabelschablone zeichnen.

Beispiele zum Zeichnen von Parabeln

(1) $p_1\colon y = x^2 - 2x - 3$ (2) $p_2\colon y = -x^2 + 4x + 2$ (3) $p_3\colon y = \frac{1}{2}x^2 - x + 2$

zu (1) $S_1(1 \mid -4)$,
Öffnung nach oben,
mit Schablone zeichnen

zu (2) $S_2(2 \mid 6)$,
Öffnung nach unten,
mit Schablone zeichnen

zu (3) $S_3(1 \mid \frac{3}{2})$,
Öffnung nach oben,
geeignete Wertetabelle aufstellen

x	y
−1	$\frac{7}{2}$
0	2
1	$\frac{3}{2}$
2	2
3	$\frac{7}{2}$

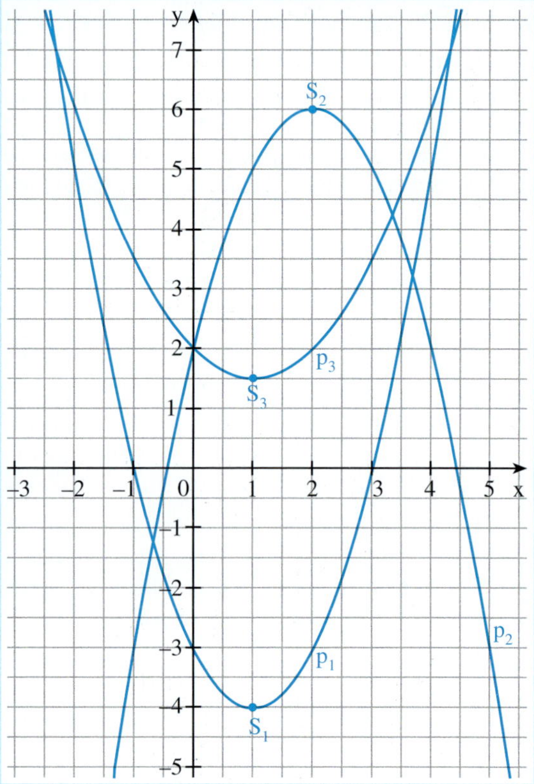

1. Bestimme den Scheitel der Parabel und zeichne sie dann in ein Koordinatensystem.

a) $p_1\colon y = x^2 - 6x + 9$
b) $p_2\colon y = -x^2 - 4x$
c) $p_3\colon y = x^2 - 2x - 1$
d) $p_4\colon y = -x^2 - x + \frac{7}{4}$
e) $p_5\colon y = -\frac{1}{2}x^2 + 2x + 1$
f) $p_6\colon y = 2x^2 + 4x - 2$
g) $p_7\colon y = -\frac{3}{4}x^2 + 3x$
h) $p_8\colon y = 1{,}5x^2 + 3x - 1$

2.4 Potenzfunktionen

Eine Funktion des Typs f mit $f(x) = ax^n$, $x \in \mathbb{R}$ ($n \in \mathbb{N}$, $a \in \mathbb{R}\setminus\{0\}$) oder $f(x) = ax^{-n}$, $x \in \mathbb{R}\setminus\{0\}$ ($n \in \mathbb{N}$, $a \in \mathbb{R}\setminus\{0\}$) nennen wir *Potenzfunktion*.
Das Schaubild einer Funktion f mit der Gleichung $y = ax^n$ heißt *Parabel n-ter Ordnung*.
Das Schaubild einer Funktion f mit der Gleichung $y = ax^{-n}$ heißt *Hyperbel n-ter Ordnung*.
Für *gerades n* ist das Schaubild *symmetrisch zur y-Achse*, für *ungerades n symmetrisch zum Koordinatenursprung*.

Beispiele zum Zeichnen von Parabeln und Hyperbeln n-ter Ordnung

(1) $f(x) = \frac{1}{4}x^3$ (2) $f(x) = -\frac{1}{2}x^4$ (3) $f(x) = 2x^{-1}$ (4) $f(x) = -4x^{-2}$

Wertetabellen aufstellen

zu (1)

x	0	±1	±1,5	±2
y	0	±0,25	±0,84	±2

zu (3)

x	$\pm\frac{1}{2}$	±1	±2	±3	±4
y	±4	±2	±1	±0,67	±0,5

zu (2)

x	0	±1	±1,5	±2
y	0	−0,5	−2,53	−8

zu (4)

x	±1	±2	±3	±4
y	−4	−1	−0,44	−0,25

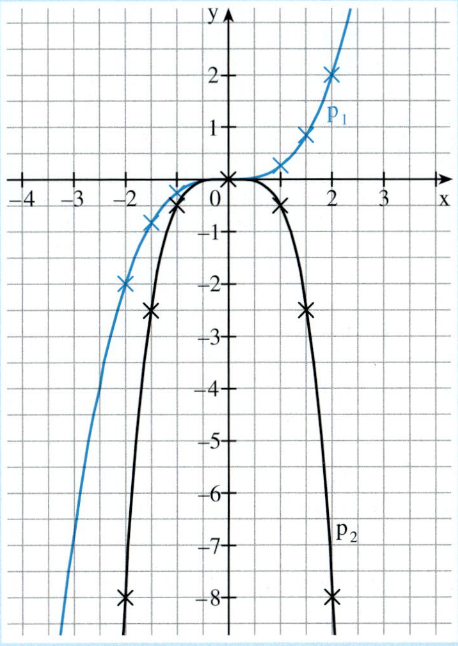

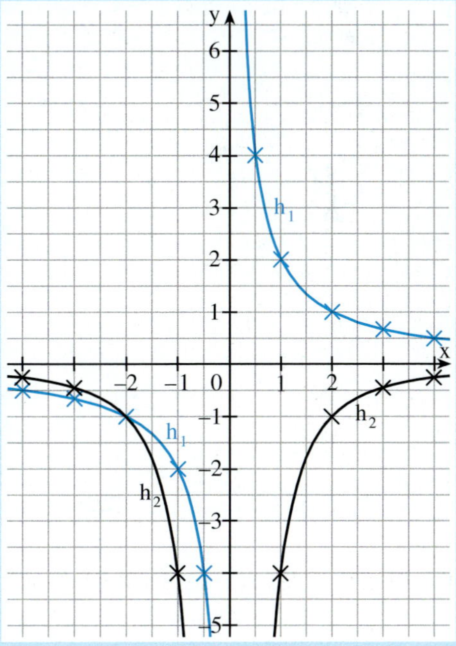

1. Zeichne das Schaubild der Funktion f unter Berücksichtigung der Symmetrie.

a) $f(x) = -\frac{1}{5}x^3$, $x \in \mathbb{R}$
b) $f(x) = \frac{1}{4}x^4$, $x \in \mathbb{R}$
c) $f(x) = \frac{1}{16}x^5$, $x \in \mathbb{R}$
d) $f(x) = -\frac{3}{x}$, $x \in \mathbb{R}\setminus\{0\}$
e) $f(x) = -\frac{5}{3x^2}$, $x \in \mathbb{R}\setminus\{0\}$
f) $f(x) = \frac{8}{x^3}$, $x \in \mathbb{R}\setminus\{0\}$

2.5 Exponentialfunktionen

Eine Funktion des Typs f mit $f(x) = b \cdot a^x$, $x \in \mathbb{R}$ ($a \in \mathbb{R}^+ \setminus \{1\}$, $b \in \mathbb{R} \setminus \{0\}$ nennen wir *Exponentialfunktion*.
Für $b > 0$ und $a > 1$ spricht man von einer *Wachstumsfunktion*, für $b > 0$ und $0 < a < 1$ von einer *Zerfallsfunktion*.
Ihr Schaubild mit der Gleichung $y = b \cdot a^x$ heißt *Exponentialkurve*.

Beispiele zum Zeichnen von Exponentialkurven

(1) e_1: $y = 0{,}5 \cdot 1{,}5^x$ (2) e_2: $y = 2 \cdot \left(\frac{1}{2}\right)^x$

zu (1)

+1 +1 +1 +1 …

x	−2	−1	0	1	2	3	4	5
y	0,22	0,33	0,5	0,75	1,13	1,69	2,53	3,80

·1,5 ·1,5 ·1,5 ·1,5 …

zu (2)

+1 +1 +1 …

x	−1	0	1	2	3	4	5	6
y	4	2	1	$\frac{1}{2}$	$\frac{1}{4}$	$\frac{1}{8}$	$\frac{1}{16}$	$\frac{1}{32}$

$\cdot\frac{1}{2}$ $\cdot\frac{1}{2}$ $\cdot\frac{1}{2}$ …

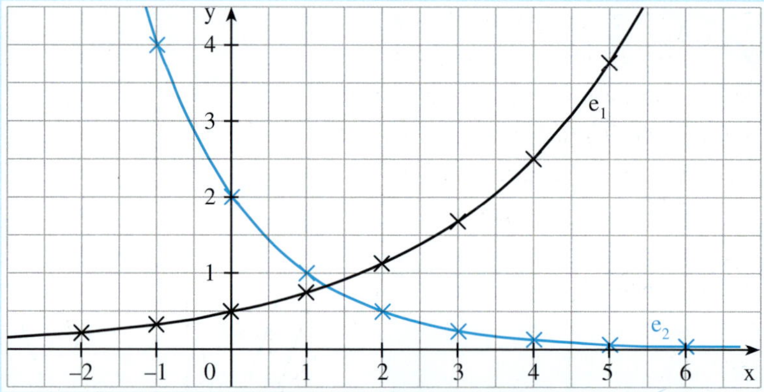

Beachte: Für Exponentialfunktionen gilt
$f(x+1) = b \cdot a^{x+1} = b \cdot a \cdot a^x = a \cdot b \cdot a^x = a \cdot f(x)$,
d. h. bei Vergrößerung des x-Wertes um 1 wächst (fällt) der y-Wert stets auf das a-fache.

1. Zeichne das Schaubild der Exponentialfunktion.
a) e_1: $y = 3 \cdot 2^x$ **b)** e_2: $y = 4 \cdot \left(\frac{1}{2}\right)^x$ **c)** e_3: $y = \frac{1}{2} \cdot 3^x$ **d)** e_4: $y = \frac{1}{2} \cdot \left(\frac{1}{4}\right)^x$

2.6 Verknüpfung von Funktionen

Unter der *Summe, Differenz,* dem *Produkt* bzw. dem *Quotienten* der reellen Funktionen f und g verstehen wir die Funktionen:

Summe/Differenz	$f \pm g\colon\ x \mapsto f(x) \pm g(x)$,	$x \in D_f \cap D_g$
Produkt	$f \cdot g\ :\ x \mapsto f(x) \cdot g(x)$,	$x \in D_f \cap D_g$
Quotient	$\frac{f}{g}\ :\ x \mapsto \frac{f(x)}{g(x)}$,	$x \in D_f \cap D_g$ mit $g(x) \neq 0$

Das Schaubild der Summe bzw. Differenz zweier Funktionen lässt sich leicht mittels *Ordinatenaddition* bzw. *-subtraktion* konstruieren.
Unter der *Verkettung* der reellen Funktionen f und g mit $W_g \cap D_f \neq \{\}$ verstehen wir die Funktion $f \circ g\colon x \mapsto f(g(x)),\ x \in D_g$ mit $g(x) \in D_f$.
g heißt *innere Funktion* und f *äußere Funktion.*

Beispiel für Verknüpfungen

$f(x) = \sin x,\ x \in \mathbb{R} \quad g(x) = -x^2,\ x \in \mathbb{R}$

Summe/Differenz	$f \pm g\colon\ x \mapsto \sin x \mp x^2,\ x \in \mathbb{R}$
Produkt	$f \cdot g\ :\ x \mapsto -x^2 \cdot \sin x,\ x \in \mathbb{R}$
Quotient	$\frac{f}{g}\ :\ x \mapsto -\frac{\sin x}{x^2},\ x \in \mathbb{R}\setminus\{0\}$
Verkettung	$f \circ g\ :\ x \mapsto \sin(-x^2),\ x \in \mathbb{R}$

1. Bestimme Summe, Differenz, Produkt, Quotient und Verkettung einschließlich maximalem Definitionsbereich für die Funktionen f und g.

a) $f(x) = x + 1,\ x \in \mathbb{R}$ und $g(x) = x^2,\ x \in \mathbb{R}$

b) $f(x) = 2x - 1,\ x \in \mathbb{R}$ und $g(x) = x^3,\ x \in \mathbb{R}$

c) $f(x) = x^3,\ x \in \mathbb{R}$ und $g(x) = 2x - 1,\ x \in \mathbb{R}$

d) $f(x) = 2x - 1,\ x \in \mathbb{R}$ und $g(x) = \frac{1}{x},\ x \in \mathbb{R}\setminus\{0\}$

e) $f(x) = -\frac{1}{x},\ x \in \mathbb{R}\setminus\{0\}$ und $g(x) = \frac{1}{x^2},\ x \in \mathbb{R}\setminus\{0\}$

f) $f(x) = \sin x,\ x \in [0;\ 9]$ und $g(x) = x^2,\ x \in \mathbb{R}$

g) $f(x) = \cos x,\ x \in [-1;\ 8]$ und $g(x) = x^3,\ x \in \mathbb{R}$

Beispiel für Ordinatenaddition

$f(x) = -x,\ x \in \mathbb{R}$

$g(x) = \frac{1}{2}x^2,\ x \in \mathbb{R}$

K_f ist das Schaubild von f, K_g das Schaubild von g. Die Funktion f + g besitzt die Kurve C als Schaubild.

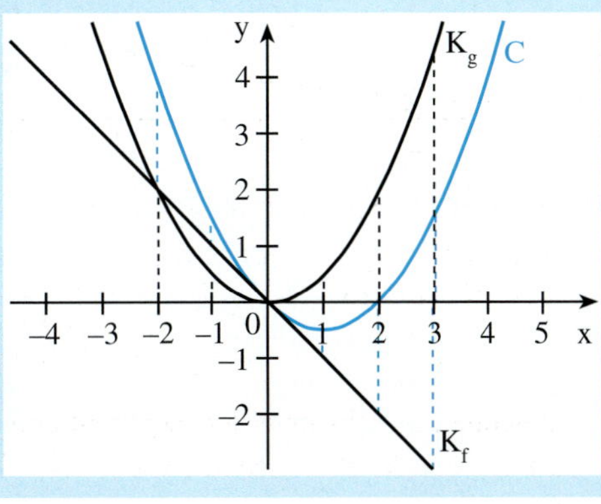

2. Zeichne mittels Ordinatenaddition das Schaubild der Funktion f + g.

a) $f(x) = \frac{1}{2}x$ und $g(x) = -1,\ x \in [-3; 4]$

b) $f(x) = -x^2$ und $g(x) = 2,\ x \in [-3; 3]$

c) $f(x) = (x-1)^2 - 1$ und $g(x) = 2x,\ x \in [-3; 2]$

d) $f(x) = \frac{1}{2}x$ und $g(x) = \sin x,\ x \in [-\pi; 2\pi]$

e) $f(x) = -x(x+1)$ und $g(x) = x^2,\ x \in [-3; 2]$

f) $f(x) = 2^x$ und $g(x) = -x,\ x \in [-2; 3]$

g) $f(x) = \frac{2}{x}$ und $g(x) = x^2 - 4,\ x \in [0{,}5; 3]$

h) $f(x) = \sin x$ und $g(x) = \cos x,\ x \in [0; 2\pi]$

i) $f(x) = \sqrt{x}$ und $g(x) = -x,\ x \in [0; 9]$

3. Die Kurve K ist das Schaubild der Funktion f, die Kurve C ist das Schaubild der Funktion g. Zeichne in den nachfolgenden Achsenkreuzen jeweils das Schaubild der Funktion f + g.

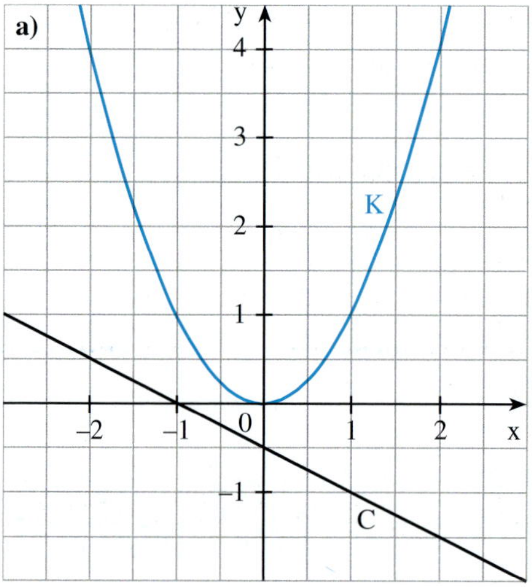

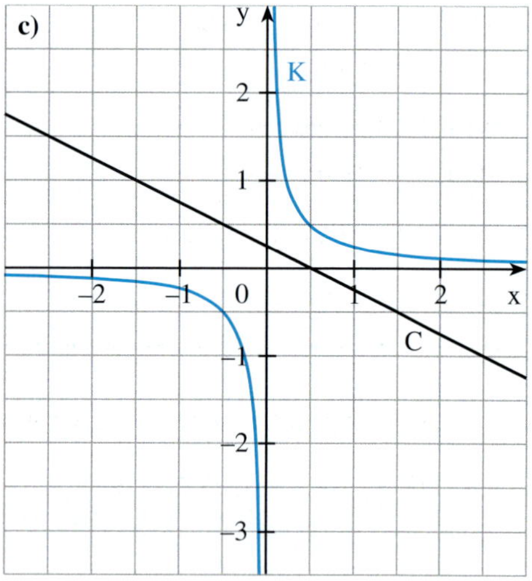

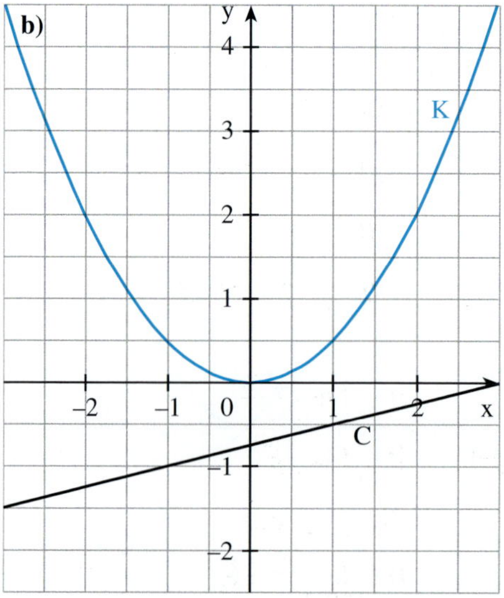

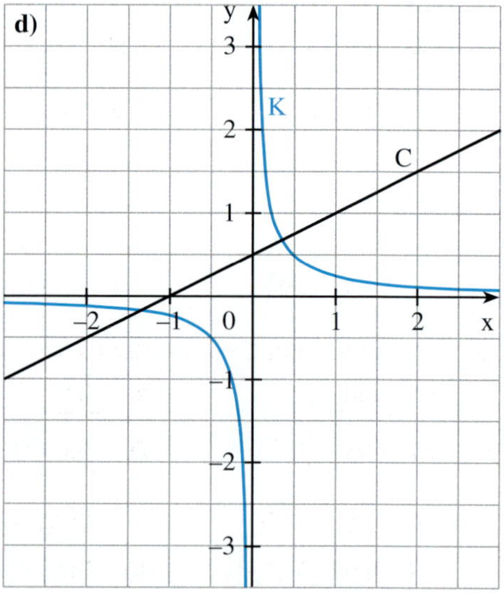

3 Differentialrechnung

3.1 Grenzwerte

Grenzwert einer Funktion für $|x| \to \infty$

Eine Funktion f mit rechtsseitig (linksseitig) unbegrenztem Definitionsbereich *hat für $x \to +\infty$ ($x \to -\infty$) den Grenzwert g,* wenn der Abstand der Funktionswerte von der reellen Zahl g beliebig klein wird, falls man x nur genügend groß (klein) wählt. Wir schreiben:

$\lim\limits_{x \to +\infty} f(x) = g \qquad \left(\lim\limits_{x \to -\infty} f(x) = g\right)$

Wachsen (fallen) die Funktionswerte von f jedoch unbegrenzt, so schreiben wir

$f(x) \to +\infty$ für $x \to +\infty$ $\quad$ ($f(x) \to -\infty$ für $x \to +\infty$) bzw.

$f(x) \to +\infty$ für $x \to -\infty$ $\quad$ ($f(x) \to -\infty$ für $x \to -\infty$).

Wichtige Grenzwerte

$\lim\limits_{x \to +\infty} \frac{1}{x^n} = 0$ für $m \in \mathbb{N}$ $\qquad$ $\lim\limits_{x \to -\infty} \frac{1}{x^n} = 0$ für $n \in \mathbb{N}$

$\lim\limits_{x \to +\infty} a^x = 0$ für $0 < a < 1$ $\qquad$ $\lim\limits_{x \to -\infty} a^x = 0$ für $a > 1$

$\lim\limits_{x \to +\infty} \frac{x^n}{a^x} = 0$ für $a > 1$ $\qquad$ $\lim\limits_{x \to -\infty} (x^n \cdot a^x) = 0$ für $a > 1$

1. Bestimme mithilfe bekannter Grenzwerte.

$\lim\limits_{x \to +\infty} \frac{-3}{x^4} = \lim\limits_{x \to +\infty} [(-3) \cdot \frac{1}{x^4}] = (-3) \cdot 0 = 0 \qquad \lim\limits_{x \to -\infty} \frac{2x}{x+1} = \lim\limits_{x \to -\infty} \frac{2}{1+\frac{1}{x}} = \frac{2}{1+0} = 2$

a) $\lim\limits_{x \to +\infty} \frac{5}{x}$ $\quad$ **g)** $\lim\limits_{x \to +\infty} \frac{3x}{x^2+1}$ $\quad$ **m)** $\lim\limits_{x \to +\infty} (x - \sqrt{x^2+2x})$

b) $\lim\limits_{x \to +\infty} \frac{7}{x^2}$ $\quad$ **h)** $\lim\limits_{x \to +\infty} \frac{2x^3+3x}{x^2-x^3}$ $\quad$ **n)** $\lim\limits_{x \to +\infty} \frac{2x^2}{3^x}$

c) $\lim\limits_{x \to +\infty} \frac{3}{x-2}$ $\quad$ **i)** $\lim\limits_{x \to +\infty} (2 - \frac{x}{x^2-1})$ $\quad$ **o)** $\lim\limits_{x \to +\infty} \frac{1-2^x}{2^{x+1}}$

d) $\lim\limits_{x \to +\infty} (1 - \frac{3}{x})$ $\quad$ **j)** $\lim\limits_{x \to +\infty} \frac{2}{\sqrt{x}}$ $\quad$ **p)** $\lim\limits_{x \to +\infty} \frac{2^x+1}{3^x}$

e) $\lim\limits_{x \to +\infty} (-2 + \frac{3}{x+1})$ $\quad$ **k)** $\lim\limits_{x \to +\infty} \frac{\sqrt{4x+1}}{\sqrt{x}}$ $\quad$ **q)** $\lim\limits_{x \to +\infty} \frac{2-3^x}{2^{2x}}$

f) $\lim\limits_{x \to +\infty} \frac{1-2x}{3x+2}$ $\quad$ **l)** $\lim\limits_{x \to +\infty} \frac{\sqrt{x^2+1}}{2x}$ $\quad$ **r)** $\lim\limits_{x \to +\infty} \sqrt{x} \cdot (\frac{4}{5})^x$

2. Bestimme mithilfe bekannter Grenzwerte.

a) $\lim\limits_{x \to -\infty} \frac{7}{x}$ $\quad$ **e)** $\lim\limits_{x \to -\infty} \frac{x^2+1}{1-3x^2}$ $\quad$ **i)** $\lim\limits_{x \to -\infty} \frac{\sqrt{-x}}{x}$

b) $\lim\limits_{x \to -\infty} \frac{3}{5x^2}$ $\quad$ **f)** $\lim\limits_{x \to -\infty} (1 - \frac{3-x^2}{2x^2})$ $\quad$ **j)** $\lim\limits_{x \to -\infty} \frac{4^x}{3^x}$

c) $\lim\limits_{x \to -\infty} \frac{3x}{9x^2-1}$ $\quad$ **g)** $\lim\limits_{x \to -\infty} \frac{1}{\sqrt{1-x}}$ $\quad$ **k)** $\lim\limits_{x \to -\infty} \frac{1+2^x}{1-3^x}$

d) $\lim\limits_{x \to -\infty} (3 + \frac{5}{x-1})$ $\quad$ **h)** $\lim\limits_{x \to -\infty} \frac{\sqrt{x^2}}{x}$ $\quad$ **l)** $\lim\limits_{x \to -\infty} x^2 \cdot (\frac{3}{2})^x$

3. Untersuche das Verhalten der Funktion für $x \to +\infty$.

a) $f(x) = 2x + 3,\ x \in \mathbb{R}$

b) $f(x) = -\frac{1}{3}x - \frac{1}{2},\ x \in \mathbb{R}$

c) $f(x) = -x^2 + x - 6,\ x \in \mathbb{R}$

d) $f(x) = \frac{1}{3}x^2 - 4x,\ x \in \mathbb{R}$

e) $f(x) = 2x^3 - 1,\ x \in \mathbb{R}$

f) $f(x) = 3x - 4x^3,\ x \in \mathbb{R}$

g) $f(x) = 2x^4 - x^2 + 1,\ x \in \mathbb{R}$

h) $f(x) = -\frac{1}{6}x^5 + \frac{1}{3}x^3,\ x \in \mathbb{R}$

i) $f(x) = \frac{x^2+1}{x-1},\ x \in \mathbb{R} \setminus \{1\}$

j) $f(x) = \frac{-x^3}{x^2+1},\ x \in \mathbb{R}$

k) $f(x) = 1 + \frac{x^2}{x+2},\ x \in \mathbb{R} \setminus \{-2\}$

l) $f(x) = x \cdot 3^x,\ x \in \mathbb{R}$

m) $f(x) = \frac{3^x}{1-2^x},\ x \in \mathbb{R} \setminus \{0\}$

n) $f(x) = \frac{x+1}{\sqrt{x}},\ x \in \mathbb{R}^+$

4. Untersuche das Verhalten der Funktion für $x \to -\infty$.

a) $f(x) = \frac{1}{2}x + 1,\ x \in \mathbb{R}$

b) $f(x) = -\frac{3}{4}x + 2,\ x \in \mathbb{R}$

c) $f(x) = -4 + 5x - x^2,\ x \in \mathbb{R}$

d) $f(x) = \frac{1}{4}x^2 + 2x,\ x \in \mathbb{R}$

e) $f(x) = -\frac{1}{2}x^3 + 1,\ x \in \mathbb{R}$

f) $f(x) = x^2 + 2x^3,\ x \in \mathbb{R}$

g) $f(x) = -x^4 + x,\ x \in \mathbb{R}$

h) $f(x) = \frac{1}{5}x^5 + x^3,\ x \in \mathbb{R}$

i) $f(x) = \frac{x^2+1}{x-1},\ x \in \mathbb{R} \setminus \{1\}$

j) $f(x) = \frac{x^4}{x^3+1},\ x \in \mathbb{R} \setminus \{-1\}$

k) $f(x) = \frac{2^x}{x},\ x \in \mathbb{R} \setminus \{0\}$

l) $f(x) = \frac{1}{x^2} \cdot \left(\frac{1}{2}\right)^x,\ x \in \mathbb{R} \setminus \{0\}$

m) $f(x) = \frac{2^x}{1+3^x},\ x \in \mathbb{R}$

n) $f(x) = \sqrt{1-x},\ x \in \,]-\infty, 1]$

Grenzwert einer Funktion für $x \to a$

Eine Funktion f, die in U_a oder in $U_a \setminus \{a\}$ definiert ist, hat *für $x \to a$ den Grenzwert g*, wenn der Abstand der Funktionswerte von der reellen Zahl g beliebig klein wird, falls man x nur genügend nahe bei a wählt.
Wir schreiben: $\lim\limits_{x \to a} f(x) = g$
Entsprechend definiert man bei nur einseitiger Annäherung an die Stelle a den rechtsseitigen (linksseitigen) Grenzwert $g_r (g_l)$ an der Stelle a und schreibt:
$\lim\limits_{x \to a+} f(x) = g_r \qquad \left(\lim\limits_{x \to a-} f(x) = g_l\right)$
Ist $g_r = g_l$, dann existiert an der Stelle a der Grenzwert g, wobei $g = g_l = g_r$.

5. Berechne den Grenzwert.

a) $\lim\limits_{x \to 3} \left(\frac{2}{3}x + 1\right)$

b) $\lim\limits_{x \to -2} x^2$

c) $\lim\limits_{x \to 5} (-2x^3)$

d) $\lim\limits_{x \to \sqrt{2}} (x^2 - x)$

e) $\lim\limits_{x \to -2} (1 - x)^3$

f) $\lim\limits_{x \to 0} (2x - 1)^4$

g) $\lim\limits_{x \to 1} (x + 3)(x - 1)$

h) $\lim\limits_{x \to 3} \sqrt{5x + 1}$

i) $\lim\limits_{x \to -\frac{1}{2}} \sqrt{-x - x^2}$

j) $\lim\limits_{x \to \pi} \cos x$

k) $\lim\limits_{x \to \frac{\pi}{2}} \sin 3x$

l) $\lim\limits_{x \to \frac{\pi}{2}} (\sin x \cdot \cos x)$

m) $\lim\limits_{x \to 0} 3t$

n) $\lim\limits_{x \to 3} \lg(x - 2)$

o) $\lim\limits_{x \to 3} \lg \frac{1}{x^2+1}$

p) $\lim\limits_{x \to 0} \frac{2x}{x+3}$

q) $\lim\limits_{x \to -1} \frac{x^2}{2-x}$

r) $\lim\limits_{x \to 3} \frac{x-2}{x^3+x}$

s) $\lim\limits_{x \to 5} \frac{x^2+x}{x^2+2}$

t) $\lim\limits_{x \to -2} (3^x - 1)$

u) $\lim\limits_{x \to 0} \frac{3^x}{3+4^x}$

Beispiel zur Grenzwertbestimmung

$f(x) = \frac{x^2 + x - 2}{x - 1}$, $x \in \mathbb{R} \setminus \{1\}$; $a = 1$

1. Möglichkeit mit Termumformung

$$\lim_{x \to 1} f(x) = \lim_{x \to 1} \frac{x^2 + x - 2}{x - 1} = \lim_{x \to 1} \frac{(x + 2)(x - 1)}{x - 1} = \lim_{x \to 1} (x + 2) = 3$$

2. Möglichkeit mit der h-Methode

Hilfreich für die Grenzwertbestimmung ist neben der Termumformung die sogenannte *h-Methode*. Bei ihr wird die nahe bei a gelegene Stelle x durch $a + h$ ausgedrückt ($h \neq 0$) und anschließend das Verhalten von $f(a + h)$ für $h \to 0$ untersucht. Falls ein Grenzwert existiert, schreibt man

$$\lim_{x \to a} f(x) = \lim_{h \to 0} f(a + h) = g.$$

$$\lim_{x \to 1} f(x) = \lim_{h \to 0} f(1 + h) = \lim_{h \to 0} \frac{(1 + h)^2 + (1 + h) - 2}{(1 + h) - 1} = \lim_{h \to 0} \frac{1 + 2h + h^2 + 1 + h - 2}{1 + h - 1} = \lim_{h \to 0} \frac{3h + h^2}{h}$$

$$= \lim_{h \to 0} \frac{h(3 + h)}{h} = \lim_{h \to 0} (3 + h) = 3$$

6. Berechne den Grenzwert.

a) $\lim\limits_{x \to -3} \frac{x^2 - 9}{x + 3}$ **e)** $\lim\limits_{x \to -2{,}5} \frac{4x^2 + 8x - 5}{2x + 5}$ **i)** $\lim\limits_{x \to -2} \frac{2x^2 - 10x - 28}{5x + 10}$ **m)** $\lim\limits_{x \to 5} \frac{x^2 - 6x + 5}{x^2 - 4x - 5}$

b) $\lim\limits_{x \to 2} \frac{4 - x^2}{3x - 6}$ **f)** $\lim\limits_{x \to 1{,}5} \frac{2x^2 - x - 3}{2x - 3}$ **j)** $\lim\limits_{x \to -1} \frac{x^3 + x^2 - x - 1}{(x + 1)^2}$ **n)** $\lim\limits_{x \to \frac{1}{2}} \frac{2x^2 - 5x + 2}{2x^2 + 7x - 4}$

c) $\lim\limits_{x \to 0{,}5} \frac{4x^2 - 2x}{2x - 1}$ **g)** $\lim\limits_{x \to 3} \frac{x^2 - x - 6}{2x - 6}$ **k)** $\lim\limits_{x \to 2} \frac{x^3 - 5x^2 + 8x - 4}{(x - 2)^2}$ **o)** $\lim\limits_{x \to 2} \frac{2x^3 + x^2 - 7x - 6}{x^2 + 2x - 8}$

d) $\lim\limits_{x \to -\frac{2}{3}} \frac{9x^2 - 4}{6x + 4}$ **h)** $\lim\limits_{x \to 4} \frac{x^2 - 6x + 8}{3x - 12}$ **l)** $\lim\limits_{x \to -3} \frac{2x^2 - 18}{x^2 + 4x + 3}$ **p)** $\lim\limits_{x \to 0} \frac{x^3 + x^2}{x^3 + x}$

7. Untersuche das Verhalten der angegebenen Funktion.

a) $f(x) = \frac{3}{x}$, $x \in \mathbb{R} \setminus \{0\}$ für $x \to 0+$ $(x \to 0-)$

b) $f(x) = -\frac{4}{x^2}$, $x \in \mathbb{R} \setminus \{0\}$ für $x \to 0+$ $(x \to 0-)$

c) $f(x) = 1 - \frac{2}{x}$, $x \in \mathbb{R} \setminus \{0\}$ für $x \to 0+$ $(x \to 0-)$

d) $f(x) = x + \frac{3}{x^2}$, $x \in \mathbb{R} \setminus \{0\}$ für $x \to 0+$ $(x \to 0-)$

e) $f(x) = \frac{1}{x - 1}$, $x \in \mathbb{R} \setminus \{1\}$ für $x \to 1+$ $(x \to 1-)$

f) $f(x) = \frac{-2}{x + 3}$, $x \in \mathbb{R} \setminus \{-3\}$ für $x \to -3+$ $(x \to -3-)$

g) $f(x) = \frac{x + 1}{3x + 2}$, $x \in \mathbb{R} \setminus \{-\frac{2}{3}\}$ für $x \to -\frac{2}{3}+$ $(x \to -\frac{2}{3}-)$

h) $f(x) = \frac{x^2}{4x^2 - 4x + 1}$, $x \in \mathbb{R} \setminus \{\frac{1}{2}\}$ für $x \to \frac{1}{2}+$ $(x \to \frac{1}{2}-)$

i) $f(x) = \frac{1 + 3x}{(x + 3)^2}$, $x \in \mathbb{R} \setminus \{-3\}$ für $x \to -3+$ $(x \to -3-)$

j) $f(x) = \frac{1 - x}{x^2 - 1}$, $x \in \mathbb{R} \setminus \{-1; 1\}$ für $x \to -1+$ $(x \to -1-)$

k) $f(x) = \frac{6x + 2}{9x^2 + 6x + 1}$, $x \in \mathbb{R} \setminus \{-\frac{1}{3}\}$ für $x \to -\frac{1}{3}+$ $(x \to -\frac{1}{3}-)$

l) $f(x) = \frac{2 - 2x}{x^3 - 3x^2 + 3x - 1}$, $x \in \mathbb{R} \setminus \{1\}$ für $x \to 1+$ $(x \to 1-)$

m) $f(x) = \frac{3^x}{2^x - 1}$, $x \in \mathbb{R} \setminus \{0\}$ für $x \to 0+$ $(x \to 0-)$

8. Besitzt die Funktion f einen Grenzwert an der Stelle a?

a) $f(x) = \begin{cases} 2x+1 & \text{für } x \leq 0 \\ -\frac{1}{2}x+1 & \text{für } x > 0 \end{cases}$ $\quad a = 0$

b) $f(x) = \begin{cases} -x^2 & \text{für } x < 1 \\ 2x-3 & \text{für } x \geq 1 \end{cases}$ $\quad a = 1$

c) $f(x) = \begin{cases} x^2 - x & \text{für } x < 2 \\ \sqrt{x+2} & \text{für } x \geq 2 \end{cases}$ $\quad a = 2$

d) $f(x) = \begin{cases} x^3 & \text{für } x \leq -1 \\ 2x+3 & \text{für } x > -1 \end{cases}$ $\quad a = -1$

e) $f(x) = \begin{cases} \frac{2}{x} & \text{für } x < 0 \\ x & \text{für } x \geq 0 \end{cases}$ $\quad a = 0$

f) $f(x) = \begin{cases} -3x+1 & \text{für } x < \frac{1}{2} \\ -2x^2+x & \text{für } x \geq \frac{1}{2} \end{cases}$ $\quad a = \frac{1}{2}$

g) $f(x) = \begin{cases} \frac{2}{1+x} & \text{für } x < -2 \\ \sqrt{x+2} & \text{für } x \geq -2 \end{cases}$ $\quad a = -2$

h) $f(x) = \begin{cases} 2^x & \text{für } x < -1 \\ 1 & \text{für } x = -1 \\ -x-\frac{1}{2} & \text{für } x > -1 \end{cases}$ $\quad a = -1$

3.2 Stetigkeit

Lokale Stetigkeit einer Funktion

Eine Funktion f heißt *an der Stelle a* ihres Definitionsbereiches *stetig*, wenn gilt

$$\lim_{x \to a} f(x) = f(a) \quad \text{bzw.} \quad \lim_{h \to 0} f(a+h) = f(a)$$

Gilt nur $\lim\limits_{x \to a+} f(x) = f(a)$ bzw. $\lim\limits_{x \to a-} f(x) = f(a)$, dann ist f an der Stelle a *rechts-* bzw. *linksseitig stetig*.

Beispiel:

f ist an der Stelle

a linksseitig stetig, da $\lim\limits_{x \to a-} f(x) = f(a)$;

b stetig, da $\lim\limits_{x \to b} f(x) = f(b)$;

c nicht stetig, da $\lim\limits_{x \to c} f(x) \neq f(c)$.

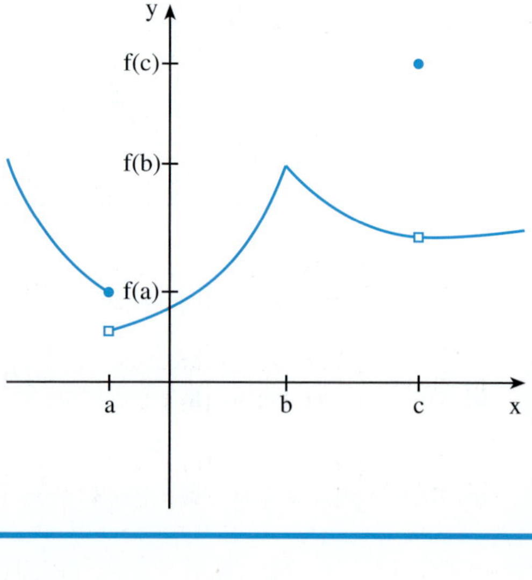

1. Untersuche anhand des Schaubildes, ob die Funktion f an den Stellen a, b und c stetig ist.

a)

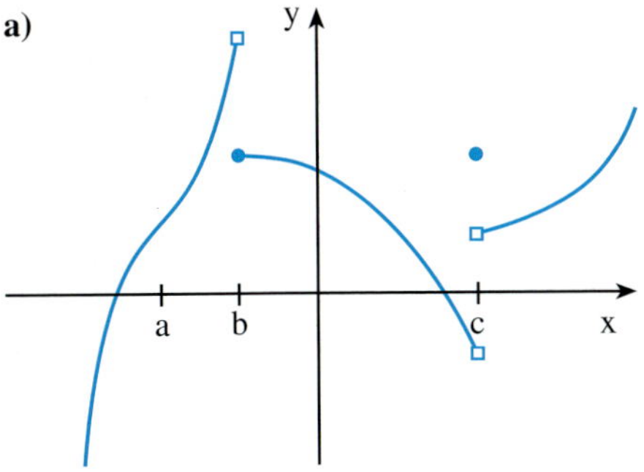

b)

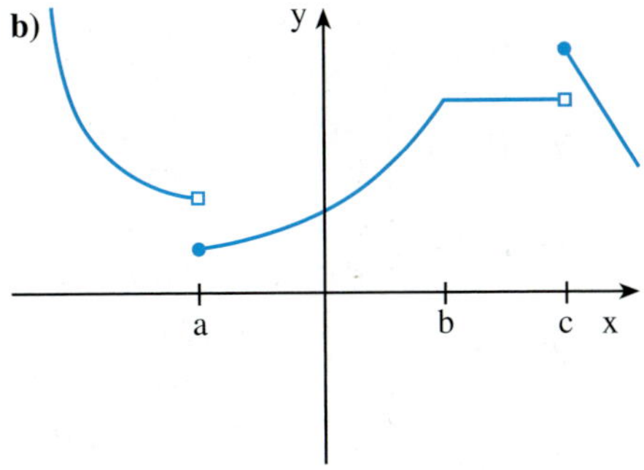

2. Untersuche die Funktion f an der Stelle a auf Stetigkeit.

$f(x) = \frac{x^2}{x+1}$, $x \in \mathbb{R} \setminus \{-1\}$ $a = 2$

$\lim\limits_{x \to 2} \frac{x^2}{x+1} = \lim\limits_{h \to 0} \frac{(2+h)^2}{(2+h)+1} = \frac{4}{3} = f(2) \Rightarrow$ f ist an der Stelle 2 stetig

a) $f(x) = x^2$, $x \in \mathbb{R}$ $a = 2$ $(a = \sqrt{3})$

b) $f(x) = \frac{x}{x-2}$, $x \in \mathbb{R} \setminus \{2\}$ $a = -1$ $(a = 0)$

c) $f(x) = \sqrt{x}$, $x \in \mathbb{R}_0^+$ $a = 2$ $(a = 0)$

d) $f(x) = 3^{-x}$, $x \in \mathbb{R}$ $a = 0$ $(a = 1)$

3. Untersuche die abschnittsweise definierte Funktion f an der Nahtstelle auf Stetigkeit und skizziere das Schaubild von f, wenn

$$f(x) = \begin{cases} \frac{1}{2}x^2 - 1 & \text{für } x \le 2 \\ -\frac{3}{2}x + 4 & \text{für } x > 2 \end{cases}$$

Nahtstelle 2

Ist $h > 0$, so ist

$$\lim_{x \to 2+} f(x) = \lim_{h \to 0} f(2+h) = \lim_{h \to 0} [-\tfrac{3}{2}(2+h) + 4] = 1$$

$$\lim_{x \to 2-} f(x) = \lim_{h \to 0} f(2-h) = \lim_{h \to 0} [\tfrac{1}{2}(2-h)^2 - 1] = 1$$

$f(2) = \frac{1}{2} \cdot 2^2 - 1 = 1$

Da $g_r = g_l = f(2) = 1$, ist f an der Stelle 2 stetig

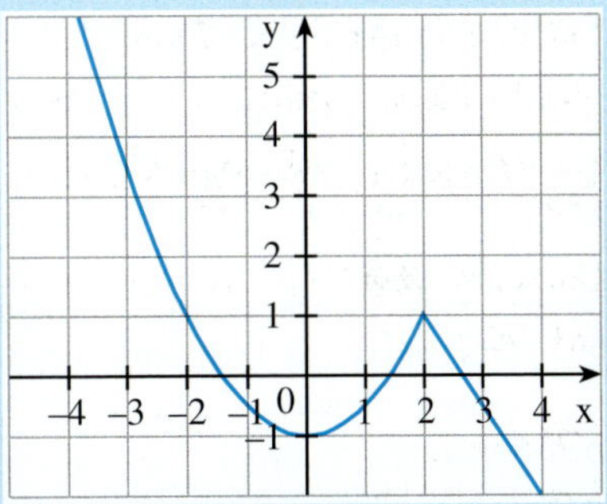

a) $f(x) = \begin{cases} -2x^2 + 3 & \text{für } x < 1 \\ 2x - 1 & \text{für } x \ge 1 \end{cases}$

b) $f(x) = \begin{cases} \frac{1}{2}x + 1 & \text{für } x \le 0 \\ \frac{1}{2}x + 3 & \text{für } x > 0 \end{cases}$

c) $f(x) = \begin{cases} 4 - x^2 & \text{für } x < -1 \\ 3 & \text{für } x \ge -1 \end{cases}$

d) $f(x) = \begin{cases} 2x^2 & \text{für } x \le \frac{1}{2} \\ \frac{1}{x^2} & \text{für } x > \frac{1}{2} \end{cases}$

e) $f(x) = \begin{cases} x^2 + 2x & \text{für } x < -1 \\ 0 & \text{für } x = -1 \\ 2x + 1 & \text{für } x > -1 \end{cases}$

f) $f(x) = \begin{cases} (\frac{3}{2})^x & \text{für } x \le 2 \\ \frac{3}{x} & \text{für } x > 2 \end{cases}$

4. Bestimme $t \in \mathbb{R}$ so, dass die Funktion f an der Nahtstelle stetig ist.

a) $f(x) = \begin{cases} x^2 - x & \text{für } x \geq 3 \\ \frac{1}{2}x + t & \text{für } x < 3 \end{cases}$

b) $f(x) = \begin{cases} \frac{1}{x} & \text{für } x \leq -2 \\ tx^2 & \text{für } x > -2 \end{cases}$

c) $f(x) = \begin{cases} \frac{3}{2}x - 1 & \text{für } x < 2 \\ 2^{x+t} & \text{für } x \geq 2 \end{cases}$

d) $f(x) = \begin{cases} x^2 - t^2 & \text{für } x \geq 3 \\ -x + 4t & \text{für } x < 3 \end{cases}$

Stetigkeit einer Funktion auf einem Intervall

Eine Funktion heißt *auf einem offenen Intervall stetig*, wenn sie an jeder Stelle des Intervalls stetig ist.
Eine *auf einem abgeschlossenen Intervall* definierte Funktion heißt *stetig*, wenn sie an den Randstellen rechts- bzw. linksseitig stetig und weiterhin an jeder anderen Stelle des Intervalls stetig ist.

5. Untersuche die Funktion f im angegebenen Definitionsbereich auf Stetigkeit

a) $f(x) = \frac{1}{3}x^3 + x^2,\ x \in \mathbb{R}$

b) $f(x) = |x - 1|,\ x \in \mathbb{R}$

c) $f(x) = |x^2 - 2x|,\ x \in \mathbb{R}$

d) $f(x) = \frac{2}{x},\ x \in \mathbb{R} \setminus \{0\}$

e) $f(x) = \sqrt{x+1},\ x \in [-1; \infty[$

f) $f(x) = {}^2\log x,\ x \in \mathbb{R}^+$

3.3 Differenzierbarkeit und Ableitung

Das Tangentenproblem

Bei nebenstehender Abbildung sind **Tangenten** in verschiedenen Kurvenpunkten eingezeichnet. Wir suchen ein Verfahren, mit dem die Steigung m_t einer solchen Tangente bestimmt werden kann.
Dies ist mit nur **einem** Kurvenpunkt $A(a\,|\,f(a))$ nicht möglich.
Nimmt man jedoch einen 2. Kurvenpunkt $P(x\,|\,f(x))$ dazu, so lässt sich die Steigung m_s der sogenannten Sekante durch A und P berechnen.

Es gilt: $m_s = \frac{f(x) - f(a)}{x - a}$

Je näher P bei A liegt, desto weniger unterscheidet sich die Sekantensteigung von der unbekannten Tangentensteigung. Man definiert deshalb:

$m_t = \lim\limits_{x \to a} \frac{f(x) - f(a)}{x - a}$

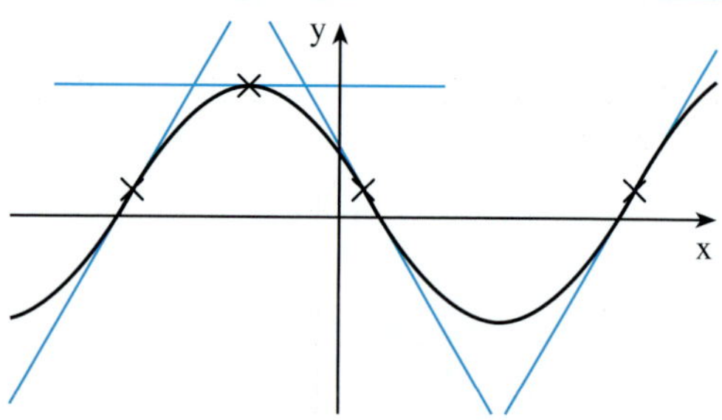

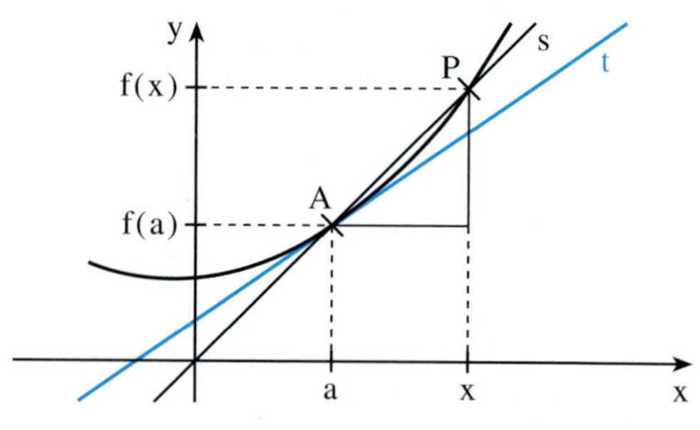

1. Gegeben ist die Funktion f mit $f(x) = -x^2 + 2x,\ x \in \mathbb{R}$. Berechne im Schaubild von f die Steigung der Sekante durch A und P.

a) $A(0\,|\,0)$, $P(1\,|\,f(1))$ [$P(0{,}1\,|\,f(0{,}1))$; $P(0{,}01\,|\,f(0{,}01))$, $P(0{,}001\,|\,f(0{,}001))$]

b) $A(1\,|\,f(1))$ $P(0{,}9\,|\,f(0{,}9))$; [$P(0{,}99\,|\,f(0{,}99))$; $P(0{,}999\,|\,f(0{,}999))$]

c) $A(2\,|\,f(2))$, $P(1{,}9\,|\,f(1{,}9))$ [$P(2{,}1\,|\,f(2{,}1))$; $P(1{,}99\,|\,f(1{,}99))$, $P(2{,}01\,|\,f(2{,}01))$]

Lokale Differenzierbarkeit einer Funktion

Der Term $\frac{f(x)-f(a)}{x-a}$ heißt *Differenzenquotient* von f an der Stelle a.

Eine Funktion f heißt an der Stelle a ihres Definitionsbereiches *differenzierbar*, wenn

$\lim\limits_{x \to a} \frac{f(x)-f(a)}{x-a}$ bzw. $\lim\limits_{h \to 0} \frac{f(a+h)-f(a)}{h}$ existiert.

Dieser Grenzwert heißt *1. Ableitung* oder *Differentialquotient* von f an der Stelle a und wird mit $f'(a)$ bezeichnet.
Die Gerade durch $A(a \mid f(a))$ mit der Steigung $f'(a)$ heißt *Tangente in A*, die hierzu orthogonale Gerade heißt *Normale in A*.
Sie besitzt die Steigung $-\frac{1}{f'(a)}$.

Beispiel:

f ist an der Stelle a differenzierbar, denn der Grenzwert der Sekanten-Steigung existiert. Die Tangentensteigung ist 0.

f ist an der Stelle b nicht differenzierbar, denn der linksseitige Grenzwert der Sekantensteigung existiert nicht.

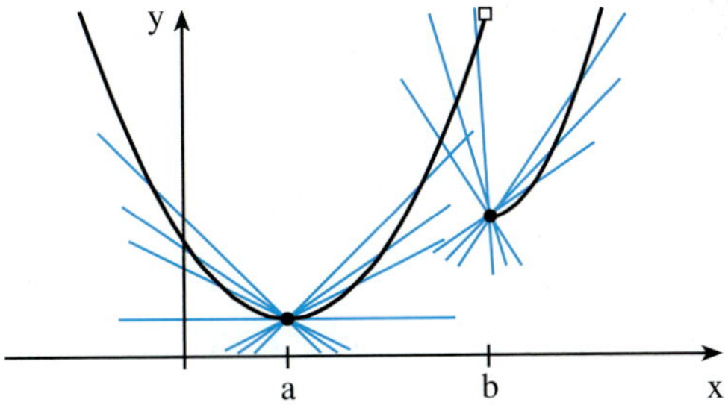

2. Untersuche anhand des Schaubildes, ob die Funktion f an den Stellen a bzw. b differenzierbar ist.

a)

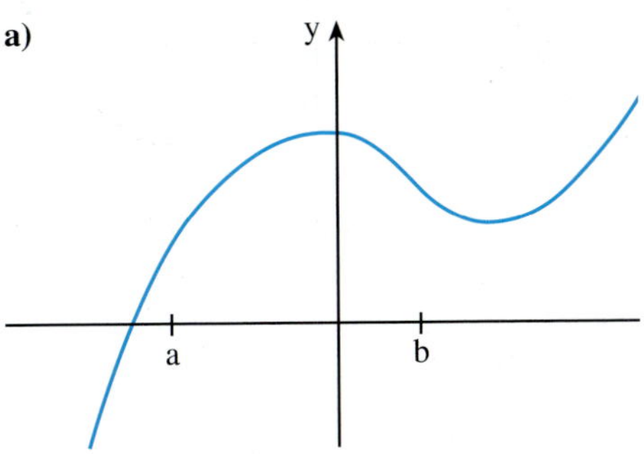

c)

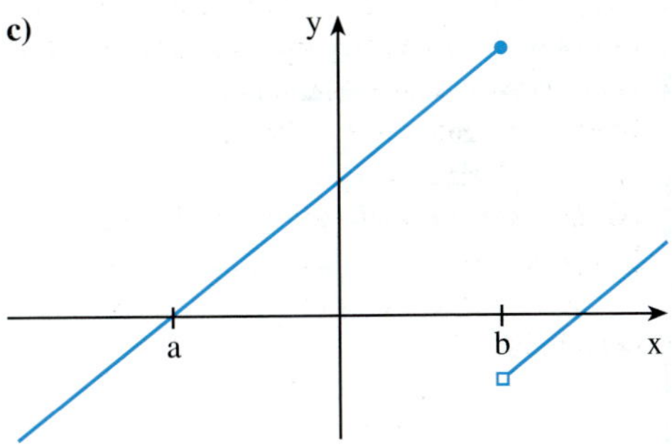

b)

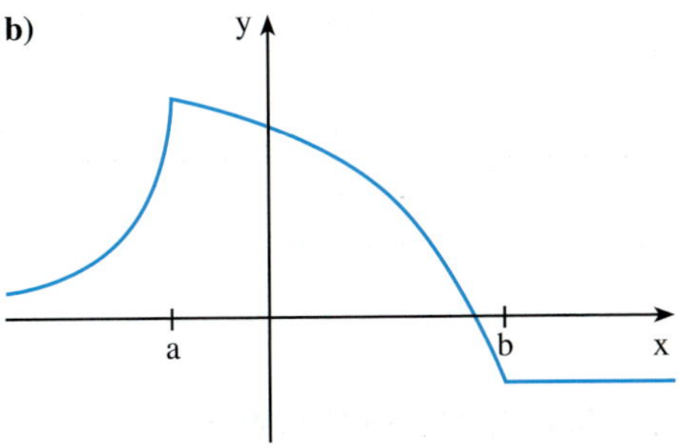

d)

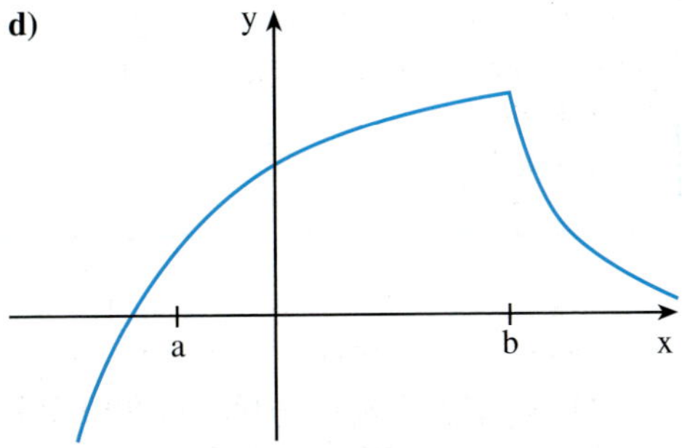

3. Bestimme die 1. Ableitung von f an der Stelle a.

$f(x) = x^2 - x,\ x \in \mathbb{R}$ und $a = 2$

$\lim\limits_{x \to 2} \frac{f(x) - f(2)}{x - 2} = \lim\limits_{x \to 2} \frac{x^2 - x - 2}{x - 2} = \lim\limits_{x \to 2} \frac{(x-2)(x+1)}{x-2} = \lim\limits_{x \to 2} (x+1) = 3 = f'(2)$

bzw.

$\lim\limits_{h \to 0} \frac{f(2+h) - f(2)}{h} = \lim\limits_{h \to 0} \frac{(2+h)^2 - (2+h) - 2}{h} = \lim\limits_{h \to 0} \frac{4 + 4h + h^2 - 2 - h - 2}{h} = \lim\limits_{h \to 0} \frac{h^2 + 3h}{h}$

$= \lim\limits_{h \to 0} \frac{h(h+3)}{h} = \lim\limits_{h \to 0} (h+3) = 3 = f'(2)$

a) $f(x) = \frac{1}{3}x - 2,\ x \in \mathbb{R}$ und $a = 2$ $(a = -1;\ a = 0)$
b) $f(x) = mx + c,\ x \in \mathbb{R}$ und $a = -3$ $(a = 5;\ a = \sqrt{2})$
c) $f(x) = x^2 + 1,\ x \in \mathbb{R}$ und $a = 1$ $(a = -2;\ a = \sqrt{3})$
d) $f(x) = -x^2 + 4x,\ x \in \mathbb{R}$ und $a = 2$ $(a = 0;\ a = 3)$
e) $f(x) = \frac{2}{x},\ x \in \mathbb{R} \setminus \{0\}$ und $a = 1$ $(a = -1;\ a = 2)$
f) $f(x) = \sqrt{x},\ x \in \mathbb{R}_0^+$ und $a = 1$ $(a = 4,\ a = 0)$
g) $f(x) = x^3,\ x \in \mathbb{R}$ und $a = 0$ $(a = 1;\ a = -2)$
h) $f(x) = \frac{1}{x^2 + 1},\ x \in \mathbb{R}$ und $a = 0$ $(a = 1;\ a = 3)$

4. Bestimme die Gleichungen von Tangente und Normale an das Schaubild von f im Kurvenpunkt A.

a) $f(x) = \frac{1}{2}x + 1,\ x \in \mathbb{R}$ und $A(0\,|\,f(0))$
b) $f(x) = x^2 + 1,\ x \in \mathbb{R}$ und $A(2\,|\,f(2))$
c) $f(x) = -\frac{1}{x},\ x \in \mathbb{R} \setminus \{0\}$ und $A(\frac{1}{2}\,|\,f(\frac{1}{2}))$
d) $f(x) = x^3,\ x \in \mathbb{R}$ und $A(-2\,|\,f(-2))$

Einseitige lokale Differenzierbarkeit einer Funktion

Existiert $\lim\limits_{x \to a+} \frac{f(x) - f(a)}{x - a}$ bzw. $\lim\limits_{h \to 0} \frac{f(a+h) - f(a)}{h}$ mit $h > 0$, so nennt man f *rechtsseitig differenzierbar an der Stelle a*. Dieser rechtsseitige Grenzwert wird mit $f_r'(a)$ bezeichnet.
f heißt *linksseitig differenzierbar an der Stelle a*, wenn $\lim\limits_{x \to a-} \frac{f(x) - f(a)}{x - a}$ bzw. $\lim\limits_{h \to 0} \frac{f(a-h) - f(a)}{-h}$ mit $h > 0$ existiert. Dieser linksseitige Grenzwert wird mit $f_l'(a)$ bezeichnet.
Ist $f_r'(a) = f_l'(a)$, dann ist f differenzierbar an der Stelle a, wobei $f'(a) = f_r'(a) = f_l'(a)$.

Beispiel:

$f(x) = \begin{cases} -\frac{1}{6}x^3 + \frac{1}{3} & \text{für } x \leq 2 \\ 2x^2 - 2x - 5 & \text{für } x > 2 \end{cases} \qquad a = 2$

$\lim\limits_{x \to 2-} \frac{f(x) - f(2)}{x - 2} = \lim\limits_{x \to 2-} \frac{-\frac{1}{6}x^3 + \frac{1}{3} + 1}{x - 2}$

$= \lim\limits_{x \to 2-} (-\frac{1}{6}x^2 - \frac{1}{3}x - \frac{2}{3}) = -2 = f_l'(2)$

$\lim\limits_{x \to 2+} \frac{f(x) - f(2)}{x - 2} = \lim\limits_{x \to 2+} \frac{2x^2 - 2x - 5 + 1}{x - 2}$

$= \lim\limits_{x \to 2} (2x + 2) = 6 = f_r'(2)$

Da $f_l'(2) \neq f_r'(2)$ ist f an der Stelle 2 nicht differenzierbar.

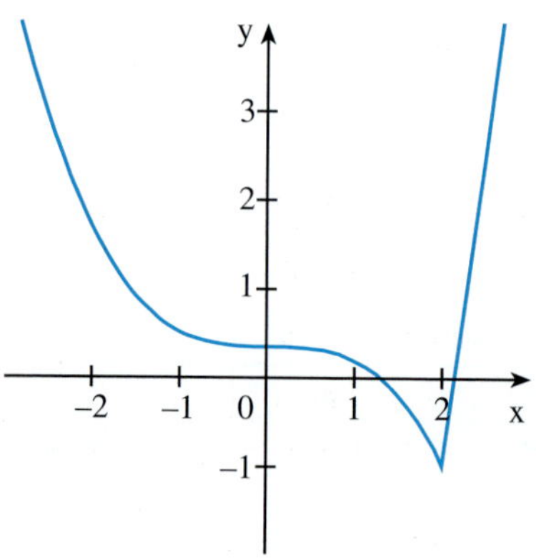

5. Untersuche die Funktion f auf Differenzierbarkeit an der Stelle a und skizziere das Schaubild von f.

a) $f(x) = \begin{cases} x^2 - 2x & \text{für } x \leq 2 \\ 2x - 4 & \text{für } x > 2 \end{cases} \quad a = 2$

b) $f(x) = \begin{cases} -x^2 + 2 & \text{für } x \leq 0 \\ x^2 + 2 & \text{für } x > 0 \end{cases} \quad a = 0$

c) $f(x) = \begin{cases} 1 & \text{für } x < 1 \\ \frac{1}{x} & \text{für } x \geq 1 \end{cases} \quad a = 1$

d) $f(x) = \begin{cases} \frac{1}{2}x + 1 & \text{für } x < -1 \\ \frac{1}{2}x & \text{für } x \geq -1 \end{cases} \quad a = -1$

e) $f(x) = \begin{cases} x + 4 & \text{für } x < 1 \\ -x + 6 & \text{für } x \geq 1 \end{cases} \quad a = 1$

f) $f(x) = \begin{cases} -x^2 - 4x & \text{für } x \geq -2 \\ -2x - 4 & \text{für } x < -2 \end{cases} \quad a = -2$

Differenzierbarkeit einer Funktion auf einem Intervall

Eine Funktion f heißt *auf einem offenen Intervall differenzierbar*, wenn sie an jeder Stelle des Intervalls differenzierbar ist.
Sie heißt *auf einem abgeschlossenen Intervall differenzierbar*, wenn sie an den Randstellen rechts- bzw. linksseitig differenzierbar und weiterhin an jeder anderen Stelle differenzierbar ist.
Die Funktion f′, die jeder Stelle $x \in D_f$, an der f differenzierbar ist, die Ableitung zuordnet, heißt **Ableitungsfunktion**.

6. Bestimme die Ableitungsfunktion zur Funktion f.

$f(x) = x^2 + x, \ x \in \mathbb{R}$

$$\lim_{x \to a} \frac{f(x) - f(a)}{x - a} = \lim_{h \to 0} \frac{f(a+h) - f(a)}{h} = \lim_{h \to 0} \frac{(a+h)^2 + (a+h) - (a^2 + a)}{h} = \lim_{h \to 0} \frac{a^2 + 2ah + h^2 + a + h - a^2 - a}{h}$$
$$= \lim_{h \to 0} \frac{2ah + h^2 + h}{h} = \lim_{h \to 0} \frac{h(2a + h + 1)}{h} = \lim_{h \to 0} (2a + h + 1) = 2a + 1$$

Somit ist $f'(x) = 2x + 1, \ x \in \mathbb{R}$

a) $f(x) = \frac{1}{2}x + 1, \ x \in \mathbb{R}$
b) $f(x) = -x^2 + 2, \ x \in \mathbb{R}$
c) $f(x) = \frac{1}{2}x^2 + 2x, \ x \in \mathbb{R}$
d) $f(x) = \frac{2}{x}, \ x \in \mathbb{R}^+$
e) $f(x) = 2x^3, \ x \in \mathbb{R}$
f) $f(x) = \sqrt{x}, \ x \in \mathbb{R}^+$

Wichtige Ableitungsfunktionen

$f(x) = x^n, \quad x \in D_f$	$f'(x) = n \cdot x^{n-1}, \ x \in D_{f'}, \quad n \in \mathbb{R}$
$f(x) = \sqrt{x}, \ x \in \mathbb{R}_0^+$	$f'(x) = \frac{1}{2\sqrt{x}}, \ x \in \mathbb{R}^+$
$f(x) = \frac{1}{x}, \ x \in \mathbb{R} \setminus \{0\}$	$f'(x) = -\frac{1}{x^2}, \ x \in \mathbb{R} \setminus \{0\}$
$f(x) = \sin x, \ x \in \mathbb{R}$	$f'(x) = \cos x, \ x \in \mathbb{R}$
$f(x) = \cos x, \ x \in \mathbb{R}$	$f'(x) = -\sin x, \ x \in \mathbb{R}$
$f(x) = e^x, \ x \in \mathbb{R}$	$f'(x) = e^x, \ x \in \mathbb{R}$

Ableitungsregeln

Sind u und v differenzierbare Funktionen und $c \in \mathbb{R}$, dann gilt:

$f(x) = c \cdot u(x)$	$f'(x) = c \cdot u'(x)$
$f(x) = u(x) \pm v(x)$	$f'(x) = u'(x) \pm v'(x)$

Produktregel

$f(x) = u(x) \cdot v(x)$	$f'(x) = u'(x) \cdot v(x) + u(x) \cdot v'(x)$

Quotientenregel

$f(x) = \frac{u(x)}{v(x)}$	$f'(x) = \frac{u'(x) \cdot v(x) - u(x) \cdot v'(x)}{(v(x))^2}$

Kettenregel

$f(x) = u(v(x))$	$f'(x) = u'(v(x)) \cdot v'(x)$

7. Bestimme mithilfe der Potenzregel die Ableitungsfunktion zu f.

a) $f(x) = 1,\ x \in \mathbb{R}$
b) $f(x) = x,\ x \in \mathbb{R}$
c) $f(x) = x^2,\ x \in \mathbb{R}$
d) $f(x) = x^3,\ x \in \mathbb{R}$
e) $f(x) = x^4,\ x \in \mathbb{R}$
f) $f(x) = x^5,\ x \in \mathbb{R}$
g) $f(x) = \frac{1}{x^2},\ x \in \mathbb{R} \setminus \{0\}$
h) $f(x) = \frac{1}{x^3},\ x \in \mathbb{R} \setminus \{0\}$
i) $f(x) = x \cdot \sqrt{x},\ x \in \mathbb{R}_0^+$
j) $f(x) = \frac{1}{x} \cdot \sqrt{x},\ x \in \mathbb{R}_0^+$
k) $f(x) = x^{\frac{4}{5}},\ x \in \mathbb{R}^+$
l) $f(x) = x^{\sqrt{2}},\ x \in \mathbb{R}_0^+$

8. Bestimme die Ableitungsfunktion zu f.

a) $f(x) = x^2 + x,\ x \in \mathbb{R}$
b) $f(x) = x^4 - 1,\ x \in \mathbb{R}$
c) $f(x) = 3x^2,\ x \in \mathbb{R}$
d) $f(x) = -x^4,\ x \in \mathbb{R}$
e) $f(x) = \frac{4}{x},\ x \in \mathbb{R} \setminus \{0\}$
f) $f(x) = 4\sqrt{x},\ x \in \mathbb{R}_0^+$
g) $f(x) = \frac{1}{2}x + 1,\ x \in \mathbb{R}$
h) $f(x) = -\frac{2}{3}x - \frac{1}{4},\ x \in \mathbb{R}$
i) $f(x) = 1 - 2x,\ x \in \mathbb{R}$
j) $f(x) = x^2 + 2x + 2,\ x \in \mathbb{R}$
k) $f(x) = 5t,\ x \in \mathbb{R},\ t \in \mathbb{R}$
l) $f(x) = \frac{1}{2}x^3 + 4x^2 + 4,\ x \in \mathbb{R}$
m) $f(x) = \frac{1}{6}x^3 - 2x + 1,\ x \in \mathbb{R}$
n) $f(x) = \frac{1}{12}x^4 + \frac{2}{3}x^3,\ x \in \mathbb{R}$
o) $f(x) = x^2 + 2t,\ t \in \mathbb{R},\ x \in \mathbb{R}$
p) $f(t) = x^2 + 2xt,\ t \in \mathbb{R},\ x \in \mathbb{R}$
q) $f(p) = \frac{1}{9}p^4 + 4p^3,\ p \in \mathbb{R}$
r) $f(m) = \frac{1}{81}m^7 + \frac{1}{48}m^6,\ m \in \mathbb{R}$
s) $f(a) = 2a^2 - \frac{1}{a},\ a \in \mathbb{R}$
t) $f(h) = \frac{1}{2}hx + h^3,\ h \in \mathbb{R},\ x \in \mathbb{R}$
u) $f(r) = \frac{V}{\pi r^2},\ r \in \mathbb{R}^+,\ V \in \mathbb{R}^+$
v) $f(z) = 3\sqrt{z} + \frac{2}{z^3},\ z \in \mathbb{R}^+$
w) $f(x) = \frac{2}{3}tx^3 + tx^2 + t,\ x \in \mathbb{R},\ t \in \mathbb{R}$
x) $f(x) = \frac{2}{t}x^4 + 3x^3 + t^2,\ x \in \mathbb{R},\ t \in \mathbb{R}^+$
y) $f(t) = \frac{2}{t}x^4 + 3x^3 + t^2,\ t \in \mathbb{R}^+,\ x \in \mathbb{R}$
z) $f(x) = (2x + 1)^2,\ x \in \mathbb{R}$

9. Bestimme mithilfe der Produktregel die Ableitungsfunktion zu f.

$$f(x) = \underbrace{x^2}_{u} \cdot \underbrace{\cos x}_{v},\ x \in \mathbb{R} \qquad f'(x) = \underbrace{2x}_{u'} \cdot \underbrace{\cos x}_{v} + \underbrace{x^2}_{u} \cdot \underbrace{(-\sin x)}_{v'},\ x \in \mathbb{R}$$

a) $f(x) = x \cdot \sin x,\ x \in \mathbb{R}$
b) $f(x) = \frac{1}{x} \cdot \sin x,\ x \in \mathbb{R} \setminus \{0\}$
c) $f(x) = \sin x \cdot \cos x,\ x \in \mathbb{R}$
d) $f(x) = \sqrt{x} \cdot \cos x,\ x \in \mathbb{R}_0^+$
e) $f(x) = (x^3 - x) \cdot \cos x,\ x \in \mathbb{R}$
f) $f(x) = \sin^2 x + \cos^2 x,\ x \in \mathbb{R}$

10. Bestimme mithilfe der Kettenregel die Ableitungsfunktion zu f.

$$f(x) = \overbrace{(\underbrace{x^2+1}_{v(x)})^5}^{u(v(x))},\ x \in \mathbb{R} \qquad f'(x) = \underbrace{5(x^2+1)^4}_{u'(v(x))} \cdot \underbrace{2x}_{v'(x)},\ x \in \mathbb{R}$$

a) $f(x) = (2-x)^4,\ x \in \mathbb{R}$

b) $f(x) = \frac{1}{2x-1},\ x \in \mathbb{R} \setminus \{\frac{1}{2}\}$

c) $f(x) = \frac{3}{(x+1)^2},\ x \in \mathbb{R} \setminus \{-1\}$

d) $f(x) = (x^3+2x)^2,\ x \in \mathbb{R}$

e) $f(x) = \frac{1}{(1+x^2)^2},\ x \in \mathbb{R}$

f) $f(x) = \frac{1}{x^3+1},\ x \in \mathbb{R} \setminus \{-1\}$

g) $f(x) = \sqrt{x-1},\ x \geq 1$

h) $f(x) = \frac{1}{\sqrt{x^2+2}},\ x \in \mathbb{R}$

i) $f(x) = \sin 2x,\ x \in \mathbb{R}$

j) $f(t) = \cos(\omega t),\ t \in \mathbb{R},\ \omega \in \mathbb{R}^+$

11. Bestimme mithilfe der Quotientenregel die Ableitungsfunktion zu f.

$f(x) = \frac{x^2}{(2x+1)^3},\ x \in \mathbb{R} \setminus \{-\frac{1}{2}\}$

$u = x^2 \qquad v = (2x+1)^3$

$u' = 2x \qquad v' = 3(2x+1)^2 \cdot 2 = 6(2x+1)^2$

$$f'(x) = \frac{2x(2x+1)^3 - x^2 \cdot 6(2x+1)^2}{[(2x+1)^3]^2} = \frac{(2x+1)^2 \cdot [2x \cdot (2x+1) - 6x^2]}{(2x+1)^6} = \frac{4x^2+2x-6x^2}{(2x+1)^4} = \frac{-2x^2+2x}{(2x+1)^4}$$

a) $f(x) = \frac{2x-1}{x+1},\ x \in \mathbb{R} \setminus \{-1\}$

b) $f(x) = \frac{3}{2x^2+3},\ x \in \mathbb{R}$

c) $f(x) = \frac{2x}{(x-3)^2},\ x \in \mathbb{R} \setminus \{3\}$

d) $f(x) = \frac{x^3}{x^2-3x+2},\ x \in \mathbb{R} \setminus \{1; 2\}$

e) $f(x) = 2x + \frac{x}{x^2+1},\ x \in \mathbb{R}$

f) $f(x) = x^2 + \frac{x}{x^2-4},\ x \in \mathbb{R} \setminus \{-2; 2\}$

g) $f(x) = \frac{4x}{(x^2+2)^3},\ x \in \mathbb{R}$

h) $f(x) = \frac{1-x}{(x^3+8)^2},\ x \in \mathbb{R} \setminus \{-2\}$

Höhere Ableitungen

f' sei die Ableitungsfunktion zur Funktion f. Ist die Funktion f' differenzierbar, so nennen wir deren Ableitungsfunktion *2. Ableitung von f* und schreiben f''.
Entsprechend definiert man die n-te Ableitung von f und schreibt $f^{(n)}$.

12. Bestimme die ersten drei Ableitungen zu f.

a) $f(x) = \frac{1}{2}x - 3,\ x \in \mathbb{R}$

b) $f(x) = \frac{3}{2}x^2 - 4x + 1,\ x \in \mathbb{R}$

c) $f(x) = \frac{1}{12}x^3 - \frac{5}{6}x^2 + x,\ x \in \mathbb{R}$

d) $f(x) = ax^3 + bx^2 + cx + d,\ x \in \mathbb{R}$

e) $f(x) = ax^4 + bx^2 + c,\ x \in \mathbb{R}$

f) $f(x) = 2x + 1 - \frac{1}{x},\ x \in \mathbb{R} \setminus \{0\}$

g) $f(x) = x \cdot \sin 2x,\ x \in \mathbb{R}$

h) $f(x) = \sin(x^2),\ x \in \mathbb{R}$

i) $f(x) = (x^2+1)^4,\ x \in \mathbb{R}$

j) $f(x) = \frac{3}{2-x},\ x \in \mathbb{R} \setminus \{2\}$

k) $f(x) = \frac{2x-3}{x+1},\ x \in \mathbb{R} \setminus \{-1\}$

l) $f(x) = \frac{x^2}{(x-1)^2},\ x \in \mathbb{R} \setminus \{1\}$

4 Bausteine einer Kurvendiskussion

4.1 Symmetrie

Gerade und ungerade Funktionen/Symmetrie

Eine Funktion f heißt *gerade*, wenn für alle $a \in D_f$ gilt:

$f(-a) = f(a)$

Das Schaubild einer geraden Funktion ist *symmetrisch* zur y-Achse.

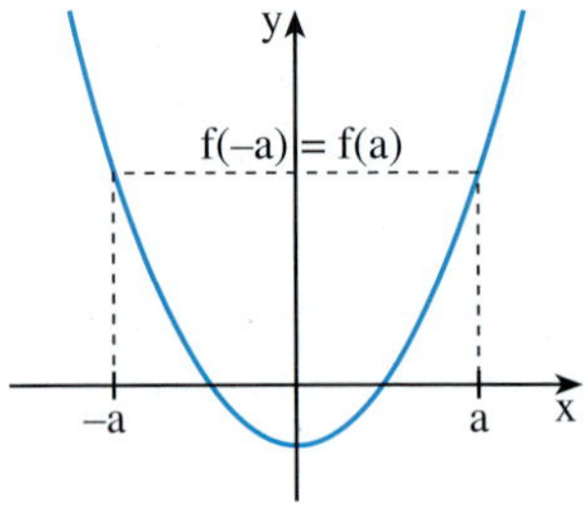

Eine Funktion f heißt *ungerade*, wenn für alle $a \in D_f$ gilt:

$f(-a) = -f(a)$.

Das Schaubild einer ungeraden Funktion ist *symmetrisch zum Koordinatenursprung*.

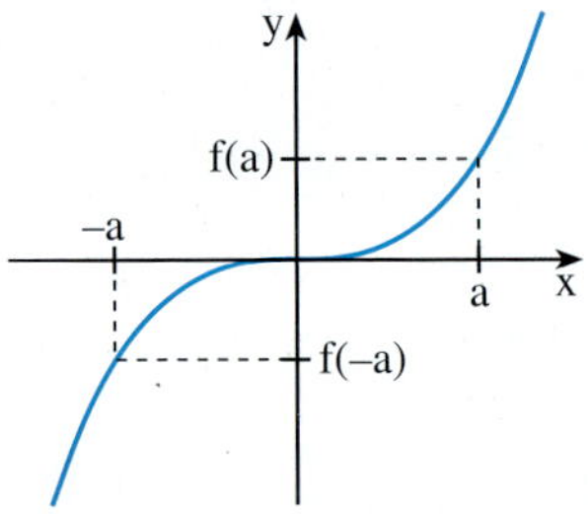

1. Untersuche, ob die Funktion f gerade oder ungerade ist und gib die entsprechende Symmetrieeigenschaft des Schaubilds an.

$f(x) = -\frac{1}{6}x + \frac{1}{x}, \ x \in \mathbb{R}\setminus\{0\}$

$f(-x) = -\frac{1}{6}(-x) + \frac{1}{-x} = \frac{1}{6}x - \frac{1}{x} = -(\frac{1}{6}x + \frac{1}{x}) = -f(x)$

f ist somit ungerade und das Schaubild von f symmetrisch zum Ursprung.

a) $f(x) = x^2 - 4, \ x \in \mathbb{R}$

b) $f(x) = -x^4 - x^2 + 3, \ x \in \mathbb{R}$

c) $f(x) = x^3 - 2x^2, \ x \in \mathbb{R}$

d) $f(x) = \frac{1}{4}x^5 - 7x^3, \ x \in \mathbb{R}$

e) $f(x) = -x^3 + x - 1, \ x \in \mathbb{R}$

f) $f(x) = 2x - \frac{1}{3x}, \ x \in \mathbb{R}\setminus\{0\}$

g) $f(x) = \frac{x-2}{x+1}, \ x \in \mathbb{R}\setminus\{-1\}$

h) $f(x) = \frac{x^2+2}{x^3+x}, \ x \in \mathbb{R}\setminus\{0\}$

i) $f(x) = \frac{6x^3 - x}{x^5 + x^2}, \ x \in \mathbb{R}\setminus\{0\}$

j) $f(x) = \frac{x}{x^2-4}, \ x \in \mathbb{R}\setminus\{-2; 2\}$

k) $f(x) = 2\sin x, \ x \in \mathbb{R}$

l) $f(x) = \cos x, \ x \in \mathbb{R}$

m) $f(x) = 2^x, \ x \in \mathbb{R}$

n) $f(x) = 3^{|x|}, \ x \in \mathbb{R}$

o) $f(x) = \sqrt{4 - x^2}, \ x \in [-2; 2]$

p) $f(x) = \sqrt{x^2 + 9}, \ x \in \mathbb{R}$

4.2 Asymptoten und Näherungskurven

Typen von Definitionslücken

Eine Stelle a, an der die Funktion f nicht definiert ist, heißt *Definitionslücke*.

1. Existiert $\lim\limits_{x \to a} f(x)$, dann ist a *stetig hebbare Definitionslücke.*
2. Gilt entweder $f(x) \to \infty$ für $x \to a$ oder $f(x) \to -\infty$ für $x \to a$, dann ist a eine *Polstelle* (= Unendlichkeitsstelle) *ohne Vorzeichenwechsel.*
3. Gilt entweder $f(x) \to \infty$ für $x \to a+$ und $f(x) \to -\infty$ für $x \to a-$ oder $f(x) \to -\infty$ für $x \to a+$ und $f(x) \to +\infty$ für $x \to a-$, dann ist a eine *Polstelle mit Vorzeichenwechsel.*

Beispiele für Definitionslücken

1. $f(x) = \frac{x^2-4}{x^2+2x}$, $x \in \mathbb{R} \setminus \{0; -2\}$

   Da $f(x) = \frac{x^2-4}{x^2+2x} = \frac{(x-2)(x+2)}{x(x+2)} = \frac{x-2}{x}$, ist

   ist -2 stetig hebbare Definitionslücke mit $\lim\limits_{x \to -2} f(x) = 2$ und 0 eine Polstelle mit Vorzeichenwechsel, wobei $f(x) \to +\infty$ für $x \to 0-$ und $f(x) \to -\infty$ für $x \to 0+$.

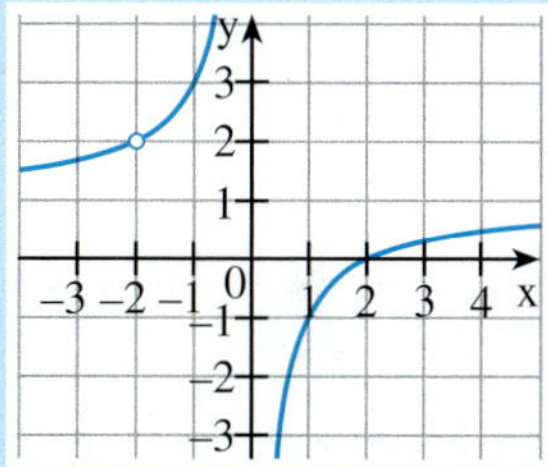

2. $f(x) = \frac{-1}{(x-2)^2}$, $x \in \mathbb{R} \setminus \{2\}$

   Die Stelle 2 ist Polstelle ohne Vorzeichenwechsel, wobei $f(x) \to -\infty$ für $x \to 2$.

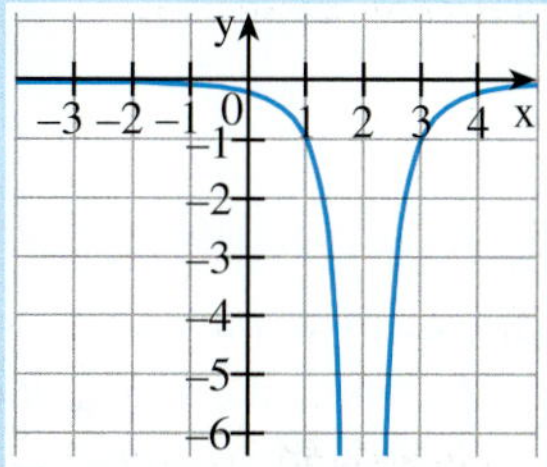

1. Bestimme die Art der Definitionslücken von f.

a) $f(x) = \frac{x}{1-x}$, $x \in \mathbb{R} \setminus \{1\}$

b) $f(x) = \frac{2x+1}{2x-1}$, $x \in \mathbb{R} \setminus \{\frac{1}{2}\}$

c) $f(x) = \frac{3-x}{x^2}$, $x \in \mathbb{R} \setminus \{0\}$

d) $f(x) = 2 - \frac{1}{(x-1)^2}$, $x \in \mathbb{R} \setminus \{1\}$

e) $f(x) = \frac{x^3}{x^2-5x}$, $x \in \mathbb{R} \setminus \{0; 5\}$

f) $f(x) = \frac{4}{2x^2+3x}$, $x \in \mathbb{R} \setminus \{0; -\frac{3}{2}\}$

g) $f(x) = \frac{x^2+3x+2}{x^2-2x-3}$, $x \in \mathbb{R} \setminus \{-1; 3\}$

h) $f(x) = \frac{x+2}{x^2+5x+6}$, $x \in \mathbb{R}\{-3; -2\}$

i) $f(x) = \frac{x+1}{x^3-x}$, $x \in \mathbb{R} \setminus \{-1; 0; 1\}$

j) $f(x) = \frac{x^2+1}{3x^3+4x^2}$, $x \in \mathbb{R} \setminus \{-\frac{4}{3}; 0\}$

Asymptote/Näherungsfunktion/Näherungskurve

Ist a Pol von f, dann ist die Gerade mit der Gleichung $x = a$ eine *vertikale Asymptote* des Schaubildes von f.

Eine ganzrationale Funktion g nennen wir *Näherungsfunktion* zu f, wenn $\lim\limits_{x \to \infty} (f(x) - g(x)) = 0$ oder $\lim\limits_{x \to -\infty} (f(x) - g(x)) = 0$. Das Schaubild von g ist *Näherungskurve* zum Schaubild von f.

Ist g eine lineare Funktion, dann ist die Näherungskurve eine *horizontale* oder *schiefe Asymptote.*

Beispiel für Asymptoten

$f(x) = \frac{x^3 + 3x^2}{(x+1)^2}$, $x \in \mathbb{R} \setminus \{-1\}$

Da $f(x) \to -\infty$ für $x \to -1$, besitzt f an der Stelle -1 eine Polstelle ohne Vorzeichenwechsel (VZW) und damit das Schaubild von f eine vertikale Asymptote a_1: $x = -1$.

Die Polynomdivision liefert:

$$(x^3 + 3x^2) : (x^2 + 2x + 1) = x + 1 + \frac{-3x-1}{x^2+2x+1}$$
$$\underline{-(x^3 + 2x^2 + \ x)}$$
$$x^2 - \ x$$
$$\underline{-(x^2 + 2x + 1)}$$
$$-3x - 1$$

Das Schaubild von f besitzt eine schiefe Asymptote a_2: $y = x + 1$,

da $\lim\limits_{|x| \to \infty} \frac{-3x-1}{x^2+2x+1} = 0$.

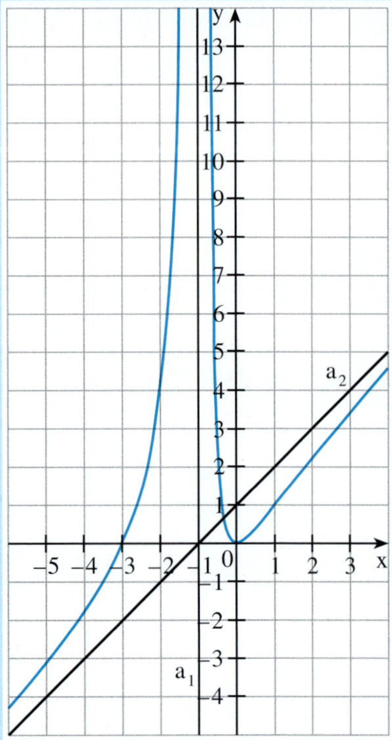

2. Bestimme die Asymptoten und Näherungskurven der Funktionsgraphen. Skizziere mit ihrer Hilfe den Verlauf des Graphen.

a) $f(x) = \frac{3}{x-3}$, $x \in \mathbb{R} \setminus \{3\}$

b) $f(x) = \frac{-1}{x+2}$, $x \in \mathbb{R} \setminus \{-2\}$

c) $f(x) = \frac{x-2}{x}$, $x \in \mathbb{R} \setminus \{0\}$

d) $f(x) = \frac{2x-1}{3x-6}$, $x \in \mathbb{R} \setminus \{2\}$

e) $f(x) = \frac{x^2}{x-2}$, $x \in \mathbb{R} \setminus \{2\}$

f) $f(x) = \frac{x^2-1}{2x+1}$, $x \in \mathbb{R} \setminus \{-\frac{1}{2}\}$

g) $f(x) = \frac{2x^3 - x^2 + 1}{2x-1}$, $x \in \mathbb{R} \setminus \{\frac{1}{2}\}$

h) $f(x) = \frac{x^3 - 2x^2 + x - 3}{x-2}$, $x \in \mathbb{R} \setminus \{2\}$

i) $f(x) = 2 - \frac{2}{3x-2}$, $x \in \mathbb{R} \setminus \{\frac{2}{3}\}$

j) $f(x) = \frac{3}{4}x + 1 + \frac{4}{5x+3}$, $x \in \mathbb{R} \setminus \{-\frac{3}{5}\}$

k) $f(x) = \frac{1}{2}x^2 - \frac{1}{x}$, $x \in \mathbb{R} \setminus \{0\}$

l) $f(x) = -x^3 + \frac{1}{2x}$, $x \in \mathbb{R} \setminus \{0\}$

m) $f(x) = \frac{x}{x^2-9}$, $x \in \mathbb{R} \setminus \{-3; 3\}$

n) $f(x) = \frac{4}{x^2-3x}$, $x \in \mathbb{R} \setminus \{0; 3\}$

o) $f(x) = \frac{2x^2}{x^2+2}$, $x \in \mathbb{R}$

p) $f(x) = \frac{x^3}{(x+2)^2}$, $x \in \mathbb{R} \setminus \{-2\}$

q) $f(x) = \frac{-2x^3 + 6x^2 - 2}{x^2}$, $x \in \mathbb{R} \setminus \{0\}$

r) $f(x) = \frac{3x^2}{x^2 - x - 6}$, $x \in \mathbb{R} \setminus \{-2; 3\}$

s) $f(x) = \frac{2x^3}{x^2 + 2x - 8}$, $x \in \mathbb{R} \setminus \{-4; 2\}$

t) $f(x) = \frac{x^3 + 6x^2}{2x^2 - 8x}$, $x \in \mathbb{R} \setminus \{0; 4\}$

u) $f(x) = \frac{1}{4}x^2 - \frac{1}{x^2-4}$, $x \in \mathbb{R} \setminus \{-2; 2\}$

v) $f(x) = \frac{x^5-1}{x^3}$, $x \in \mathbb{R} \setminus \{0\}$

w) $f(x) = 1 + e^x$, $x \in \mathbb{R}$

x) $f(x) = -x + 2 - e^{-x}$, $x \in \mathbb{R}$

y) $f(x) = x^3 \cdot e^{-x}$, $x \in \mathbb{R}$

z) $f(x) = \frac{1}{4}x^2 + e^x$, $x \in \mathbb{R}$

4.3 Schnittpunkte mit den Koordinatenachsen

Ist a Nullstelle der Funktion f, dann schneidet das Schaubild von f die x-Achse im Punkt N(a | 0).
Der Punkt S(0 | f(0)) ist der Schnittpunkt des Schaubildes von f mit der y-Achse.

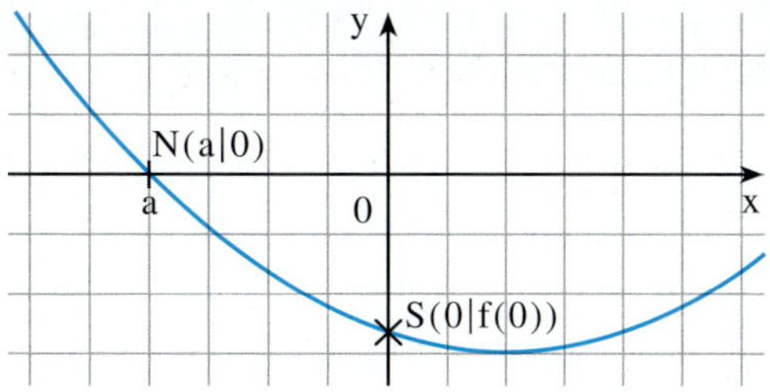

1. Berechne die Nullstellen der Funktion und gib dann die Schnittpunkte des Schaubildes mit den Koordinatenachsen an.

a) $f(x) = \frac{2}{3}x + \frac{3}{2},\ x \in \mathbb{R}$

b) $f(x) = -\frac{1}{4}x + \frac{1}{8},\ x \in \mathbb{R}$

c) $f(x) = x^2 - x - 56,\ x \in \mathbb{R}$

d) $f(x) = 3x^2 + 27,\ x \in \mathbb{R}$

e) $f(x) = -x^3 + 8x,\ x \in \mathbb{R}$

f) $f(x) = x^4 - 5x^3 + 6x^2,\ x \in \mathbb{R}$

g) $f(x) = x^4 - 17x^2 + 72,\ x \in \mathbb{R}$

h) $f(x) = \frac{1}{2}x^2 + x - 4,\ x \in \mathbb{R}$

i) $f(x) = \frac{x^2 - x - 2}{x - 1},\ x \in \mathbb{R} \setminus \{1\}$

j) $f(x) = \frac{x^4 - 4x^2}{x + 2},\ x \in \mathbb{R} \setminus \{-2\}$

k) $f(x) = \frac{3}{1 - x^2},\ x \in \mathbb{R} \setminus \{-1; 1\}$

l) $f(x) = x + 7 + \frac{28}{x - 4},\ x \in \mathbb{R} \setminus \{4\}$

m) $f(x) = 2^x - 4,\ x \in \mathbb{R}$

n) $f(x) = 3^x - 1,\ x \in \mathbb{R}$

o) $f(x) = 2 \cdot 5^x - 1,\ x \in \mathbb{R}$

p) $f(x) = \left(\frac{1}{2}\right)^x + 1,\ x \in \mathbb{R}$

q) $f(x) = 1 + \sin x,\ x \in [0; 2\pi]$

r) $f(x) = \frac{1}{2} - \cos x,\ x \in [0; 2\pi]$

s) $f(x) = \lg x,\ x \in]0; \infty[$

t) $f(x) = \lg(x - 5),\ x \in]5; \infty[$

Ein Näherungsverfahren zur Berechnung von Nullstellen

Mit dem *Nullstellensatz von Bolzano* kann man die Existenz von Nullstellen nachweisen: Eine auf [a; b] stetige Funktion f besitzt auf]a; b[mindestens eine Nullstelle, wenn $f(a) \cdot f(b) < 0$.

Mit dem *Newton-Verfahren* (Tangentenverfahren) kann man Nullstellen näherungsweise berechnen:
Wählt man den Startwert x_0 hinreichend nahe bei der Nullstelle, dann liefert die Zahlenfolge

$$x_{n+1} = x_n - \frac{f(x_n)}{f'(x_n)},\quad n \in \mathbb{N}_0$$

beliebig genaue Näherungswerte für die Nullstelle.

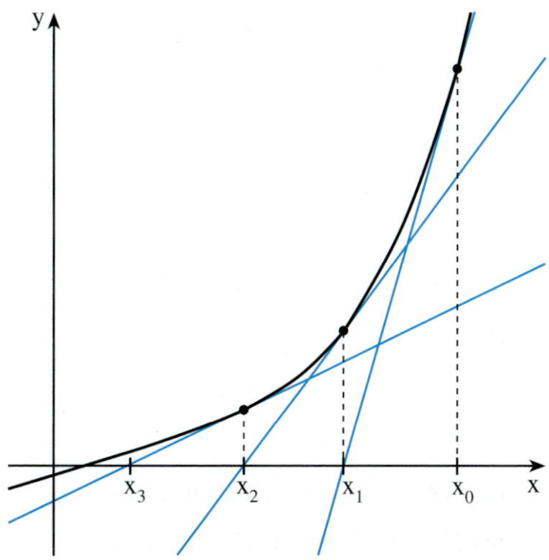

Beispiel zum Newton-Verfahren

$f(x) = x^3 + x - 1,\ x \in [0;\ 1]$

Existenz der Nullstelle:

$\left.\begin{array}{l} f \text{ ist auf } [0;\ 1] \text{ stetig} \\ f(0) = -1 < 0 \\ f(1) = 1 > 0 \end{array}\right\} \Rightarrow f \text{ besitzt auf }]0;\ 1[\text{ mindestens eine Nullstelle.}$

Newton-Verfahren:

$x_{n+1} = x_n - \frac{x_n^3 + x_n - 1}{3x_n^2 + 1}$

wähle z. B. $x_0 = 0{,}5$

$x_1 = x_0 - \frac{f(x_0)}{f'(x_0)} = 0{,}5 - \frac{0{,}5^3 + 0{,}5 - 1}{3 \cdot 0{,}5^2 + 1} \approx 0{,}714\,285\,7$

$x_2 = x_1 - \frac{f(x_1)}{f'(x_1)} \approx 0{,}683\,179\,7,\ x_3 \approx 0{,}682\,328\,4$

$x_4 \approx 0{,}682\,327\,8 \Rightarrow 0{,}68$ ist der auf zwei Dezimalen gerundete Näherungswert für die Nullstelle.

2. Zeige, dass die Funktion f im vorgegebenen Intervall eine Nullstelle a besitzt und berechne sie anschließend mit dem Newton-Verfahren. Breche ab, sobald sich die 3. Dezimale nicht mehr ändert. Gib dann die Nullstelle auf zwei Dezimalen gerundet an.

a) $f(x) = x^3 - x - 1,\ x \in [1;\ 2]$

b) $f(x) = x^4 - x^3 - 5,\ x \in [1;\ 2]$

c) $f(x) = -x^3 + 2x^2 - 2,\ x \in [-2;\ 0]$

d) $f(x) = 3x^4 + x^3 - 1,\ x \in [0{,}5;\ 1]$

e) $f(x) = \frac{1}{2}x^5 + x^4 - 8,\ x \in [0;\ 3]$

f) $f(x) = x^5 - 2x^4 - 6x^2,\ x \in [2;\ 4]$

3. Zeige, dass die Funktionen g und h im angegebenen Intervall eine Schnittstelle a besitzen. Berechne dann die Schnittstelle mithilfe des Newton-Verfahrens. Breche ab, sobald sich die 3. Dezimale nicht mehr ändert. Gib dann die Schnittstelle auf zwei Dezimalen gerundet an.

a) $g(x) = -x^3$ und $h(x) = x^2 - 8$ mit $x \in [0;\ 2]$

b) $g(x) = x^3$ und $h(x) = 2x + 3$ mit $x \in [1;\ 3]$

c) $g(x) = \frac{1}{2}x^4$ und $h(x) = -x^3 + 1$ mit $x \in [-4;\ 0]$

d) $g(x) = \sin x$ und $h(x) = \frac{1}{2}x$ mit $x \in [1;\ \pi]$

4. Bestimme die Nullstellen der Funktion f mit der Lösungsformel für quadratische Gleichungen und anschließend mit dem Newton-Verfahren (auf 2 Dezimalen genau).

a) $f(x) = x^2 - x - 1,\ x \in \mathbb{R}$

b) $f(x) = x^2 + 3x - 8,\ x \in \mathbb{R}$

c) $f(x) = 2x^2 + x - 1,\ x \in \mathbb{R}$

d) $f(x) = -\frac{1}{2}x^2 + 3x + 2,\ x \in \mathbb{R}$

5. Zeige, dass die Funktion f mit $f(x) = x^3 + 2x + 1$ auf $[-3;\ 3]$ eine Nullstelle besitzt. Bestimme die Nullstelle mithilfe des Newton-Verfahrens auf zwei Dezimalen genau. Wähle dazu als Startwerte -3 $[-2;\ 0;\ 1;\ 2]$.

6. Bestimme mithilfe des Newton-Verfahrens $\sqrt{5}$ auf 4 Dezimalen genau. Betrachte dazu die Funktion f mit $f(x) = x^2 - 5,\ x \in \mathbb{R}$. Vergleiche das Ergebnis mit dem Wert, den der Taschenrechner für $\sqrt{5}$ angibt.

4.4 Monotonie

I sei ein Teilintervall des Definitionsbereiches einer Funktion f.
f heißt *streng monoton wachsend (fallend) auf I*, wenn für alle $x_1, x_2 \in I$ mit $x_1 < x_2$ gilt:
$f(x_1) < f(x_2) \quad (f(x_1) > f(x_2))$.

Mit der Ableitung f′ lässt sich das Monotonieverhalten von f untersuchen. Es gilt:
$f'(x) > 0 \quad (f'(x) < 0)$ für alle $x \in I$
$\Rightarrow$ f ist auf I streng monoton wachsend (fallend).

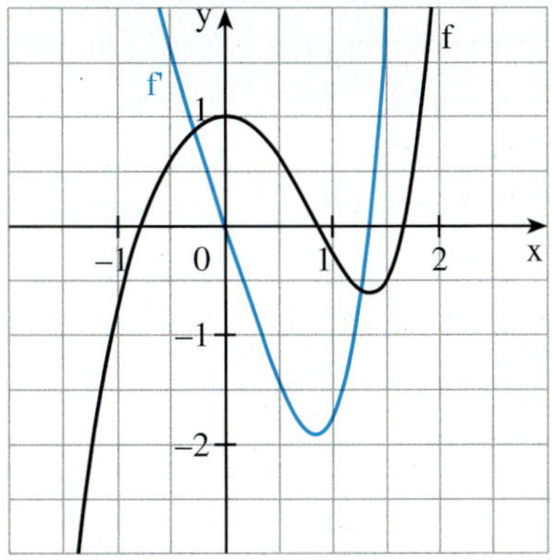

1. Untersuche die Funktion f auf Monotonie im vorgegebenen Intervall.

$f(x) = -x^3 - x;\ x \in \mathbb{R}$
$f'(x) = -3x^2 - 1 = -\underbrace{(3x^2+1)}_{>0} < 0$ für alle $x \in \mathbb{R}$
$\Rightarrow$ f ist auf $\mathbb{R}$ streng monoton fallend

a) $f(x) = x^3,\ x \in \mathbb{R}^+$
b) $f(x) = 5x^2 - x,\ x \in \mathbb{R}^-$
c) $f(x) = -\frac{1}{2}x^2 + 3,\ x \in \mathbb{R}^-$
d) $f(x) = 3x^2 - 4x,\ x \in]-\infty; -1[$
e) $f(x) = \sin x,\ x \in]0; \frac{\pi}{2}[$
f) $f(x) = -\cos x,\ x \in]0; \pi[$
g) $f(x) = x - \sin x,\ x \in]\frac{\pi}{2}; \frac{3}{2}\pi[$
h) $f(x) = \sqrt{x},\ x \in \mathbb{R}^+$
i) $f(x) = \frac{1}{2}x + 2 - \frac{1}{x},\ x \in \mathbb{R}^-$
j) $f(x) = \frac{x}{x-1},\ x \in]1; \infty[$

2. Bestimme die Teilintervalle des Definitionsbereiches von f, auf denen f streng monoton wächst (fällt).

a) $f(x) = \frac{1}{3}x^2 - 2,\ x \in \mathbb{R}$
b) $f(x) = x^2 - x + 5,\ x \in \mathbb{R}$
c) $f(x) = x^4 - 2x^2,\ x \in \mathbb{R}$
d) $f(x) = \cos x - \frac{1}{2}x,\ x \in]\pi; 2\pi[$
e) $f(x) = \frac{x^2 - 3x + 1}{x - 2},\ x \in \mathbb{R} \setminus \{2\}$
f) $f(x) = \frac{x^2 - 3}{x - 1},\ x \in \mathbb{R}$

3. $K_{f'}$ ist das Schaubild von f′. Mache Aussagen über das Monotonieverhalten der Funktion f.

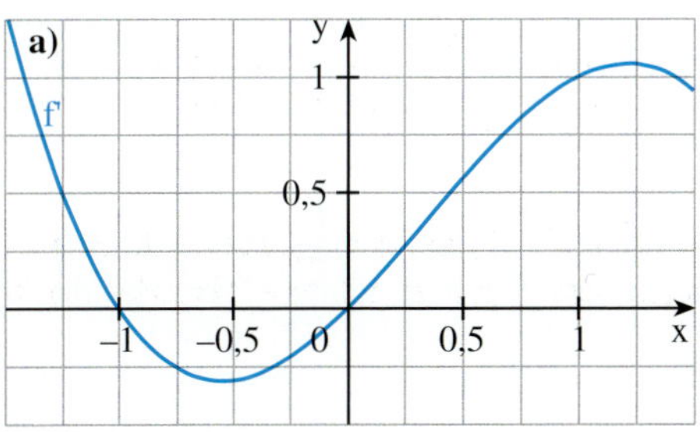

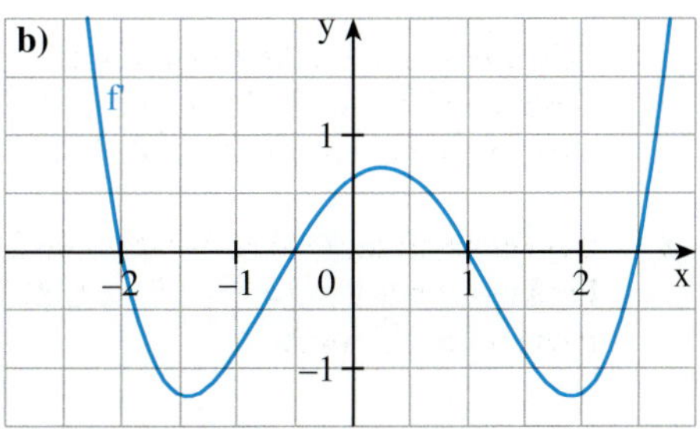

4.5 Extrempunkte

Extremstellen und -werte/Extrempunkte

Es sei $a \in D_f$. Wenn es eine Umgebung U_a gibt, sodass für alle $x \in U_a \cap D_f$

$f(a) \geq f(x) \quad (f(a) \leq f(x))$,

dann heißt a *Extremstelle* und f(a) *relatives Maximum (Minimum)* von f.

Gilt $f(a) \geq f(x) \quad (f(a) \leq f(x))$ sogar für alle $x \in D_f$, dann heißt f(a) *absolutes Maximum (Minimum)* von f.

In beiden Fällen nennen wir f(a) *Extremwert* bzw. *Extremum*.

Der Punkt $H(a \mid f(a))$ $(T(a \mid f(a))$ heißt *Hochpunkt (Tiefpunkt)* des Schaubildes von f. Hoch- und Tiefpunkte bezeichnen wir auch als *Extrempunkte*.

Beispiel:

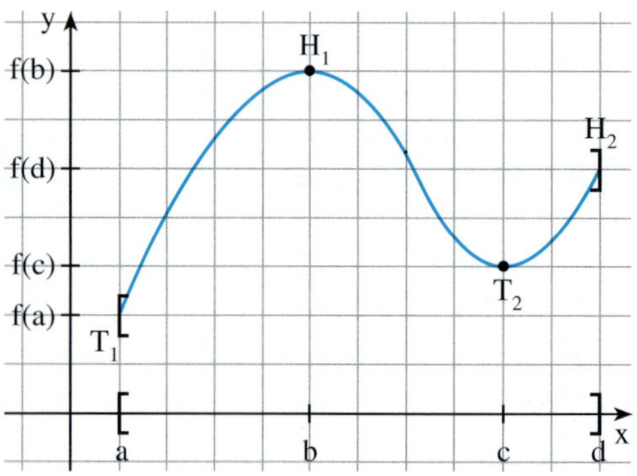

Extremstellen von f: a, b, c, d

Extremwerte von f: f(a) abs. Min.
f(b) abs. Max.
f(c) rel. Min.
f(d) rel. Max.

Extrempunkte des Schaubilds von f:

$T_1(a \mid f(a))$, $T_2(c \mid f(c))$ Tiefpunkte
$H_1(b \mid f(b))$, $H_2(d \mid f(d))$ Hochpunkte

1. Gib anhand des Schaubildes von f die Extremstellen und -werte von f und die Extrempunkte des Schaubilds an. Von welchem Typ sind die Extremwerte und -punkte?

a)

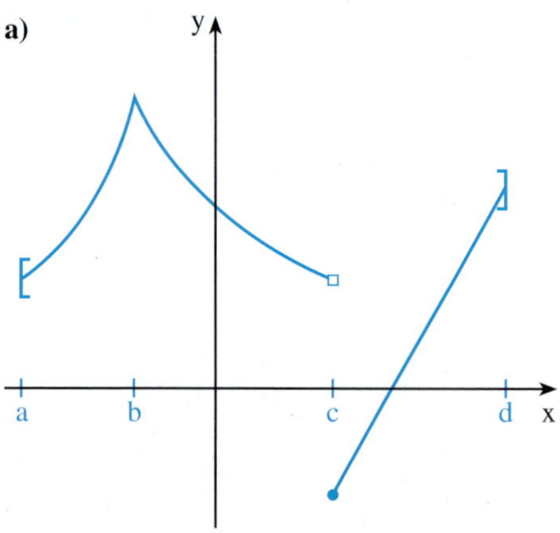

b)

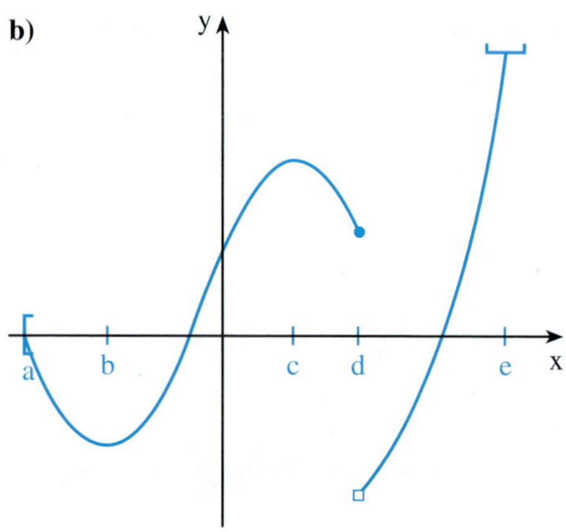

2. Skizziere das Schaubild der Funktion f. Bestimme die Extremstellen und -werte von f. Von welcher Art sind diese Extremwerte? Gib die Extrempunkte des Schaubilds von f an.

$f(x) = -x^2 + 4x;\ x \in \mathbb{R}$
$ = -(x-2)^2 + 4$

Die Stelle 2 ist Extremstelle. $f(2) = 4$ ist absolutes Maximum. Das Schaubild von f besitzt den Punkt $H(2\,|\,4)$ als Hochpunkt.

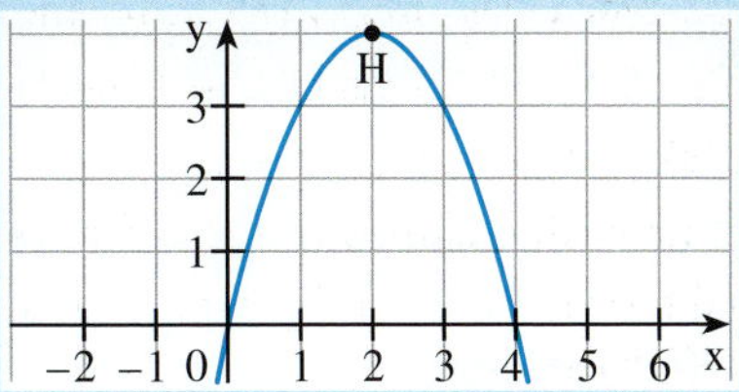

a) $f(x) = |x|;\ x \in \mathbb{R}$

b) $f(x) = x - 1;\ x \in [-1; 2]$

c) $f(x) = x - 1;\ x \in]-1; 2[$

d) $f(x) = -(x-1)^2 + 3;\ x \in \mathbb{R}$

e) $f(x) = x^2 - 4;\ x \in [-1; 2[$

f) $f(x) = \sin x;\ [0; 2\pi[$

g) $f(x) = \cos x;\ x \in [-\frac{\pi}{2}; \pi]$

h) $f(x) = 2^x;\ x \in \mathbb{R}$

i) $f(x) = 3^{-x};\ x \in \mathbb{R}_0^+$

j) $f(x) = \frac{2}{x};\ x \in [1; 4]$

k) $f(x) = \begin{cases} x+1 & \text{für} \quad x \le 0 \\ x-1 & \text{für} \quad x > 0 \end{cases}$

l) $f(x) = \begin{cases} x^2 & \text{für} \quad x \le 1 \\ 1 & \text{für} \quad x > 1 \end{cases}$

Kriterien für die Existenz von Extremstellen/Extrempunkten

1. *Notwendiges Kriterium*
   Die Funktion f sei in U_a differenzierbar. Dann gilt:
   a ist Extremstelle von $f \Rightarrow f'(a) = 0$

2. *Hinreichende Kriterien*

2.1 Die Funktion f sei an der Stelle a stetig und in $U_a \setminus \{a\}$ differenzierbar.

$\left.\begin{array}{l} \text{Für} \quad x < a \quad \text{ist} \quad f'(x) > 0 \\ \text{Für} \quad x > a \quad \text{ist} \quad f'(x) < 0 \end{array}\right\} \Rightarrow f(a) \text{ ist relatives Maximum}$

$\left.\begin{array}{l} \text{Für} \quad x < a \quad \text{ist} \quad f'(x) < 0 \\ \text{Für} \quad x > a \quad \text{ist} \quad f'(x) > 0 \end{array}\right\} \Rightarrow f(a) \text{ ist relatives Minimum}$

kurz: f′ wechselt an der Stelle a das Vorzeichen von + nach − bzw. von − nach +

2.2 Die Funktion f sei in einer Umgebung von a zweimal differenzierbar. Dann gilt:
$f'(a) = 0 \wedge f''(a) < 0 \Rightarrow f(a)$ ist relatives Maximum
$f'(a) = 0 \wedge f''(a) > 0 \Rightarrow f(a)$ ist relatives Minimum.

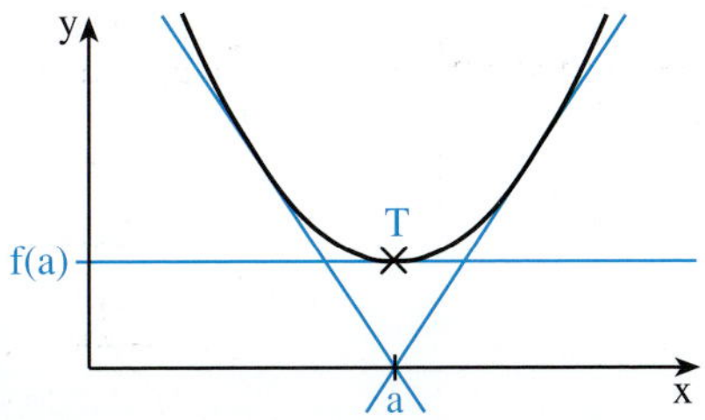

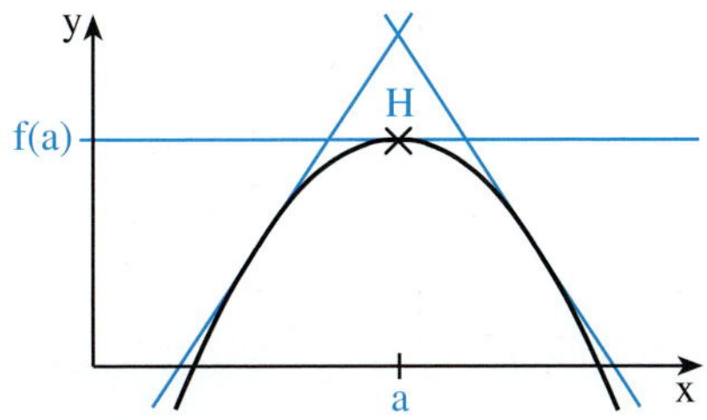

Beispiel für eine Untersuchung auf Extremstellen

$f(x) = \frac{1}{20}x^5 - \frac{1}{4}x^4,\ x \in [-1; 5]$

$f'(x) = \frac{1}{4}x^4 - x^3;$

$f'(x) = 0 \quad \Leftrightarrow \frac{1}{4}x^4 - x^3 = 0$

$\Leftrightarrow \frac{1}{4}x^3(x-4) = 0$

$\Leftrightarrow x = 0 \vee x = 4$

$f''(x) = x^3 - 3x^2$

$f''(0) = 0$, aber f' wechselt an der Stelle 0 das Vorzeichen von + nach −
$\Rightarrow$ 0 ist Extremstelle $\wedge$ $f(0) = 0$ ist relatives Maximum.
Das Schaubild besitzt den Hochpunkt $H_1(0\,|\,0)$.

$f''(4) = 16 > 0$
$\Rightarrow$ 4 ist Extremstelle $\wedge$ $f(4) = -\frac{64}{5}$ ist relatives Minimum.
Das Schaubild besitzt den Tiefpunkt $T_1(4\,|\,-\frac{64}{5})$

Die Untersuchung der Extremstellen am Rand des Definitionsbereiches liefert: $f(-1) = -\frac{3}{10}$ ist relatives Minimum. Das Schaubild besitzt den Tiefpunkt $T_2(-1\,|\,-\frac{3}{10})$.

$f(5) = 0$ ist relatives Maximum. Das Schaubild besitzt den Hochpunkt $H_2(5\,|\,0)$.
Damit ist $-\frac{64}{5}$ das absolute Minimum und 0 das absolute Maximum der Funktion f.

3. Untersuche die Funktion f auf Extremstellen. Um welche Art von Extrema handelt es sich hierbei. Gib die Extrempunkte des Graphen der Funktion f an.

a) $f(x) = -x^2 + 6x - 6,\ x \in \mathbb{R}$
b) $f(x) = x^2 + 2x - 1,\ x \in \mathbb{R}$
c) $f(x) = \frac{1}{3}x^3 - 9x,\ x \in \mathbb{R}$
d) $f(x) = \frac{1}{3}x^3 - x^2 - 3x,\ x \in \mathbb{R}$
e) $f(x) = x^4 - 1,\ x \in \mathbb{R}$
f) $f(x) = -\frac{1}{4}x^4 + 2x^2,\ x \in \mathbb{R}$
g) $f(x) = \frac{1}{8}x^4 - \frac{1}{3}x^3 + \frac{1}{4}x^2,\ x \in \mathbb{R}$
h) $f(x) = \frac{1}{10}x^5 + 1,\ x \in \mathbb{R}$
i) $f(x) = \sin x,\ x \in [0; 2\pi]$
j) $f(x) = \frac{1}{x},\ x \in \mathbb{R}^+$
k) $f(x) = 3^x,\ x \in [-1; 2]$
l) $f(x) = x^2 - 4,\ x \in [-1; 3]$
m) $f(x) = \frac{8}{x^2},\ x \in]-2; -1[$
n) $f(x) = 2\cos x,\ x \in \mathbb{R}$
o) $f(x) = \begin{cases} \frac{1}{2}x^2 + 2x & \text{für } x < 2 \\ -x + 5 & \text{für } x \geq 2 \end{cases}$
p) $f(x) = \begin{cases} x & \text{für } x < 3 \\ 4 & \text{für } x = 3 \\ 3 & \text{für } x > 3 \end{cases}$

4. Welche Bedingungen müssen für a erfüllt sein, damit die Funktion f_a mit $f_a(x) = 3x^3 - ax + 1$ und $x \in \mathbb{R}$ genau 2 Extremstellen hat?

5. Gegeben ist die Funktionenschar f_k.
Welchen Wert muss der Parameter k haben, damit der Graph von f_k an der Stelle 1 [Stelle −1] einen Extrempunkt hat?

a) $f_k(x) = x^3 - kx,\ x \in \mathbb{R}$
b) $f_k(x) = kx^4 + x^2,\ x \in \mathbb{R}$

Muster einer Extremwertaufgabe

Ein Tunnel hat den Querschnitt einer Parabel 2. Ordnung. Die Scheitelhöhe und die Fahrbahnbreite betragen jeweils 4 m. Ein Schwertransporter muß 10 m lange Betondecken durch den Tunnel transportieren. Wie breit dürfen die Betonteile höchstens sein, wenn ihre Dicke vernachlässigt werden kann?

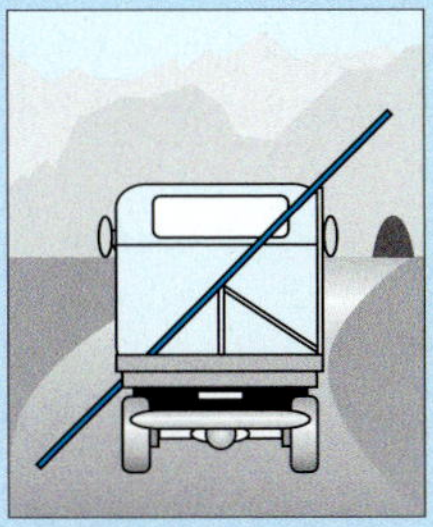

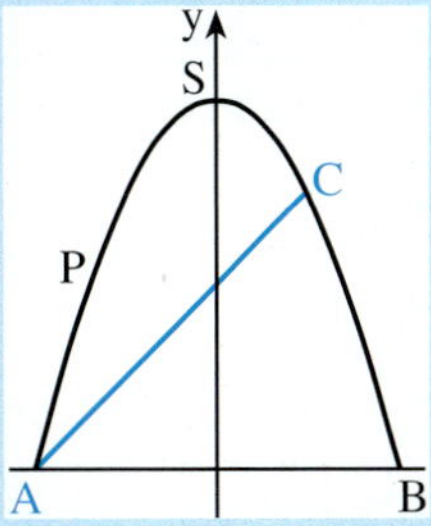

Lösung:

Die Parabel mit dem Scheitel $S(0\,|\,4)$ besitzt die Gleichung $y = ax^2 + 4$

Eine Punktprobe mit B liefert

$0 = 4a + 4 \Leftrightarrow a = -1$

$p: y = -x^2 + 4$

Die gesuchte Breite ist der Abstand der Punkte $A(-2\,|\,0)$ und $C(x\,|\,-x^2+4)$,

$$|\overline{AC}| = \sqrt{(x+2)^2 + (-x^2+4)^2} = \sqrt{x^4 - 7x^2 + 4x + 20}$$

$|\overline{AC}|$ wird maximal, wenn $|\overline{AC}|^2$ maximal ist. Wir untersuchen deshalb die Funktion f mit

$f(x) = x^4 - 7x^2 + 4x + 20,\ x \in [-2;\, 2]$

auf Extremwerte:

$f'(x) = 4x^3 - 14x + 4;\ f''(x) = 12x^2 - 14$

$f'(x) = 0 \Leftrightarrow 4x^3 - 14x + 4 = 0$

Da $x_1 = -2$ offensichtlich eine Lösung dieser Gleichung ist, erhalten wir mittels Polynomdivision

$4x^3 - 14x + 4 = (x+2)\,(4x^2 - 8x + 2) = 0.$

Die Lösungsformel für quadratische Gleichungen ergibt die weiteren Lösungen $x_2 = 1 + \frac{1}{2}\sqrt{2}$ und $x_3 = 1 - \frac{1}{2}\sqrt{2}$.

$f''(1 + \frac{1}{2}\sqrt{2}) = 12\sqrt{2} + 4 > 0 \Rightarrow f(1 + \frac{1}{2}\sqrt{2})$ ist rel. Minimum

$f''(1 - \frac{1}{2}\sqrt{2}) = -12\sqrt{2} + 4 < 0 \Rightarrow f(1 - \frac{1}{2}\sqrt{2})$ ist rel. Maximum

Da $f(1 - \frac{1}{2}\sqrt{2}) = 2\sqrt{2} + \frac{71}{4} \approx 20,58 > f(2) = 16 > f(-2) = 0$ ist $f(1 - \frac{1}{2}\sqrt{2})$ absolutes Maximum.

Die maximale Breite ist demnach $\sqrt{2\sqrt{2} + \frac{71}{4}}\ \text{m} \approx 4,53\ \text{m}.$

6. Nebenstehende Abbildung zeigt das Schaubild der Funktion f mit $f(x) = \frac{1}{6}x^3 - 2x^2 + 6x,\ x \in \mathbb{R}$.
Ihr Schaubild ist die Kurve C.
Die Kurve C und die x-Achse schneiden aus der Geraden mit der Gleichung $x = a\ (0 < a < 6)$ die Strecke $\overline{PQ}$ aus.

a) Wie muss a gewählt werden damit die Länge der Strecke $\overline{PQ}$ maximal wird?

b) Der Ursprung $O(0\,|\,0)$ bildet zusammen mit den Punkten P und Q ein Dreieck. Bestimme a so, dass der Flächeninhalt des Dreiecks OPQ maximal wird.

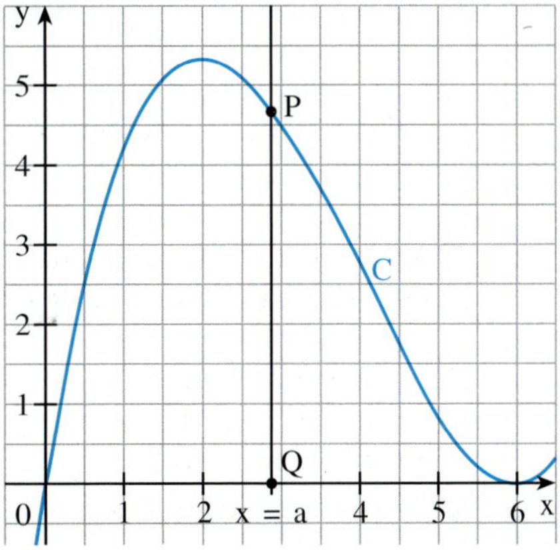

7. Das Schaubild der Funktion f mit $f(x) = x^2 - 4x$; $x \in \mathbb{R}$ schneidet die x-Achse in den Punkten N_1 und N_2. Wie muss der Kurvenpunkt $P(a \mid f(a))$ mit $0 < a < 4$ gewählt werden, damit der Inhalt des Dreiecks N_1N_2P maximal wird? Wie groß ist dieser?

8. Gegeben ist die Funktion f mit $f(x) = 8 - \frac{1}{2}x^2$; $x \in \mathbb{R}$.
Ihr Schaubild ist die Kurve K. Die Tangente im Kurvenpunkt $P(a \mid f(a))$ mit $0 < a \leq 4$ bildet zusammen mit der x- und der y-Achse ein Dreieck. Wie muss P gewählt werden, damit der Inhalt des Dreiecks extremal wird? Um welche Art des Extremums handelt es sich?

9. Nebenstehende Abbildung zeigt das Schaubild der Funktion f mit
$f(x) = x^3 - 3x^2 + 4$, $x \in \mathbb{R}$.
Die Punkte $P(a \mid f(a))$, $Q(a \mid 0)$, R und S bilden ein Trapez mit der Höhe $h = 1$.
Wie muss a mit $-1 < a < 1$ gewählt werden, damit der Inhalt des Trapezes maximal wird?

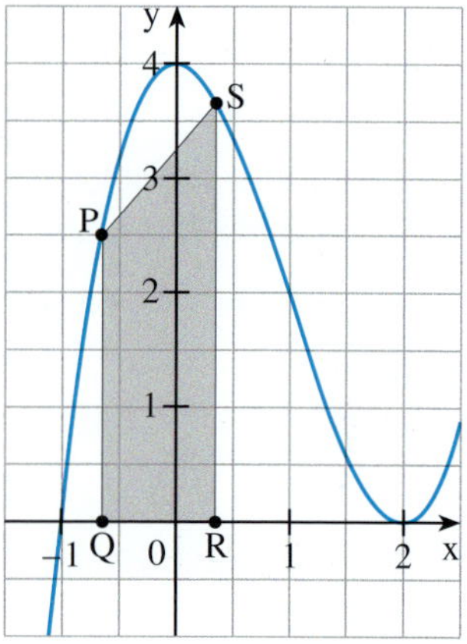

10. Der Punkt $P(a \mid f(a))$ ist ein Punkt auf dem Graphen der Funktion f mit $f(x) = -x^2$; $x \in \mathbb{R}$.
Bestimme mithilfe des Newton-Verfahrens die Abszisse des Punktes P so, dass der Abstand zum Punkt $Q(2 \mid 0)$ minimal wird. (Das Verfahren ist abzubrechen, wenn sich die 2. Dezimale nicht mehr ändert.) Gib dann a auf eine Dezimale gerundet an.
Anleitung: $|\overline{PQ}|$ ist minimal, wenn $|\overline{PQ}|^2$ minimal ist.

11. Welche Seitenlängen a und b muss eine rechteckige Metallplatte haben, die aus dem abgebildeten Werkstück mit möglichst wenig Abfall ausgeschnitten werden soll?

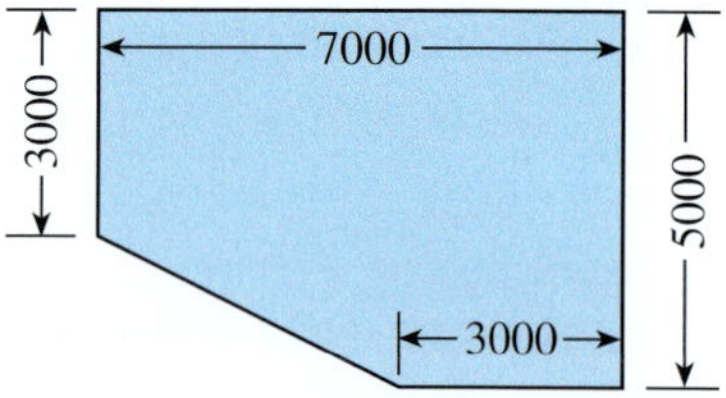

4.6 Krümmung und Wendepunkte

Konvex und konkav/Krümmung

I sei ein Teilintervall des Definitionsbereiches einer Funktion f.
f heißt *konvex (konkav)* auf I, wenn f′ dort streng monoton wächst (fällt).
Das Schaubild einer konvexen (konkaven) Funktion ist *linksgekrümmt (rechtsgekrümmt)*.
Mit der 2. Ableitung lässt sich untersuchen, ob f konvex oder konkav ist:
$f''(x) > 0$ für alle $x \in I \Rightarrow$ f ist konvex
(Schaubild linksgekrümmt)

$f''(x) < 0$ für alle $x \in I \Rightarrow$ f ist konkav
(Schaubild rechtsgekrümmt)

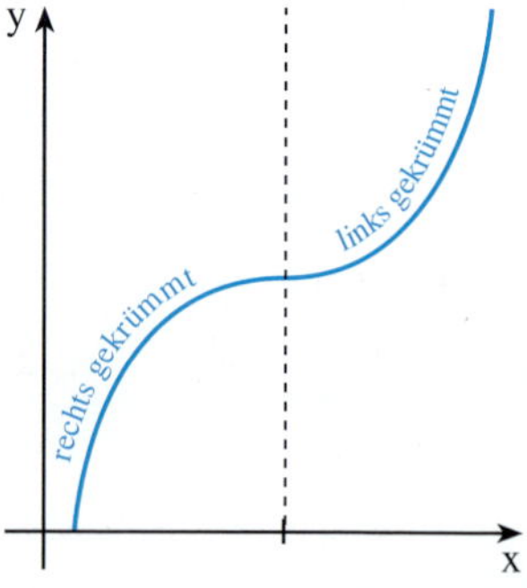

1. Gib für die abgebildeten Funktionsgraphen an, in welchem Bereich eine Links- bzw. Rechtskrümmung vorliegt.

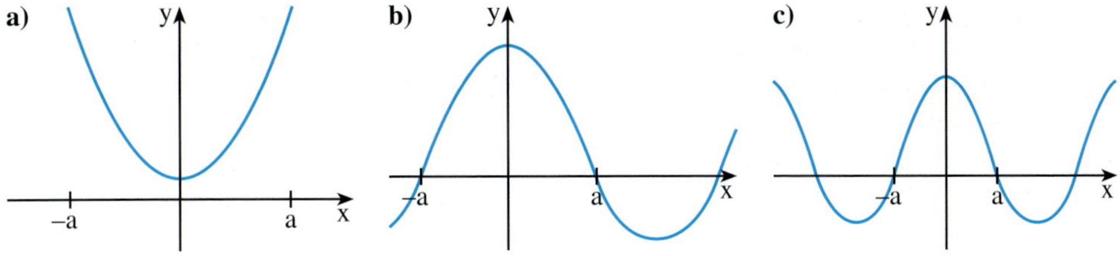

2. Untersuche, ob die Funktion f auf dem gegebenen Intervall konvex oder konkav ist.

> $f(x) = x^5 - \frac{1}{3}x^4,\ x \in \mathbb{R}^-$
> $f'(x) = 5x^4 - \frac{4}{3}x^3$
> $f''(x) = 20x^3 - 4x^2 = 4x^2(5x - 1) < 0$ für $x \in \mathbb{R}^-$
> $\Rightarrow$ f ist auf $\mathbb{R}^-$ konkav

a) $f(x) = -2x^2;\ x \in \mathbb{R}$

b) $f(x) = 5x^3;\ x \in \mathbb{R}^+$

c) $f(x) = \frac{1}{2x},\ x \in \mathbb{R}^-$

d) $f(x) = x^2 - \cos x;\ x \in \mathbb{R}$

e) $f(x) = -\sqrt{x},\ x \in \mathbb{R}^+$

f) $f(x) = x^3 - x^2;\ x \in]2;\ \infty[$

3. K ist das Schaubild von f. Welche Krümmung besitzt K?

> $f(x) = \frac{1}{4}x^6 + x^2 + 1,\ x \in \mathbb{R}$
> $f'(x) = \frac{3}{2}x^5 + 2x$
> $f''(x) = \frac{15}{2}x^4 + 2 > 0$ für alle $x \in \mathbb{R}$
> $\Rightarrow$ K ist linksgekrümmt

a) $f(x) = 2x^2 + 4,\ x \in \mathbb{R}$

b) $f(x) = -\frac{1}{2}x^2 + 3x,\ x \in \mathbb{R}$

c) $f(x) = -x^4 - 2x^2,\ x \in \mathbb{R}$

d) $f(x) = \frac{1}{8}x^4 + \frac{1}{2}x^2,\ x \in \mathbb{R}$

e) $f(x) = \frac{4}{x},\ x \in \mathbb{R}^+$

f) $f(x) = -\frac{3}{x^2},\ x \in \mathbb{R}^-$

g) $f(x) = \frac{1}{2}e^{2x},\ x \in \mathbb{R}$

h) $f(x) = x - e^{-x},\ x \in \mathbb{R}$

4. Bestimme die Intervalle auf denen K links- bzw. rechtsgekrümmt ist, wenn K das Schaubild von f ist.

a) $f(x) = x^3 - \frac{1}{2}x,\ x \in \mathbb{R}$

b) $f(x) = -\frac{1}{12}x^3 + \frac{3}{2}x^2 - 9x,\ x \in \mathbb{R}$

c) $f(x) = \frac{x}{x+1},\ x \in \mathbb{R} \setminus \{-1\}$

d) $f(x) = \frac{2x^2+1}{x^2},\ x \in \mathbb{R} \setminus \{0\}$

e) $f(x) = x^2 - e^x,\ x \in \mathbb{R}$

f) $f(x) = e^{-x} + e^{\frac{1}{2}x},\ x \in \mathbb{R}$

> $f(x) = \frac{1}{3}x^3 - 2x^2 + 3x,\ x \in \mathbb{R}$
> $f'(x) = x^2 - 4x + 3$
> $f''(x) = 2x - 4$
> Für $x > 2$ ist $f''(x) > 0 \Rightarrow$ K linksgekrümmt
> Für $x < 2$ ist $f''(x) < 0 \Rightarrow$ K rechtsgekrümmt

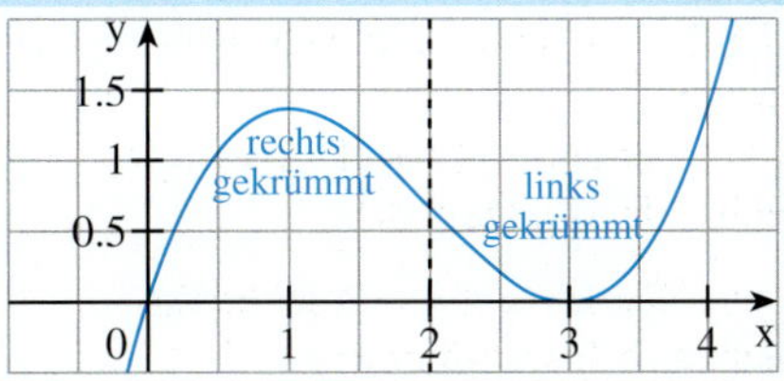

Wendestellen / Wendepunkte

Die Funktion f sei in U_a differenzierbar.
Die Stelle a heißt *Wendestelle von f*, wenn a eine Extremstelle von f′ ist
Der Punkt W(a | f(a)) heißt dann *Wendepunkt* des Schaubilds von f.

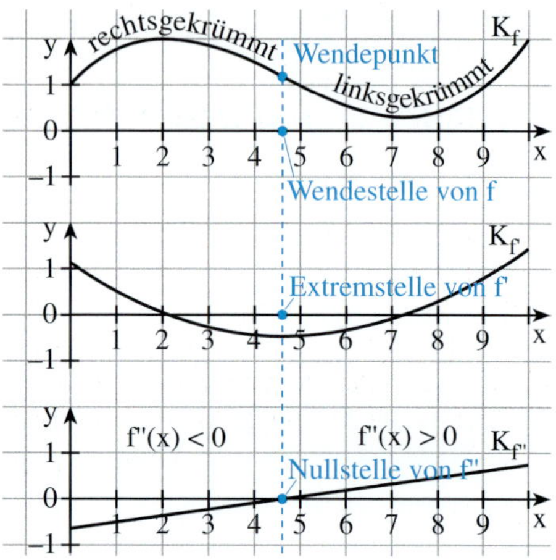

Kriterien für die Existenz von Wendestellen / Wendepunkten

f sei in U_a zweimal differenzierbar.

1. *Notwendiges Kriterium*
   a ist Wendestelle von f $\Rightarrow f''(a) = 0$
2. *Hinreichende Kriterien:*

2.1 $f''(a) = 0 \wedge f''$ wechselt an der Stelle a das Vorzeichen $\Rightarrow$ a ist Wendestelle von f.
2.2 f sei in U_a dreimal differenzierbar. Dann gilt: $f''(a) = 0 \wedge f'''(a) \neq 0 \Rightarrow$ a ist Wendestelle von f.

5. Untersuche die Funktion f auf Wendestellen.

$f(x) = \frac{1}{3}x^3 - x^2$, $f'(x) = x^2 - 2x$,
$f''(x) = 2x - 2$, $f'''(x) = 2$
$f''(1) = 0$ und $f'''(1) = 2 \neq 0$, also ist 1 Wendestelle von f. $W(1 | -\frac{2}{3})$ ist Wendepunkt.

a) $f(x) = x^3 + 1;\ x \in \mathbb{R}$
b) $f(x) = x^4 - 2x^3;\ x \in \mathbb{R}$
c) $f(x) = -x^4 + 3x^2;\ x \in \mathbb{R}$
d) $f(x) = x^3 - 2x^2 + x - 1;\ x \in \mathbb{R}$
e) $f(x) = -\frac{1}{2}x^3 + 3x^2 + \frac{9}{2}x;\ x \in \mathbb{R}$
f) $f(x) = \frac{1}{15}x^5 - \frac{2}{3}x^4;\ x \in \mathbb{R}$
g) $f(x) = x - 2 + \frac{1}{x};\ x \in \mathbb{R}$
h) $f(x) = \frac{4}{x^2+1};\ x \in \mathbb{R}$
i) $f(x) = \frac{x}{x^2-9};\ x \in \mathbb{R} \setminus \{-3; 3\}$
j) $f(x) = \frac{x-3}{x+2},\ x \in \mathbb{R} \setminus \{-2\}$
k) $f(x) = e^x - 4e^{-x};\ x \in \mathbb{R}$
l) $f(x) = 5e^x - 2e^{2x};\ x \in \mathbb{R}$
m) $f(x) = xe^{-x};\ x \in \mathbb{R}$

6. Begründe, dass a eine Wendestelle der Funktion f ist.

a) $f(x) = (x-2)^5,\ x \in \mathbb{R};\ a = 2$

b) $f(x) = \begin{cases} -x^2 & \text{für } x < 0 \\ x^2 & \text{für } x \geq 0 \end{cases};\quad a = 0$

c) $f(x) = \begin{cases} -3x^2 + 12x & \text{für } x > 1; \quad a = 0 \\ 2x^3 + 7 & \text{für } x \leq 1; \quad a = 1 \end{cases}$

d) $f(x) = \begin{cases} -x^2 + 4x - 2 & \text{für } x \leq 1 \\ x^2 & \text{für } x > 1 \end{cases};\quad a = 1$

e) $f(x) = \begin{cases} -\frac{1}{2}x^2 + \frac{3}{2} & \text{für } x \leq 1 \\ \frac{1}{x} & \text{für } x > 1 \end{cases};\quad a = 1$

f) $f(x) = \begin{cases} e^{-x} & \text{für } x \leq 0 \\ -\frac{1}{2}x^2 - x + 1 & \text{für } x > 0 \end{cases};\quad a = 0$

$f(x) = \begin{cases} x^2 + 2 & \text{für } x \leq 1 \\ 4x - x^2 & \text{für } x > 1 \end{cases}$

$f'(x) = \begin{cases} 2x & \text{für } x \leq 1 \\ 4 - 2x & \text{für } x > 1 \end{cases}$, da f an der Stelle 1 differenzierbar ist.

$f''(x) = \begin{cases} 2 & \text{für } x \leq 1 \\ -2 & \text{für } x > 1 \end{cases}$

1 ist Extremstelle von f′, denn f′ ist dort stetig und f″ wechselt das Vorzeichen.

5 Kurvendiskussion

5.1 Untersuchung ganzrationaler Funktionen

Eine Funktion f mit
$f(x) = a_n x^n + a_{n-1} x^{n-1} + \ldots + a_2 x^2 + a_1 x + a_0,\ x \in \mathbb{R}$
heißt *ganzrationale Funktion n-ten Grades*, wenn $a_n \neq 0$, $n \in \mathbb{N}_0$ und $a_n, \ldots, a_0 \in \mathbb{R}$. Entsprechend bezeichnet man den Funktionsterm als *Polynom n-ten Grades* und das Schaubild als *Parabel n-ter Ordnung*. Die Zahlen $a_n, \ldots, a_0$ nennt man *Koeffizienten.*

Beispiele:

(1) $f(x) = 2x^4 - 3x^3 - 1,\quad x \in \mathbb{R}$

(2) $g(x) = \frac{1}{5}x^3 - \frac{3}{5}x^2 + \frac{7}{5}x + \frac{16}{5},\quad x \in \mathbb{R}$

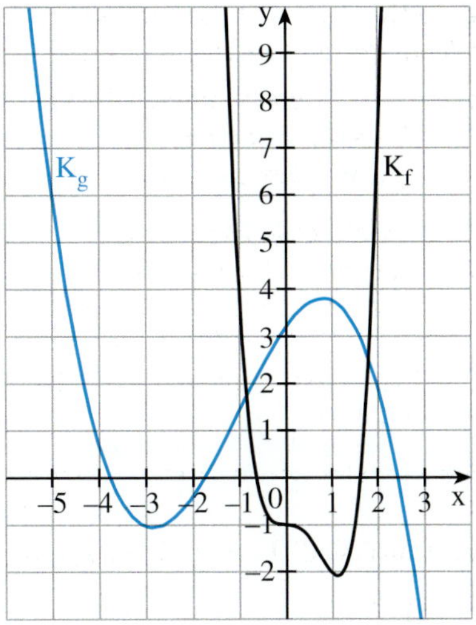

1. Zeichne mittels Wertetabelle das Schaubild der Funktion f.

a) $f(x) = \sqrt{3} \cdot x - 1,\ x \in \mathbb{R}$

b) $f(x) = \frac{1}{6}x^3 - x^2 + \frac{3}{2}x,\ x \in \mathbb{R}$

c) $f(x) = \frac{1}{4}x^4 - x^2 + 1,\ x \in \mathbb{R}$

d) $f(x) = \frac{1}{8}x^3(x+4),\ x \in \mathbb{R}$

Ist a eine Nullstelle der Funktion f, so gilt
$f(x) = (x - a) \cdot g(x)$, wobei $g(x)$ ein Polynom $(n-1)$-ten Grades ist. Der Term $g(x)$ lässt sich mittels Polynomdivision bestimmen (vgl. Seite 9).
Gilt sogar $f(x) = (x-a)^k \cdot h(x)$ $(k \in \mathbb{N})$, wobei $h(x)$ ein Polynom $(n-k)$-ten Grades ist, so nennt man a eine *k-fache Nullstelle.*

2. Gegeben ist die Funktion f. Berechne sämtliche Nullstellen der Funktion.

a) $f(x) = \frac{1}{2}x^3 - \frac{1}{2}x^2 - 6x,\ x \in \mathbb{R}$

b) $f(x) = -\frac{1}{3}x^4 + \frac{1}{2}x^3 + \frac{1}{3}x^2,\ x \in \mathbb{R}$

c) $f(x) = -\frac{1}{12}x^4 + \frac{1}{4}x^2 + \frac{1}{3},\ x \in \mathbb{R}$

d) $f(x) = \frac{1}{32}x^5 + \frac{1}{4}x^4 + \frac{1}{2}x^3,\ x \in \mathbb{R}$

3. Zeige zunächst, dass die Stelle a eine Nullstelle der Funktion f ist. Berechne damit sämtliche Nullstellen von f (vergleiche Polynomdivision S. 9).

a) $f(x) = x^3 - x^2 - 4x + 4,\ x \in \mathbb{R},\ a = 1$

b) $f(x) = 2x^3 - x^2 + 4x - 2,\ x \in \mathbb{R};\ a = \frac{1}{2}$

c) $f(x) = 6x^3 + 25x^2 + 23x + 6,\ x \in \mathbb{R};\ a = -3$

d) $f(x) = 16x^4 + 68x^3 + 8x^2 - 35x - 12,\ x \in \mathbb{R};\ a = -\frac{1}{2}$

Musteraufgabe

Untersuche das Schaubild K von f mit $f(x) = \frac{1}{2}x^4 - x^3$, $x \in \mathbb{R}$ auf Symmetrie, Schnittpunkte mit der x-Achse, Extrem- und Wendepunkte. Zeichne K.

Lösung:

Ableitungen

$f(x) = \frac{1}{2}x^4 - x^3 \qquad f'(x) = 2x^3 - 3x^2 \qquad f''(x) = 6x^2 - 6x \qquad f'''(x) = 12x - 6$

Symmetrie

K ist weder zur y-Achse noch zum Ursprung symmetrisch.

Schnittpunkte mit der x-Achse

$f(x) = 0 \Leftrightarrow \frac{1}{2}x^4 - x^3 = 0 \Leftrightarrow x^4 - 2x^3 = 0 \Leftrightarrow x^3(x-2) = 0 \Leftrightarrow x = 0 \vee x = 2$

K schneidet die x-Achse in $N_1(0\,|\,0)$ und $N_2(2\,|\,0)$.

Extrempunkte

$f'(x) = 0 \Leftrightarrow 2x^3 - 3x^2 = 0 \Leftrightarrow x^3 - \frac{3}{2}x^2 = 0 \Leftrightarrow x^2(x - \frac{3}{2}) = 0 \Leftrightarrow x = 0 \vee x = \frac{3}{2}$

$f''(0) = 0$. Es ist keine Aussage möglich.

Untersuchung der Umgebung von 0 liefert

$f(x) > 0$ für $x \in]-1;\, 0[$ und $f(x) < 0$ für $x \in]0;\, 1[$. Damit ist 0 keine Extremstelle.

$$\left.\begin{array}{l} f''(\frac{3}{2}) = \frac{27}{2} - \frac{18}{2} = \frac{9}{2} > 0 \\ f(\frac{3}{2}) = \frac{81}{32} - \frac{27}{8} = -\frac{27}{32} \end{array}\right\} \Rightarrow \text{K besitzt den Tiefpunkt } T(\tfrac{3}{2}\,|\,-\tfrac{27}{32})$$

Wendepunkte

$f''(x) = 0 \Leftrightarrow 6x^2 - 6x = 0 \Leftrightarrow x^2 - x = 0 \Leftrightarrow x(x-1) = 0 \Leftrightarrow x = 0 \vee x = 1$

$$\left.\begin{array}{l} f'''(0) = -6 \neq 0 \\ f(0) = 0 \end{array}\right\} \Rightarrow W_1(0\,|\,0) \qquad \left.\begin{array}{l} f'''(1) = 6 \neq 0 \\ f(1) = -\frac{1}{2} \end{array}\right\} \Rightarrow W_2(1\,|\,-\tfrac{1}{2})$$

Da die Kurve K in $W_1(0\,|\,0)$ eine waagerechte Tangente besitzt, ist W_1 ein Sattel- bzw. Terassenpunkt. $W_2(1\,|\,-\frac{1}{2})$ ist Wendepunkt von K.

Wertetabelle und Schaubild

$f(x) \to +\infty$ für $|x| \to \infty$

x	y
−1,5	5,91
−1	1,50
−0,5	0,16
0	0
0,5	−0,09
1	−0,50
1,5	−0,84
2	0
2,5	3,90

Es ist sinnvoll das Schaubild für $-1 \leq x \leq 2{,}5$ mit der Längeneinheit 2 cm zu zeichnen.

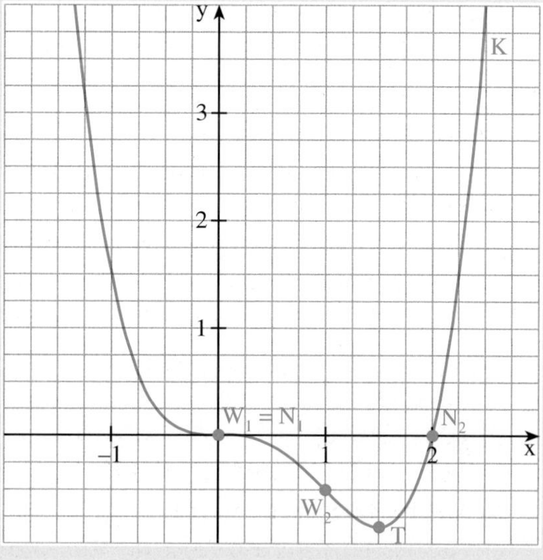

4. Gegeben ist die Funktion f. Ihr Schaubild sei K.
Untersuche K auf Symmetrie, Schnittpunkte mit den Koordinatenachsen, Extrem- und Wendepunkte. Zeichne K.

a) $f(x) = \frac{1}{6}x^2 - x + \frac{5}{6},\ x \in \mathbb{R}$

b) $f(x) = -x^2 + 10x - 23,\ x \in \mathbb{R}$

c) $f(x) = \frac{1}{9}x^3 - 3,\ x \in \mathbb{R}$

d) $f(x) = \frac{1}{3}x^3 + \frac{1}{2}x^2 - 2x,\ x \in \mathbb{R}$

e) $f(x) = -\frac{1}{8}(x-4)^2(x+2),\ x \in \mathbb{R}$

f) $f(x) = -\frac{1}{3}x^3 + 2x^2 - 4x,\ x \in \mathbb{R}$

g) $f(x) = \frac{1}{6}x^3 - \frac{7}{8}x^2 - x,\ x \in \mathbb{R}$

h) $f(x) = \frac{1}{4}x^4 - 2x^2,\ x \in \mathbb{R}$

i) $f(x) = -\frac{1}{8}x^4 + 4x,\ x \in \mathbb{R}$

j) $f(x) = -\frac{1}{4}x^4 + \frac{3}{2}x^2 + \frac{5}{4},\ x \in \mathbb{R}$

k) $f(x) = -\frac{1}{40}x^5 + 2x,\ x \in \mathbb{R}$

l) $f(x) = \frac{1}{20}x^5 - \frac{1}{4}x^4,\ x \in \mathbb{R}$

5. Gegeben ist die Funktion f mit $f(x) = 4 - \frac{1}{4}x^2,\ x \in \mathbb{R}$.
Ihr Schaubild ist die Kurve K.
Die Tangenten und die Normalen an K in den Schnittpunkten von K mit der x-Achse bilden einen Drachen. Zeichne den Drachen und die Kurve K. Berechne den Flächeninhalt des Drachens. Rotiert der Drachen um die y-Achse, so entsteht ein Doppelkegel. Berechne das Volumen des Doppelkegels.

6. Gegeben ist die Funktion f mit $f(x) = \frac{1}{4}x(x-6)^2,\ x \in \mathbb{R}$.
Ihr Schaubild ist die Kurve K. Die Wendetangente von K bildet zusammen mit den Koordinatenachsen ein Dreieck. Durch Rotation dieses Dreiecks um die x-Achse entsteht ein Körper mit dem Volumen V_x, bei Rotation um die y-Achse ein Körper mit den Volumen V_y. Um wie viel Prozent ist V_y kleiner als V_x.

7. Gegeben ist die Kurve K: $y = \frac{1}{6}x^3 - x^2$ mit $x \in \mathbb{R}$.

a) Zeichne K.

b) Untersuche die Anzahl der gemeinsamen Punkte einer Ursprungsgeraden mit K in Abhängigkeit von ihrer Steigung.

c) Aus welcher Ursprungsgeraden schneidet K zwei gleichlange Strecken aus?

8. Gegeben ist die Funktion f mit $f(x) = -\frac{1}{4}x^3 + \frac{3}{2}x^2,\ x \in \mathbb{R}$.
Ihr Schaubild sei K.
Die Tangenten in den Extrempunkten von K bilden mit den Tangenten in den Punkten mit Kurvensteigung $\frac{9}{4}$ ein Parallelogramm. Berechne dessen Umfang und Flächeninhalt.

9. Gegeben ist die Funktion f mit $f(x) = 2x^3 + 2x^2 - 2,\ x \in \mathbb{R}$.
Ihr Schaubild ist die Kurve K.

a) Untersuche K auf Extrem- und Wendepunkte. Zeichne K.
Berechne die Abszisse des Schnittpunktes mit der x-Achse auf zwei Dezimalen.

b) Welche Tangenten von K verlaufen durch den Koordinatenursprung?

c) Die Tangenten mit Steigung 2 bilden mit den zugehörigen Normalen ein Viereck. Berechne dessen Flächeninhalt auf 2 Dezimalen.

10. Für jedes $t \in \mathbb{R} \setminus \{0\}$ ist eine Funktion f_t gegeben durch $f_t(x) = \frac{x^2}{t} - 2x + 2t,\ x \in \mathbb{R}$.
Ihr Schaubild ist K_t.

a) Untersuche K_t auf Symmetrie, Schnittpunkte mit den Koordinatenachsen, Extrem- und Wendepunkte. Zeichne K_{-2} und K_4.

b) Welche Krümmung besitzt K_t?

c) Auf welcher Ortskurve liegen die Extrempunkte aller K_t?

11. Für jedes $t \neq 0$ ist eine Funktion f_t gegeben durch $f_t(x) = 2tx(x - \frac{1}{t})^2$, $x \in \mathbb{R}$.
K_t ist das Schaubild von f_t.

a) Untersuche K_t auf Schnittpunkte mit der x-Achse, Extrem- und Wendepunkte. Zeichne $K_{\frac{2}{9}}$.
b) Zeige: Keine der Wendetangenten verläuft durch den Ursprung.
c) Auf welcher Ortskurve liegen die Wendepunkte aller K_t?
d) Welcher Bedingung müssen t_1 und t_2 genügen, damit sich K_{t_1} und K_{t_2} im Ursprung rechtwinklig schneiden?

12. Für jedes $t \in \mathbb{R}^+$ ist eine Funktion f_t gegeben mit $f_t(x) = \frac{t}{6}x^3 + 2tx^2 + 6tx$, $x \in \mathbb{R}$.
Ihr Schaubild ist C_t.

a) Untersuche C_t auf Symmetrie, Schnittpunkte mit der x-Achse, Extrem- und Wendepunkte. Zeichne C_1.
b) Zeige: Alle Wendetangenten schneiden sich in einem gemeinsamen Punkt P. Berechne seine Koordinaten.
c) Bestimme t so, dass das Dreieck, das aus dem Ursprung, dem Tiefpunkt T_t und dem Wendepunkt W_t gebildet wird, gleichschenklig ist.
d) Zeige: Es gibt drei Punkte auf $C_{\frac{1}{3}}$, deren Tangente und Normale mit der Tangente und Normale von $C_{\frac{1}{3}}$ im Ursprung ein Rechteck bilden. Berechne die Koordinaten dieser drei Punkte.

13. Für jedes $t \in \mathbb{R} \setminus \{0\}$ ist eine Funktion g_t gegeben mit $g_t(x) = \frac{1}{8}t^2x^3 + \frac{9}{16}tx^2 + \frac{9}{16}x$, $x \in \mathbb{R}$.
Ihr Schaubild ist die Kurve K_t.

a) Untersuche K_t auf Schnittpunkte mit der x-Achse, Extrem- und Wendepunkte. Zeichne $K_{-\frac{1}{2}}$.
b) Auf welcher Ortskurve liegen die Wendepunkte aller K_t. Zeige, dass die Wendetangenten aller Kurven K_t zueinander parallel verlaufen.
c) Zeige: Alle K_t berühren sich im Ursprung.
d) Wie müssen t_1 und t_2 gewählt werden, damit K_{t_1} und K_{t_2} nur einen Punkt gemeinsam haben?

14. Gegeben ist die Funktion f_t mit $f_t(x) = \frac{1}{4t}x^4 - \frac{1}{2}tx^2 - 2t^3$, $x \in \mathbb{R}$, $(t > 0)$.
K_t ist das Schaubild von f_t.

a) Untersuche K_t auf Symmetrie, Schnittpunkte mit den Koordinatenachsen, Extrem- und Wendepunkte. Zeichne K_1.
b) Auf welcher Ortslinie liegen die Hochpunkte (Tiefpunkte) aller K_t?
c) Die Schnittpunkte von K_1 mit der x-Achse und zwei zur y-Achse symmetrische Punkte A und B von K_1 mit negativer Ordinate bilden ein Trapez. Wie müssen die Abszissen von A und B gewählt werden, damit das Trapez einen maximalen Flächeninhalt besitzt? Verwende das Newton-Verfahren und breche ab, wenn sich die 3. Dezimale nicht mehr ändert. Runde auf zwei Dezimalen.
d) In welchen Punkten von K_1 hat die Tangente den größten y-Achsenabschnitt?
e) Für welches t schneiden sich die Wendetangenten orthogonal?

15. Gegeben sind die Funktionen f_a durch $f_a(x) = x^5 - ax$, $x \in \mathbb{R}$ $(a > 0)$.
K_a ist das Schaubild von f_a.

a) Untersuche K_a auf Symmetrie, Schnittpunkte mit der x-Achse, Extrem- und Wendepunkte. Zeichne K_5 für $-1{,}75 \leq x \leq 1{,}75$.
b) Gibt es Werte von a, für welche die Extremstellen von f_a genau in der Mitte zwischen zwei aufeinander folgenden Nullstellen liegen?
c) Untersuche die Anzahl der Schnittpunkte von K_5 mit der Geraden g: $y = -mx$ $(m \geq 0)$ in Abhängigkeit von m.

5.2 Bestimmung ganzrationaler Funktionen

1. K ist das Schaubild einer Funktion f; C das Schaubild einer Funktion g. Beide Funktionen sind auf einem offenen Intervall definiert und dort zweimal differenzierbar. Gib die Aussagen über die Schaubilder der Funktionen in der für Funktionen üblichen Kurzschreibweise an.

a) C ist eine Parabel 3. Ordnung.
b) K ist eine zur y-Achse symmetrische Parabel 4. Ordnung.
c) C ist eine zum Ursprung symmetrische Parabel 5. Ordnung.
d) K verläuft durch $P(-1\,|\,2)$.
e) Der Ursprung liegt auf der Kurve C.
f) K besitzt in $P(3\,|\,5)$ einen Extrempunkt.
g) $W(2\,|\,-2)$ ist ein Wendepunkt von K.
h) C besitzt in $O(0\,|\,0)$ einen Terassenpunkt (= Sattelpunkt).
i) K besitzt im Punkt $Q(-1\,|\,5)$ eine Tangente mit der Steigung 3.
j) Die Tangente an C im Punkt $P(-4\,|\,1)$ schneidet die x-Achse in $Q(1\,|\,0)$.
k) Die Normale an C im Punkt $R(-2\,|\,6)$ schneidet die y-Achse in $Q(0\,|\,3)$.
l) K besitzt im Punkt $P(-4\,|\,0)$ eine Tangente, die zur Geraden h: $y = 2x$ parallel ist.
m) C besitzt im Punkt $W(7\,|\,y_w)$ die Wendetangente t: $y = \frac{2}{7}x - 1$.
n) K besitzt im Punkt $E(2\,|\,y_E)$ die Tangente t: $y = 5$.
o) Die Tangente an C in $P(-3\,|\,-1)$ schneidet die Gerade h: $y = \frac{2}{3}x$ rechtwinklig.
p) K und C berühren sich im Punkt $B(-3\,|4)$.
q) K und C schneiden sich im Punkt $P(-1\,|\,2)$ rechtwinklig.
r) K und C schneiden sich in einem Punkt, der auf der y-Achse liegt.
s) K und C haben in den Punkten mit der Abszisse 2 zueinander parallele Tangenten.

Musteraufgabe

Bestimme die ganzrationale Funktion 3. Grades, deren Schaubild die x-Achse im Punkt $P(4\,|\,0)$ berührt und im Ursprung die Tangente mit der Gleichung $y = 4x$ besitzt.

Lösung:

$f(x) = ax^3 + bx^2 + cx + d, \qquad f'(x) = 3ax^2 + 2bx + c$

(1) $f(4) = 0 \Rightarrow 64a + 16b + 4c + d = 0$
(2) $f'(4) = 0 \Rightarrow 48a + 8b + c = 0$
(3) $f(0) = 0 \Rightarrow d = 0$
(4) $f'(0) = 4 \Rightarrow c = 4$

(3) und (4) in (1) $64a + 16b = -16 \quad | : 16$
(4) in (2) $48a + 8b = -4 \quad | : 4$
(∗) $4a + b = -1 \quad | \cdot (-2)$ ⌉ +
$12a + 2b = -1$
$4a = 1 \Leftrightarrow a = \frac{1}{4}$ in (∗) $1 + b = -1 \Leftrightarrow b = -2$

$\Rightarrow f(x) = \frac{1}{4}x^3 - 2x^2 + 4x, \; x \in \mathbb{R}$

2. Bestimme die Parabel 2. Ordnung, die

a) durch die Punkte $A(-2\,|\,1)$, $B(1\,|\,2)$ und $C(7\,|\,-10)$ verläuft.
b) den Scheitel $S(3\,|\,-2)$ besitzt und die x-Achse in $N(1\,|\,0)$ schneidet.
c) im Ursprung eine Tangente mit der Steigung -1 besitzt und durch den Punkt $P(2\,|\,3)$ verläuft.

3. Gegeben ist die Funktion g mit $g(x) = \frac{1}{8}x^3 - \frac{3}{2}x^2 + \frac{9}{2}x$, $x \in \mathbb{R}$. Ihr Schaubild ist die Kurve K. Eine Parabel 2. Ordnung verläuft durch den Hochpunkt von K und schneidet K im Wendepunkt rechtwinklig. Bestimme ihre Funktionsgleichung.

4. Bestimme die ganzrationale Funktion 3. Grades, deren Schaubild

a) durch die Punkte $O(0\,|\,0)$, $P(-1\,|\,-4)$, $Q(1\,|\,2)$ und $R(2\,|\,8)$ verläuft.

b) den Hochpunkt $H(0\,|\,-3)$ und im Punkt $P(2\,|\,-3)$ eine Tangente mit der Steigung 2 besitzt.

c) in $T(6\,|\,-2)$ einen Tiefpunkt und an der Stelle 4 eine Wendetangente besitzt, die parallel zu der Geraden mit der Gleichung $y = -3x$ verläuft.

5. Bestimme die Gleichung einer Parabel 4. Ordnung, die

a) durch den Punkt $P(3\,|\,6)$ verläuft, die x-Achse in $N(4\,|\,0)$ schneidet und im Ursprung O einen Sattelpunkt besitzt.

b) zur y-Achse symmetrisch ist und in $W(-2\,|\,0)$ eine Wendetangente besitzt, welche die y-Achse in $S(0\,|\,\frac{8}{3})$ schneidet.

5.3 Untersuchung gebrochenrationaler Funktionen

Es seien u und v ganzrationale Funktionen, wobei v nicht die Nullfunktion ist. M sei die Menge der Nullstellen von v.
Dann heißt die Funktion f mit $f(x) = \frac{u(x)}{v(x)}$, $x \in \mathbb{R} \setminus M$ *rationale Funktion.*
Ist zudem v keine konstante Funktion, so nennt man f auch eine *gebrochen-rationale Funktion.* Die Elemente von M sind die Definitionslücken von f.

Beispiel:

$$f(x) = \frac{x^2}{(x-1)^2\,(x+2)}$$

$v(x) = (x-1)^2\,(x+2)$

Wegen $v(x) = 0$ für $x = 1 \vee x = -2$ ist $M = \{-2;\,1\}$ und $\mathbb{R} \setminus \{-2;\,1\}$.

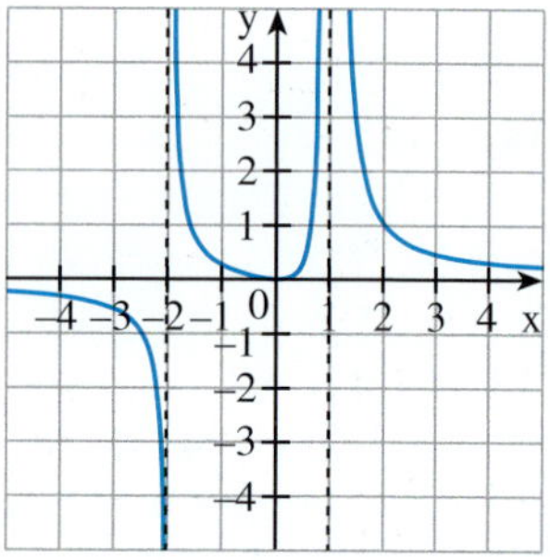

1. Bestimme die größtmögliche Definitionsmenge zur Funktion f.

$f(x) = \frac{x}{2x-3}$

Nebenrechnung: $2x - 3 = 0 \Leftrightarrow 2x = 3 \Leftrightarrow x = \frac{3}{2} \Rightarrow D = \mathbb{R} \setminus \{\frac{3}{2}\}$

a) $f(x) = \frac{2}{x+1}$
b) $f(x) = \frac{x-2}{x+2}$
c) $f(x) = \frac{x^2}{3x-1}$
d) $f(x) = 1 + \frac{1}{x}$
e) $f(x) = x - 1 + \frac{1}{x-1}$
f) $f(x) = \frac{7}{x^2-4x}$
g) $f(x) = \frac{2x+1}{x^2-9}$
h) $f(x) = \frac{1-x^2}{x^2-2x-4}$
i) $f(x) = \frac{(x-4)\,(x+3)}{(x+1)\,(x-4)}$

Musteraufgabe

Gegeben ist die Funktion f. Ihr Schaubild ist die Kurve K. Untersuche K auf Symmetrie, Asymptoten bzw. Näherungskurve, Schnittpunkte mit den Koordinatenachsen, Extrem- und Wendepunkte. Zeichne K für

$f(x) = \frac{x^3}{4(x-2)^2}$, $D = \mathbb{R} \setminus \{2\}$.

Lösung:

Symmetrie

$f(-x) = \frac{(-x)^3}{4(-x-2)^2} = -\frac{x^3}{4(-x-2)^2} \neq \begin{cases} f(x) \\ -f(x) \end{cases}$ Es ist keine Symmetrie erkennbar.

Asymptoten/Näherungskurve

Die Stelle 2 ist Polstelle ohne VZW, da $f(x) \to +\infty$ für $x \to 2$.
Damit ist die Gerade a_1: $x = 2$ vertikale Asymptote von K.

$$x^3 : (4x^2 - 16x + 16) = \frac{1}{4}x + 1 + \frac{12x - 16}{4(x-2)^2} = \frac{1}{4}x + 1 + \frac{3x-4}{(x-2)^2}$$

$$\begin{array}{l} -(x^3 - 4x^2 + 4x) \\ \hline \quad 4x^2 - 4x \\ \quad -(4x^2 - 16x + 16) \\ \hline \quad\quad 12x - 16 \end{array}$$

Damit ist die Gerade a_2: $y = \frac{1}{4}x + 1$ schiefe Asymptote von K, da $\lim\limits_{|x| \to \infty} \frac{12x - 16}{4(x-2)^4} = 0$.

Ableitung

$$f'(x) = \frac{3x^2 \cdot 4(x-2)^2 - x^3 \cdot 8(x-2)}{16(x-2)^4} = \frac{3x^2(x-2) - 2x^3}{4(x-2)^3} = \frac{x^3 - 6x^2}{(x-2)^3}$$

$$f''(x) = \frac{(3x^2 - 12x) \cdot 4(x-2)^3 - (x^3 - 6x^2) \cdot 12(x-2)^2}{16(x-2)^6} = \frac{(3x^2 - 12x)(x-2) - 3(x^3 - 6x^2)}{4(x-2)^4} = \frac{6x}{4(x-2)^4}$$

Schnittpunkte mit den Koordinatenachsen

$f(x) = 0 \Leftrightarrow x^3 = 0 \Leftrightarrow x = 0 \Rightarrow$ K schneidet die Koordinatenachsen in $N(0|0)$.

Extrempunkte

$f'(x) = 0 \Leftrightarrow x^3 - 6x^2 = 0 \Leftrightarrow x^2(x-6) = 0 \Leftrightarrow x = 0 \vee x = 6$

$f''(0) = 0$ keine Aussage möglich, deswegen Untersuchung von f in einer Umgebung von 0
$f(x) < 0$ für $x < 0$ und $f(x) > 0$ für $x > 0$
$\Rightarrow N(0|0)$ ist kein Extrempunkt.

$\left.\begin{array}{l} f''(6) = \frac{36}{4^4} > 0 \\ f(6) = \frac{27}{8} \end{array}\right\} \Rightarrow$ K besitzt den Tiefpunkt $T(6 | \frac{27}{8})$

Wendepunkte

$f''(x) = 0 \Leftrightarrow 6x = 0 \Leftrightarrow x = 0$
$f''(x) < 0$ für $x < 0$
$f''(x) > 0$ für $x > 0$ $\Rightarrow$ K besitzt den Ursprung $W(0|0)$ als Sattelpunkt.

Ergänzende Wertetabelle und Schaubild

x	−4	−3	−2	−1	1	1,5	3	4	5	7	8
f(*x*)	−0,4	−0,3	−0,1	−0,0	0,3	3,4	6,8	4	3,5	3,4	3,6

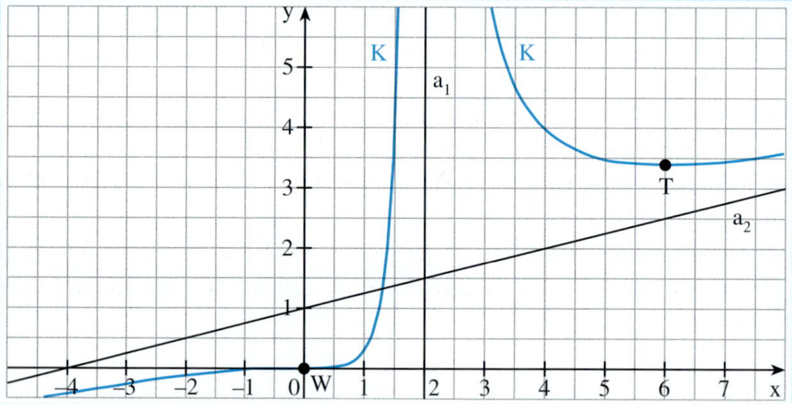

2. Gegeben ist die Funktion f. Untersuche ihr Schaubild K und zeichne es.

a) $f(x) = -\frac{8x+4}{x^2}$, $D = \mathbb{R} \setminus \{0\}$

b) $f(x) = \frac{x^2}{2x-4}$ $D = \mathbb{R} \setminus \{2\}$

c) $f(x) = \frac{2x^2}{x^2-4}$, $D = \mathbb{R} \setminus \{-2; 2\}$

d) $f(x) = \frac{x^3}{18-2x^2}$, $D = \mathbb{R} \setminus \{-3; 3\}$

e) $f(x) = \frac{1-x^4}{x^2}$, $D = \mathbb{R} \setminus \{0\}$

f) $f(x) = \frac{1}{4}x^2 + \frac{4}{x}$, $D = \mathbb{R} \setminus \{0\}$

g) $f(x) = \frac{-2x^2+8x-8}{(x+1)^2}$, $D = \mathbb{R} \setminus \{-1\}$

h) $f(x) = \frac{-12x}{x^2+2}$ $D = \mathbb{R}$

i) $f(x) = \frac{2x^2-4x}{(x-2)^2}$ $D = \mathbb{R} \setminus \{2\}$

j) $f(x) = \frac{x^3-8}{2x^2-8}$ $D = \mathbb{R} \setminus \{-2; 2\}$

3. Gegeben ist die Funktion f mit $f(x) = \frac{x^2+4x}{x+2}$, $D = \mathbb{R} \setminus \{-2\}$. Ihr Schaubild ist die Kurve K.

a) Untersuche K auf Asymptoten, Schnittpunkte mit der x-Achse, Extrem- und Wendepunkte. Zeichne K für $-6 \leq x \leq 4$.

b) Die Kurvennormale im Ursprung begrenzt mit den Asymptoten von K ein Dreieck. Berechne den Flächeninhalt dieses Dreiecks.

4. Gegeben ist die Kurve K durch $y = 2 \cdot \frac{x^2-1}{x^2}$ mit der horizontalen Asymptote a (vgl. nebenstehende Abbildung).
Die Punkte P und S liegen auf K, Q und R auf a.
P, Q, R und S bilden ein achsenparalleles Rechteck.
Bestimme P, Q, R und S so, dass der Umfang des Rechtecks minimal wird.

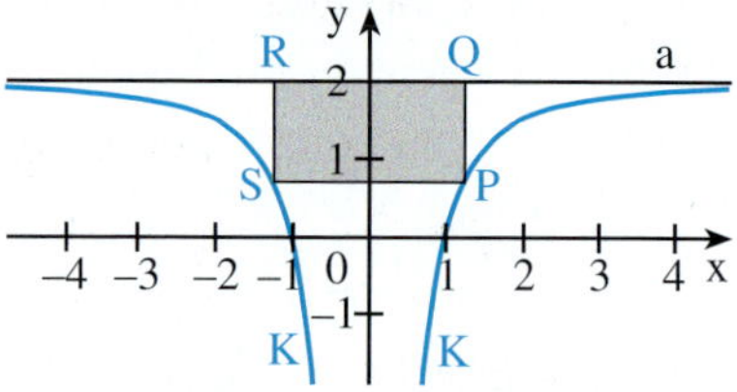

5. Gegeben ist die Funktion f mit $f(x) = \frac{x^2}{4-x^2}$, $D = \mathbb{R} \setminus \{-2; 2\}$. Ihr Schaubild ist die Kurve K.

a) Untersuche K auf Symmetrie, Asymptoten, Extrem- und Wendepunkte. Zeichne K.

b) Vom Punkt $S(0|a)$ aus sollen Tangenten an die Kurve K gelegt werden. Gib mithilfe des Schaubildes an, für welche Werte von a gibt es keine, eine, zwei beziehungsweise vier Tangenten. Berechne für $a = -6$ die Koordinaten der Berührpunkte.

c) Die Gerade g: $x = u$ mit $u > 2$ schneidet die x-Achse in P und die Kurve K in Q.
Der Ursprung O bildet mit P und Q ein Dreieck. Wie müssen die Koordinaten von P gewählt werden, damit der Inhalt des Dreiecks OPQ minimal wird. Berechne den minimalen Inhalt.

6. Es soll untersucht werden, welche Geschwindigkeit den größten Verkehrsfluss ermöglicht. Folgende Modellannahmen legen wir zugrunde:

I. Die mittlere Fahrzeuglänge beträgt 4 m.

II. Der einzuhaltende Fahrzeugabstand entspricht dem Anhalteweg d (in m). Dieser hängt von der Geschwindigkeit v (in km/h) ab gemäß

$d(v) = \frac{3v}{10} + \left(\frac{v}{10}\right)^2$.

Dabei entspricht $\frac{3v}{10}$ dem Reaktionsweg und $\left(\frac{v}{10}\right)^2$ dem Bremsweg.

a) Zeige: Die Funktion f mit $f(v) = \frac{1000v}{0{,}01v^2 + 0{,}3v + 4}$, $v \in \mathbb{R}^+$ gibt zu jeder Geschwindigkeit v den Verkehrsfluss pro Stunde an.

b) Wie viele Autos passieren eine Stelle innerhalb einer Stunde bei einer Geschwindigkeit von 130 km/h (100 km/h; 80 km/h)?

c) Bei welcher Geschwindigkeit liegt der Verkehrsfluss bei 1192 Fahrzeugen pro Stunde?

d) Bei welcher Geschwindigkeit ist der Verkehrsfluss am größten? Gib den größtmöglichen Verkehrsfluss an.

5.4 Bestimmung gebrochenrationaler Funktionen

Musteraufgabe

Gegeben ist die Funktion f mit $f(x) = \frac{ax^3 + bx^2}{x^2 + cx + d}$, $x \in D$.

Bestimme $a, b, c, d \in \mathbb{R}$ so, dass die Funktion f an der Stelle 0 eine stetig hebbare Definitionslücke besitzt und die Geraden mit den Gleichungen $x = 1$ und $y = 2x + 1$ Asymptoten des Schaubildes von f sind.

Lösung:

Soll f an der Stelle 0 eine stetig hebbare Definitionslücke besitzen, so muss 0 sowohl eine Nullstelle des Zähler- als auch des Nennerpolynoms sein. $\Rightarrow d = 0$

Ist $x = 1$ vertikale Asymptote zum Schaubild von f, so ist 1 eine Polstelle von f und somit eine Nullstelle des Nennerpolynoms. Es folgt $1 + c = 0 \Leftrightarrow c = -1$.

Wir erhalten zunächst

$f(x) = \frac{ax^3 + bx^2}{x^2 - x} = \frac{ax^2 + bx}{x - 1}$.

Die Polynomdivision liefert die Restglieddarstellung von f.

$$\begin{array}{l} (ax^2 + bx) \quad : (x - 1) = ax + (a + b) + \frac{a+b}{x-1} \qquad \Rightarrow f(x) = ax + (a + b) + \frac{a+b}{x-1} \\ \underline{-(ax^2 - ax)} \\ \quad (a + b)\,x \\ \underline{-((a + b)\,x - (a + b))} \\ \qquad\qquad a + b \end{array}$$

Da g mit $g(x) = ax + (a + b)$, $x \in \mathbb{R}$ Näherungsfunktion zu f ist, ist die Gerade mit der Gleichung $y = ax + (a + b)$ Asymptote zum Schaubild von f.

Durch Koeffizientenvergleich erhalten wir $a = 2$ und $a + b = 1$, mithin $b = -1$

$f(x) = \frac{2x^3 - x^2}{x^2 - x}$, $x \in \mathbb{R} \setminus \{0; 1\}$.

1. Gegeben ist die Funktion f mit

a) $f(x) = \frac{ax^2 + bx}{x + c}$, $x \neq -c$ und $a, b, c \in \mathbb{R}$.
Bestimme $a, b, c \in \mathbb{R}$ so, dass das Schaubild von f die Geraden mit den Gleichungen $x = 2$ und $y = x - 1$ als Asymptoten besitzt.

b) $f(x) = ax + b + \frac{2}{x + c}$, $x \neq -c$ und $a, b, c \in \mathbb{R}$.
Bestimme $a, b, c \in \mathbb{R}$ so, dass das Schaubild von f die Geraden mit den Gleichungen $y = \frac{1}{2}x + 1$ und $x = -1$ als Asymptoten besitzt.

c) $f(x) = \frac{ax^3 + bx^2 + cx}{x^2 - d}$, $x^2 \neq d$ und $a, b, c, d \in \mathbb{R}$.
Bestimme $a, b, c, d \in \mathbb{R}$ so, dass das Schaubild von f die Geraden mit den Gleichungen $x = 0$ und $y = 2$ als Asymptoten besitzt und die x-Achse im Punkt $N(2\,|\,0)$ schneidet.

2. Gib eine gebrochenrationale Funktion an, deren Schaubild im wesentlichen den dargestellten Verlauf zeigt.

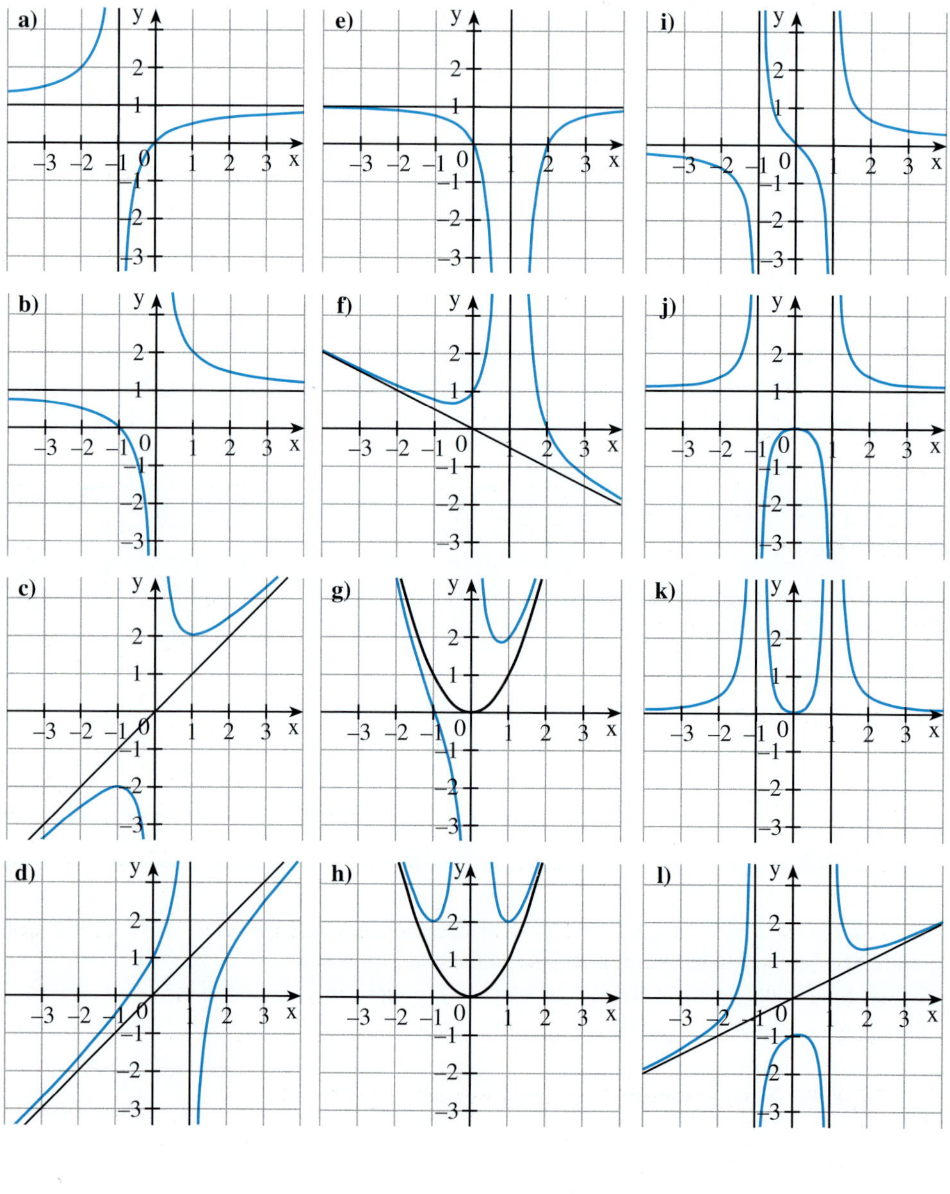

3. Gib zwei gebrochenrationale Funktionen an, deren Schaubilder

a) die Geraden mit den Gleichungen $x = 0$ und $y = -x + 2$ als Asymptoten besitzen.

b) die Geraden mit den Gleichungen $x = -2$ und $y = 3$ als Asymptoten besitzen.

c) nur die Gerade mit der Gleichung $y = -2$ als Asymptote besitzen.

d) die Geraden mit den Gleichungen $x = 1$, $x = -3$ und $y = 2x$ als Asymptoten besitzen.

e) die Gerade mit der Gleichung $x = -2$ als Asymptote und die Parabel mit der Gleichung $y = -\frac{1}{4}x^2$ als Näherungskurve besitzt.

4. Für jedes $t \in \mathbb{R}$ ist eine Funktion f_t gegeben mit
$f_t(x) = \frac{3}{x^2 - x + t}$, $x \in D$.
Für welche Werte von t hat das Schaubild von f_t zwei, eine bzw. keine vertikale Asymptote?

5. Für jedes $t \in \mathbb{R}$ ist eine Funktion f_t gegeben mit
$f_t(x) = \frac{x + 2}{x^2 + tx + 4}$, $x \in D$.
Für welche Werte von t hat das Schaubild von f_t zwei, eine bzw. keine zur y-Achse parallele Asymptote?

6. Zeige: Die für $t \in \mathbb{R}$ definierten Funktionen f_t mit $f_t(x) = \frac{x}{x^2 - 2tx + t^2 + 1}$, $x \in D$ besitzen keine Polstellen.

7. Zeige: Für jedes $t \in \mathbb{R} \setminus \{0\}$ liegt der Schnittpunkt der Asymptoten von K_t: $y = \frac{1}{2} \cdot \frac{tx^2}{x - t}$ auf der Normalparabel.

5.5 Untersuchung von Exponentialfunktionen

Die Funktion f mit $f(x) = e^x$, $x \in \mathbb{R}$ heißt *natürliche Exponentialfunktion*.
Dabei ist e die *Eulersche Zahl* mit $e \approx 2{,}7$.

Eine Funktion des Typs f mit
$f(x) = a \cdot e^{k \cdot x}$, $x \in \mathbb{R}$ mit $a \in \mathbb{R}^+$ und
$k \in \mathbb{R} \setminus \{0\}$ nennen wir *exponentielle Wachstumsfunktion*.

Beispiel:
(1) K_1: $y = e^x$
(2) K_2: $y = e^{-x}$

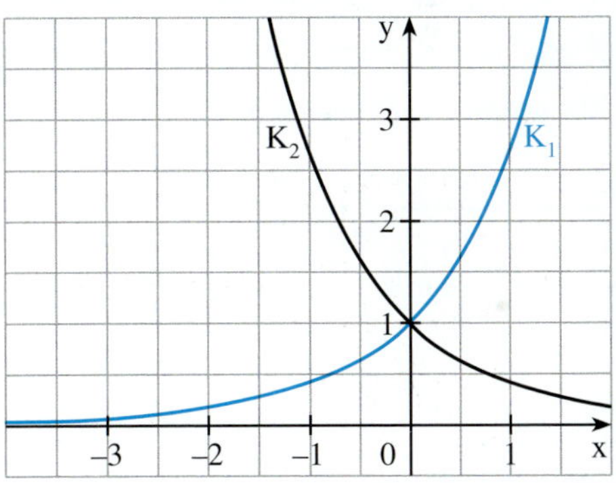

1. Zeichne die Exponentialkurve K. Durch welche Abbildungen geht das Schaubild der natürlichen Exponentialfunktion in K über.

a) K: $y = -e^x$ **c)** K: $y = e^x - 2$ **e)** K: $y = \frac{1}{2}e^x$ **g)** K: $y = -3e^{-\frac{2}{3}x}$

b) K: $y = e^{-x}$ **d)** K: $y = e^{x-3}$ **f)** K: $y = e^{\frac{1}{2}x}$ **h)** K: $y = 1 + e^{-x+2}$

2. Zeige: Für eine exponentielle Wachstumsfunktion gilt $f' = k \cdot f$.

Musteraufgabe

Untersuche das Schaubild der Funktion f auf Symmetrie, Schnittpunkte mit den Koordinatenachsen, Extrem- und Wendepunkte, sowie auf Asymptoten bzw. Näherungskurven. Zeichne das Schaubild von f.

$f(x) = x \cdot e^{-x},\ x \in \mathbb{R}$

Lösung:

Symmetrie

$f(-x) = -x \cdot e^{x} \neq \begin{cases} f(x) \\ -f(x) \end{cases} \Rightarrow$ keine erkennbare Symmetrie

Asymptoten

Die x-Achse ist Asymptote, da $\lim\limits_{x \to \infty} xe^{-x} = 0$.

Ableitungen

$f'(x) = 1 \cdot e^{-x} + x \cdot e^{-x} \cdot (-1) = e^{-x} - xe^{-x} = (1 - x)\, e^{-x}$

$f''(x) = (1)\, e^{-x} + (1 - x)\, e^{-x} \cdot (-1) = -e^{-x} - (1 - x)\, e^{-x} = (x - 2)\, e^{-x}$

Schnittpunkte mit den Koordinatenachsen

$f(x) = 0 \Leftrightarrow x \cdot e^{-x} = 0 \Leftrightarrow x = 0$ (da $e^{-x} > 0$ für alle $x \in \mathbb{R}$).

K schneidet die Koordinatenachsen in $N(0\,|\,0)$.

Extrempunkte

$$\left.\begin{array}{l} f'(x) = 0 \Leftrightarrow (1 - x) \cdot e^{-x} = 0 \Leftrightarrow x = 1 \\ f''(1) = -e^{-1} = -\frac{1}{e} < 0 \\ f(1) = \frac{1}{e} \end{array}\right\} \Rightarrow H(1\,|\,\tfrac{1}{e})$$

Wendepunkte

$$\left.\begin{array}{l} f''(x) = 0 \Leftrightarrow (x - 2) \cdot e^{-x} = 0 \Leftrightarrow x = 2 \\ f''(x) < 0 \quad \text{für} \quad x < 2 \quad \text{und} \quad f''(x) > 0 \quad \text{für} \quad x > 2 \\ f(2) = \frac{2}{e^2} \end{array}\right\} \Rightarrow W(2\,|\,\tfrac{2}{e^2})$$

Wertetabelle und Schaubild

x	f(x)
−2	−14,8
−1	− 2,7
0	0
1	0,4
2	0,3
3	0,1
−0,5	− 0,8

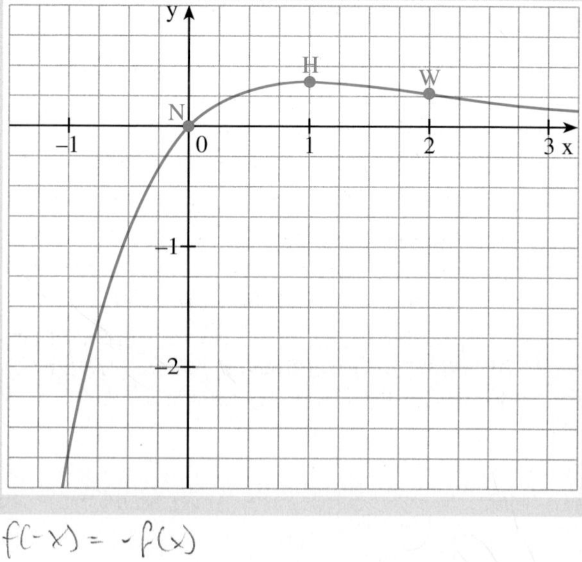

Punktsymmetrisch: f(-x) = -f(x)

3. Untersuche das Schaubild der Funktion f.

a) $f(x) = (x + 1)\,e^x,\ x \in \mathbb{R}$

b) $f(x) = x - 1 + e^{-x},\ x \in \mathbb{R}$

c) $f(x) = e^x + e^{-x},\ x \in \mathbb{R}$

d) $f(x) = e^{-x} - e^x,\ x \in \mathbb{R}$

e) $f(x) = e^x(e^x - 1),\ x \in \mathbb{R}$

f) $f(x) = e - e^{1-x},\ x \in \mathbb{R}$

g) $f(x) = e^{2x} - e^x - 2,\ x \in \mathbb{R}$

h) $f(x) = e^x - e^{1-x},\ x \in \mathbb{R}$

i) $f(x) = ex + 1 - e^{-x},\ x \in \mathbb{R}$

j) $f(x) = x^2 \cdot e^{\frac{1}{2}x},\ x \in \mathbb{R}$

4. Gegeben ist die Funktion f mit $f(x) = x^2 - e^x,\ x \in \mathbb{R}$. Näherungssystem

a) Zeige, dass f im Intervall $[-1;\ 0]$ eine Nullstelle besitzt.
Bestimme sie mithilfe des Newton'schen Näherungsverfahrens auf 2 Dezimalen.

b) Begründe, dass f nur eine Nullstelle besitzt.

c) Welches ist die maximale Tangentensteigung des Schaubilds von f?

5. Gegeben ist f mit $f(x) = e^x,\ x \in \mathbb{R}$. Das Schaubild von f sei K. Zeige:
Im Intervall $[-1;\ 0]$ gibt es einen Punkt P auf K mit minimalem Abstand zum Ursprung.
Berechne seine Abszisse auf 3 Dezimalen.

6. Die Tangente und die Normale im Punkt P der Kurve mit der Gleichung $y = e^{-x}$ schneiden aus der x-Achse eine Strecke aus.
Kann P so gewählt werden, dass die Länge dieser Strecke extremal wird?

7. Gegeben ist die Funktion f mit $f(x) = (x - 1) \cdot e^{-x},\ x \in \mathbb{R}$.
Ihr Schaubild sei K.

a) Zeige: Die Extremstelle von f ist das arithmetische Mittel von Null- und Wendestelle.
Zeichne K für $-0{,}5 \leq x \leq 4$.

b) Bestimme für die Punkte $P(u \mid v) \in K$ mit $u \geq 1$ diejenige Tangente, deren Schnittpunkt mit der y-Achse möglichst weit vom Ursprung entfernt ist.

8. Gegeben sind die Kurven $K_1\colon y = e^x$ und $K_2\colon y = 2 - x$.

a) Zeige: K_1 und K_2 besitzen genau einen gemeinsamen Punkt S.

b) Berechne die x-Koordinate von S auf zwei Dezimalen.
Verwende das Newton-Verfahren.

9. Gegeben sind die Funktionen f_a und g_a für jedes $a > 0$ durch
$f_a(x) = e^{ax},\ x \in \mathbb{R}$ und $g_a(x) = ae^{-ax},\ x \in \mathbb{R}$.
Ihre Schaubilder seien K_a und C_a.

a) Zeichne $K_{\frac{1}{2}}$ und $C_{\frac{1}{2}}$ in ein gemeinsames Achsenkreuz.
Berechne die Koordinaten des Schnittpunktes S_a von K_a und C_a.
Für welchen Wert von a schneiden sich K_a und C_a rechtwinklig?

b) Die Tangente t_a in $P_a(1 \mid f_a(1))$ begrenzt für $a > 1$ mit den Koordinatenachsen ein Dreieck mit Flächeninhalt $A(a)$. Berechne $A(a)$.

c) Bei Rotation des Dreiecks aus Teilaufgabe b) um die x-Achse entsteht ein Drehkörper mit Volumen $V_x(a)$, bei Rotation um die y-Achse ein Drehkörper mit Volumen $V_y(a)$.
Begründe: $V_x(a) > V_y(a)$ für alle $a > 1$.

5.6 Bestimmung von Exponentialfunktionen

Musteraufgabe

Eine Bakterienkultur wächst in den ersten 24 Stunden exponentiell. Dabei sei f(t) der Bestand der Bakterienkultur nach t Minuten.
Bestimme die Funktion, welche das Wachstum beschreibt, wenn nach 25 Minuten 595 und nach 45 Minuten 1189 Bakterien vorhanden sind.

Lösung:

$f(t) = ce^{k \cdot t}$, $t \in [0;\ 1440]$

(1) $f(25) = 595 \Leftrightarrow c \cdot e^{25K} = 595$

(2) $f(45) = 1189 \Leftrightarrow c \cdot e^{45K} = 1189$

(2) : (1) $\Rightarrow \frac{c \cdot e^{45K}}{c \cdot e^{25K}} = \frac{1189}{595} \Leftrightarrow e^{20K} = 1{,}998 \Leftrightarrow 20K = \ln 1{,}998 \Leftrightarrow K = \frac{\ln 1{,}998}{20} \approx 0{,}0346$

In (1) $c \cdot e^{25 \cdot 0{,}0346} = 595 \Leftrightarrow c \cdot 2{,}376 = 595 \Leftrightarrow c = 250$

$f(t) \approx 250 \cdot e^{0{,}0346t}$, $t \in [0;\ 1440]$

1. Indien hatte zu Beginn des Jahres 1991 etwa 944 Millionen Einwohner. Die Geburtenziffer lag bei 3,0%, die Sterbeziffer bei 1,1%.

a) Stelle die Funktion f auf, die das Bevölkerungswachstum von Indien beschreibt, unter der Annahme, dass es sich dabei um ein exponentielles Wachstum handelt. Zeichne das Schaubild von f für den Zeitraum von 1975–2045 ($t = 0 \mathrel{\hat{=}}$ Jahr 1991, 10 Jahre $\mathrel{\hat{=}}$ 1 cm, 200 Mio. Einwohner $\mathrel{\hat{=}}$ 1 cm). Nach welcher Zeit würde sich die Bevölkerung Indiens verdoppeln, wenn das Wachstum unverändert anhielte? Wann hätte Indien 1 Mrd. Einwohner?

b) Im Jahr der Unabhängigkeit (1947) hatte Indien 342 Mio. Einwohner. Um wie viel Prozent weicht der rechnerische Wert der Bevölkerungszahl für dieses Jahr vom tatsächlichen Wert ab? Ab welchen Jahr läge bei exponentiellem Wachstum die Bevölkerungszunahme erstmals über 19 Mio. Einwohner pro Jahr?

c) Wegen eingeleiteter bevölkerungspolitischer Maßnahmen verlaufe das Wachstum ab dem Jahre 2005 gemäß der Funktion g mit $g(t) = c - a \cdot e^{-k \cdot t}$, $t \in \mathbb{R}_0^+$ ($t = 0 \mathrel{\hat{=}}$ Jahr 2005). Bestimme a, c und k, wenn sich die Bevölkerungszahl bei 1,5 Mrd. Einwohnern stabilisieren soll, und für das Jahr 2015 die Bevölkerungszahl auf 1,26 Mrd. Einwohner hochgerechnet wird. Zeichne das Schaubild von g in das Achsenkreuz von Teilaufgabe a) ein.

2. Das Alter von Gesteinen kann mit der Rubidium-Strontium-Methode bestimmt werden. Dabei zerfällt $^{87}_{37}Rb$ zu $^{87}_{38}Sr$. Die Funktion f mit $f(t) = c \cdot e^{-kt}$, $t \in \mathbb{R}$ ($k, c > 0$) gibt die Zahl der unzerfallenen Rb87-Atome zum Zeitpunkt t an.

a) Bestimme die Konstante k und die Halbwertszeit t_H, wenn nach 10^{11} Jahren 75% der ursprünglich vorhandenen Rb 87-Atome zerfallen sind. Zeichne das Schaubild für $c = 6 \cdot 10^{18}$ über einen Zeitraum von $2 \cdot 10^{11}$ Jahren.

b) Bestimme die Funktion g, die zu jedem Zeitpunkt t die Anzahl der vorhandenen Sr 87-Atome angibt.

c) Bei einer Gesteinsprobe ergab sich, dass 3% der ursprünglich vorhandenen Rb 87-Atome zerfallen sind. Wie alt ist das Gestein?

d) In welchem Verhältnis stehen die Anzahlen der Rb 87-Atome und der radiogenen Sr 87-Atome 2,5 Mrd. Jahre nach Erstarrung der Gesteinsschmelze?

6 Integralrechnung

6.1 Flächeninhaltsfunktion

In der Abbildung ist K das Schaubild der auf $[a, b]$ stetigen Funktion f. Zunächst gelte dort $f(x) \geq 0$.
Wir bezeichnen die Funktion, welche jedem $x \in [a; b]$ den Inhalt der Fläche zuordnet, die auf dem Intervall $[a; x]$ durch K und die x-Achse begrenzt wird, als *Flächeninhaltsfunktion* F_a.

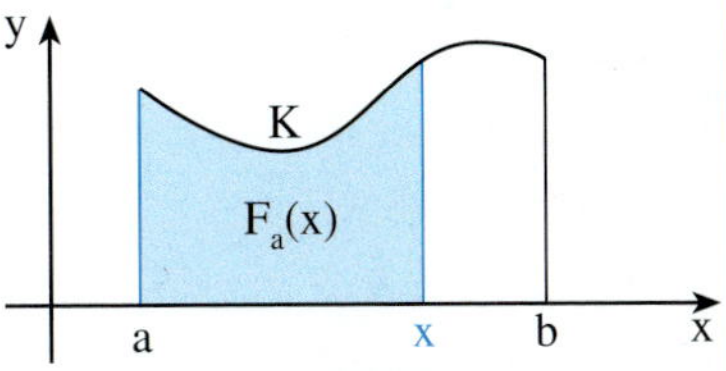

1. Zeichne das Schaubild von f im angegebenen Intervall. Bestimme zur Funktion f die Flächeninhaltsfunktion F_a. Gib die Ableitung von F_a an.

$f(x) = -\frac{1}{2}x + 3,\ x \in [1;\ 6]$

$F_1(x) = \frac{f(1) + f(x)}{2} \cdot (x - 1)$

$= \frac{\frac{5}{2} - \frac{1}{2}x + 3}{2}(x - 1)$

$= -\frac{1}{4}x^2 + 3x - \frac{11}{4},\ x \in [1;\ 6]$

$F_1'(x) = -\frac{1}{2}x + 3,\ x \in [1;\ 6]$

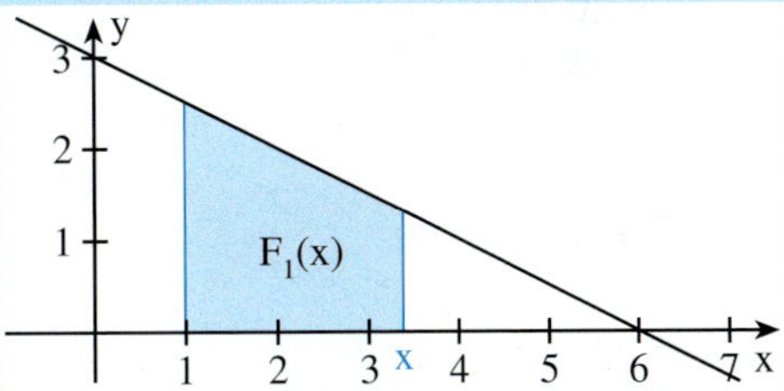

a) $f(x) = 3,\ x \in [2, 4]$ **b)** $f(x) = 2,\ x \in [-3;\ 1]$ **c)** $f(x) = 2x + 1,\ x \in [0;\ 2]$

2. Bestimme zur Funktion f die Flächeninhaltsfunktion F_a näherungsweise, indem du die Fläche durch n gleichbreite Rechtecke annäherst. Wähle als Höhen die jeweiligen Funktionswerte in der Mitte der Teilintervalle. Gib die Ableitung der Näherung für F_a an. Was ist zu vermuten?

$f(x) = x^2,\ x \in [0;\ 3]$ $n = 2;\ n = 4$

Für $n = 2$:

$F_0(x) \approx [f(\frac{1}{4}x) + f(\frac{3}{4}x)] \cdot \frac{x}{2}$

$= (\frac{1}{16}x^2 + \frac{9}{16}x^2) \cdot \frac{x}{2} = \frac{5}{16}x^3$

$F_0'(x) \approx \frac{15}{16}x^2$

Für $n = 4$:

$F_0(x) \approx [f(\frac{1}{8}x) + f(\frac{3}{8}x) + f(\frac{5}{8}x) + f(\frac{7}{8}x)] \cdot \frac{x}{4}$

$= (\frac{1}{64}x^2 + \frac{9}{64}x^2 + \frac{25}{64}x^2) \cdot \frac{x}{4} = \frac{21}{64}x^3$

$F_0'(x) \approx \frac{63}{64}x^2,\ x \in [0;\ 3]$

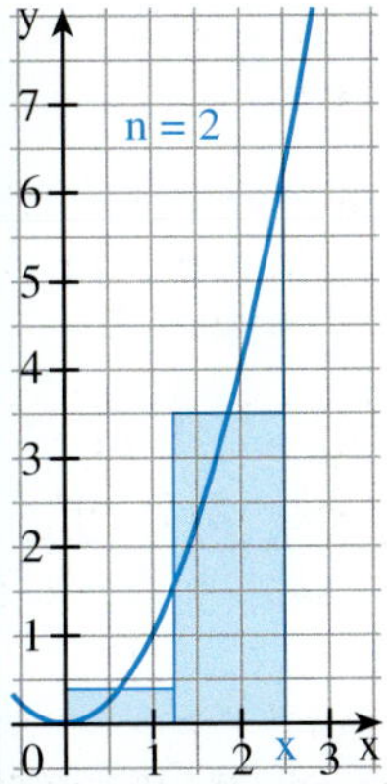

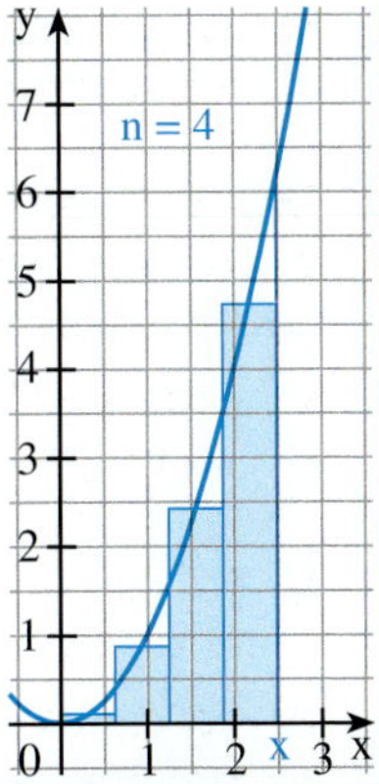

a) $f(x) = -x^2 + 4,\ x \in [0;\ 2]$
$n = 2;\ n = 4$

b) $f(x) = -x^2 + 4x,\ x \in [0;\ 4]$
$n = 2;\ n = 4$

c) $f(x) = x^3,\ x \in [0;\ 2]$
$n = 2;\ n = 4$

6.2 Stammfunktion

Eine Funktion F heißt *Stammfunktion* zur Funktion f, wenn für alle $x \in D_f$ gilt: $F'(x) = f(x)$.

Regeln zur Bestimmung von Stammfunktionen

$f(x) = x^n$	$F(x) = \frac{1}{n+1}\,x^{n+1} \quad (n \neq -1)$
$f(x) = e^x$	$F(x) = e^x$
$f(x) = \sin x$	$F(x) = -\cos x$
$f(x) = \cos x$	$F(x) = \sin x$
$f(x) = g(x) + h(x)$	$F(x) = G(x) + H(x)$
$f(x) = k \cdot g(x)$	$F(x) = k \cdot G(x) \quad (k \in \mathbb{R})$
$f(x) = g(ax + b)$	$F(x) = \frac{1}{a} \cdot G(ax + b) \quad (a, b \in \mathbb{R}, a \neq 0)$

1. Gib alle Stammfunktionen zu f an.

$f(x) = \frac{1}{3}x^4 - \frac{2}{3}x^3 - \frac{2}{3}x^2,\ x \in \mathbb{R} \Rightarrow F(x) = \frac{1}{15}x^5 - \frac{1}{6}x^4 - \frac{2}{9}x^3 + c,\ x \in \mathbb{R}$

a) $f(x) = -3,\ x \in \mathbb{R}$
b) $f(x) = \frac{1}{2}x + 2,\ x \in \mathbb{R}$
c) $f(x) = 3x - 1,\ x \in \mathbb{R}$
d) $f(x) = 2x^2,\ x \in \mathbb{R}$
e) $f(x) = -\frac{1}{2}x^2,\ x \in \mathbb{R}$
f) $f(x) = x^2 - 4x - 12,\ x \in \mathbb{R}$
g) $f(x) = \frac{3}{4}x^2 - 5x - 8,\ x \in \mathbb{R}$
h) $f(x) = -\frac{3}{4}x^2 + \frac{1}{3}x,\ x \in \mathbb{R}$
i) $f(x) = \frac{1}{2}(x - 7)(x - 2),\ x \in \mathbb{R}$
j) $f(x) = -4x^3,\ x \in \mathbb{R}$
k) $f(x) = 2x^3 + x^2 + 4,\ x \in \mathbb{R}$
l) $f(x) = -x^3 + x,\ x \in \mathbb{R}$
m) $f(x) = -\frac{1}{8}x^3 + 1,\ x \in \mathbb{R}$
n) $f(x) = \frac{1}{4}x(x - 2)^2,\ x \in \mathbb{R}$
o) $f(x) = -\frac{1}{2}(x - 1)(x + 2)^2,\ x \in \mathbb{R}$
p) $f(x) = -\frac{5}{8}x^4 + 1,\ x \in \mathbb{R}$
q) $f(x) = \frac{2}{3}x^4 + \frac{1}{2}x^3,\ x \in \mathbb{R}$
r) $f(x) = \frac{1}{8}(x - 2)^2(x + 2)^2,\ x \in \mathbb{R}$
s) $f(x) = -\frac{1}{2}x^5 + 3x^4,\ x \in \mathbb{R}$
t) $f(x) = \frac{1}{3}x^5 - 2x^4 + 3x^3,\ x \in \mathbb{R}$
u) $f(x) = \frac{1}{6}x^3(x + 2)^2,\ x \in \mathbb{R}$
v) $f(x) = \frac{1}{4}x(x + 3)^2(x - 2)^2,\ x \in \mathbb{R}$
w) $f(x) = \frac{1}{5}(8 - 2x)^5,\ x \in \mathbb{R}$
x) $f(x) = \frac{6}{7}(1 - x)^6,\ x \in \mathbb{R}$

2. Bestimme auf zwei verschiedene Arten eine Stammfunktion zur Funktion f.

$f(x) = \frac{1}{2}(2x - 1)^2,\ x \in \mathbb{R}$

1. Möglichkeit

$F(x) = \frac{1}{2} \cdot \frac{1}{2}\,\frac{(2x-1)^3}{3} = \frac{1}{12}(2x - 1)^3$

2. Möglichkeit

$f(x) = 2x^2 - 2x + \frac{1}{2} \Rightarrow F(x) = \frac{2}{3}x^3 - x^2 + \frac{1}{2}x$

a) $f(x) = 3(2x - 3),\ x \in \mathbb{R}$
b) $f(x) = \frac{2}{3}(\frac{1}{2}x + 1),\ x \in \mathbb{R}$
c) $f(x) = \frac{1}{3}(3x + 2)^2,\ x \in \mathbb{R}$
d) $f(x) = 6(1 - 2x)^2,\ x \in \mathbb{R}$
e) $f(x) = 3(x - 1)^3,\ x \in \mathbb{R}$
f) $f(x) = (\frac{1}{3}x - 1)^3,\ x \in \mathbb{R}$

3. Für jedes $t \in \mathbb{R}^+$ ist eine Funktion f_t gegeben. Bestimme zu f_t eine Stammfunktion.

a) $f_t(x) = 2x - t,\ x \in \mathbb{R}$

b) $f_t(x) = \frac{1}{2}tx^2 + tx + 3t,\ x \in \mathbb{R}$

c) $f_t(x) = \frac{1}{t}x^3 - t^2x,\ x \in \mathbb{R}$

d) $f_t(x) = -\frac{2}{t}x^3 + x^2,\ x \in \mathbb{R}$

e) $f_t(x) = \frac{1}{t}(x - 2t)^2,\ x \in \mathbb{R}$

f) $f_t(x) = \frac{1}{6}(x - 2t)(x + 3t),\ x \in \mathbb{R}$

g) $f_t(x) = \frac{1}{4}x^4 - 4t^2x^2,\ x \in \mathbb{R}$

h) $f_t(x) = \frac{3}{4t^2}x^5 - \frac{2}{3t}x^4,\ x \in \mathbb{R}$

4. Bestimme eine Stammfunktion zur Funktion f.

> $f(x) = \frac{4x^3 - 1}{2x^2},\ x \in \mathbb{R} \setminus \{0\}$ $\qquad f(x) = 2x - \frac{1}{2}x^{-2} \Rightarrow F(x) = x^2 + \frac{1}{2}x^{-1} = x^2 + \frac{1}{2x}$

a) $f(x) = \frac{6}{x^2},\ x \in \mathbb{R} \setminus \{0\}$

b) $f(x) = -2 + \frac{3}{x^2},\ x \in \mathbb{R} \setminus \{0\}$

c) $f(x) = \frac{3x^2 + 4}{6x^2},\ x \in \mathbb{R} \setminus \{0\}$

d) $f(x) = \frac{3}{8x^3},\ x \in \mathbb{R} \setminus \{0\}$

e) $f(x) = 3 - \frac{2}{5x^3},\ x \in \mathbb{R} \setminus \{0\}$

f) $f(x) = \frac{x - 1}{(2x)^3},\ x \in \mathbb{R} \setminus \{0\}$

g) $f(x) = \frac{4}{(x - 2)^2},\ x \in \mathbb{R} \setminus \{2\}$

h) $f(x) = \frac{-2}{3(x + 1)^2},\ x \in \mathbb{R} \setminus \{-1\}$

i) $f(x) = \frac{3}{2} + \frac{4}{(2x - 1)^3},\ x \in \mathbb{R} \setminus \{\frac{1}{2}\}$

j) $f(x) = \frac{1}{2}x + 1 - \frac{6}{(5 - x)^2},\ x \in \mathbb{R} \setminus \{5\}$

k) $f(x) = \frac{x^2 - 2x}{(x - 1)^2},\ x \in \mathbb{R} \setminus \{1\}$

l) $f(x) = \frac{-4x^3 - 4x^2 - x - 1}{(2x + 1)^2},\ x \in \mathbb{R} \setminus \{-\frac{1}{2}\}$

m) $f(x) = \frac{3}{(2x - 1)^3},\ x \in \mathbb{R} \setminus \{-\frac{1}{2}\}$

n) $f(x) = \frac{-2}{(1 - x)^4},\ x \in \mathbb{R} \setminus \{1\}$

5. Bestimme eine Stammfunktion zur Funktion f.

a) $f(x) = 3e^x,\ x \in \mathbb{R}$

b) $f(x) = 2 - e^x,\ x \in \mathbb{R}$

c) $f(x) = \frac{e^x}{2} - e,\ x \in \mathbb{R}$

d) $f(x) = x + e^x,\ x \in \mathbb{R}$

e) $f(x) = -\frac{1}{2}e^{-x},\ x \in \mathbb{R}$

f) $f(x) = 1 - e^{-x},\ x \in \mathbb{R}$

g) $f(x) = \frac{2}{3}x - e^{-x},\ x \in \mathbb{R}$

h) $f(x) = x - 1 + e^{-x},\ x \in \mathbb{R}$

i) $f(x) = 2e^{\frac{1}{2}x},\ x \in \mathbb{R}$

j) $f(x) = 2 - e^{1 - x},\ x \in \mathbb{R}$

k) $f(x) = \frac{1}{2}e^{x + 1},\ x \in \mathbb{R}$

l) $f(x) = 2e^{2x - 1},\ x \in \mathbb{R}$

m) $f(x) = 4 - \frac{1}{2}e^{-x + 2},\ x \in \mathbb{R}$

n) $f(x) = x^2 - e^{2 - x},\ x \in \mathbb{R}$

o) $f(x) = x + \frac{1}{2} + e^{-2x + 3},\ x \in \mathbb{R}$

p) $f(x) = ex + e^{\frac{1}{3}x + 1},\ x \in \mathbb{R}$

6. Bestimme zwei verschiedene Stammfunktionen zur Funktion f.

a) $f(x) = 2 \sin x,\ x \in \mathbb{R}$

b) $f(x) = 1 - \cos x,\ x \in \mathbb{R}$

c) $f(x) = 2 - \frac{1}{2} \sin x,\ x \in \mathbb{R}$

d) $f(x) = x - \sin x,\ x \in \mathbb{R}$

e) $f(x) = 2 \sin 2x,\ x \in \mathbb{R}$

f) $f(x) = \frac{1}{2} \cos \frac{1}{2}x,\ x \in \mathbb{R}$

g) $f(x) = 2 \cos x - \sin x,\ x \in \mathbb{R}$

h) $f(x) = \frac{3}{2} \sin(3x - 1),\ x \in \mathbb{R}$

7. Bestimme diejenige Stammfunktion F zu f mit $F(1) = -1$.

> $f(x) = \frac{1}{2}x^2 \Rightarrow F(x) = \frac{1}{6}x^3 + c$ $\qquad F(1) = \frac{1}{6} + c = -1 \Rightarrow c = -\frac{7}{6} \Rightarrow F(x) = \frac{1}{6}x^3 - \frac{7}{6}$

a) $f(x) = x^2 - x,\ x \in \mathbb{R}$

b) $f(x) = (2x - 1)^2,\ x \in \mathbb{R}$

c) $f(x) = \frac{2}{x^2},\ x \in \mathbb{R} \setminus \{0\}$

d) $f(x) = 6x - 1 + \frac{3}{(5 - x)^3},\ x \in \mathbb{R} \setminus \{5\}$

e) $f(x) = 2e^{-x},\ x \in \mathbb{R}$

f) $f(x) = 2x - e^{x - 1},\ x \in \mathbb{R}$

g) $f(x) = \sin(\frac{\pi}{2}x),\ x \in \mathbb{R}$

h) $f(x) = \frac{2}{\pi} \cos(\pi x),\ x \in \mathbb{R}$

8. Zeige, dass F eine Stammfunktion zu f ist.

$f(x) = \frac{2x-2}{(x+1)^3}$ $\qquad F(x) = \frac{x^2+1}{(x+1)^2},\ x \in \mathbb{R} \setminus \{-1\}$

$$F'(x) = \frac{2x(x+1)^2 - (x^2+1)\cdot 2\cdot(x+1)}{(x+1)^4} = \frac{2x(x+1) - 2(x^2+1)}{(x+1)^3} = \frac{2x^2+2x-2x^2-2}{(x+1)^3} = \frac{2x-2}{(x+1)^3} = f(x)$$

a) $f(x) = x^2 - 4x$ $\qquad F(x) = \frac{1}{3}x^3 - 2x^2 + 4,\ x \in \mathbb{R}$

b) $f(x) = 42(7x-5)^5$ $\qquad F(x) = (7x-5)^6,\ x \in \mathbb{R}$

c) $f(x) = 12x^2 + 12x + 3$ $\qquad F(x) = \frac{1}{2}(2x+1)^3,\ x \in \mathbb{R}$

d) $f(x) = \frac{x^4 - 12x^2}{(x^2-4)^2}$ $\qquad F(x) = \frac{x^3}{x^2-4}$

e) $f(x) = (2x+5)\,e^{2x}$ $\qquad F(x) = (x+2)\,e^{2x}$

6.3 Integralfunktion

Die Funktion f sei stetig auf dem Intervall I. Die Funktion F sei eine Stammfunktion zu f und a eine beliebige Stelle aus I. Dann heißt die Funktion
F_a mit $F_a(x) = F(x) - F(a),\ x \in I$
Integralfunktion von f bezüglich der Stelle a. Jeder Funktionswert einer Integralfunktion ist ein *Integral*. Das Integral $F_a(b)$ gibt den orientierten Inhalt der Fläche an, die durch das Schaubild von f, die x-Achse und die Geraden mit den Gleichungen $x = a$ und $x = b$ begrenzt wird.
Für $F_a(b)$ schreibt man $\int_a^b f(x)\,dx$ bzw. $[F(x)]_a^b$. Die Zahlen a und b heißen *Integrationsgrenzen*, die Funktion f *Integrandfunktion*, das Intervall [a; b] *Integrationsintervall*.

Beachte: Für die Berechnung *absoluter Flächeninhalte* muss das Integrationsintervall mittels Nullstellen von f in entsprechende Teilintervalle zerlegt werden.

1. Berechne das Integral und den absoluten Inhalt A der Fläche, die das Schaubild der Integrandfunktion mit der x-Achse im Integrationsintervall begrenzt.

$$\int_{-1}^{1} x^3\,dx = \left[\tfrac{1}{4}x^4\right]_{-1}^{1} = \tfrac{1}{4}\cdot 1^4 - \tfrac{1}{4}(-1)^4 = 0$$

$$A = \left|\int_{-1}^{0} x^3\,dx\right| + \left|\int_{0}^{1} x^3\,dx\right|$$
$$= \left|\left[\tfrac{1}{4}x^4\right]_{1}^{0}\right| + \left|\left[\tfrac{1}{4}x^4\right]_{0}^{1}\right| = \left|0 - \tfrac{1}{4}\right| + \left|\tfrac{1}{4} - 0\right| = \tfrac{1}{4} + \tfrac{1}{4} = \tfrac{1}{2}$$

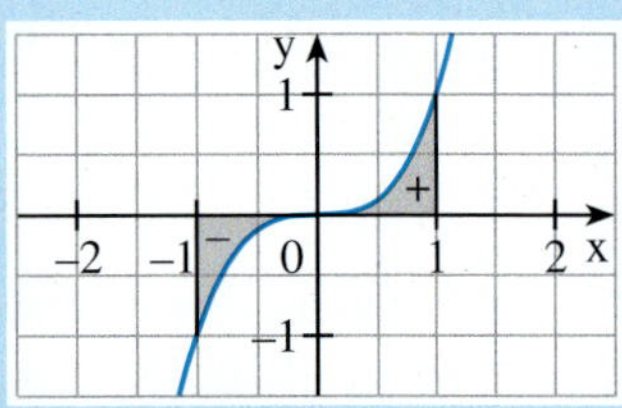

a) $\int_{-2}^{3} (x+1)\,dx$ $\qquad$ **e)** $\int_{-1}^{2} (x^3 - 4x)\,dx$ $\qquad$ **i)** $\int_{1}^{3} \left(\frac{1}{x^2} - 4\right)dx$

b) $\int_{0}^{4} (x-2)^2\,dx$ $\qquad$ **f)** $\int_{-2}^{2} \left(4 - \frac{1}{4}x^4\right)dx$ $\qquad$ **j)** $\int_{\frac{1}{2}}^{3} \frac{x^3-1}{x^2}\,dx$

c) $\int_{-3}^{1} (x^2 + 2x - 3)\,dx$ $\qquad$ **g)** $\int_{0}^{4} (x^3 - x^2 - 6x)\,dx$ $\qquad$ **k)** $\int_{-1}^{1} (e^x - e^{2x})\,dx$

d) $\int_{-2}^{0} (-x^2 - 2)\,dx$ $\qquad$ **h)** $\int_{-1}^{2} (x^5 - 4x^3)\,dx$ $\qquad$ **l)** $\int_{1}^{3} (e^2 - e^{-x})\,dx$

2. Bestimme die zu f gehörende Integralfunktion bezüglich der Stelle a.

a) $f(x) = x^2,\ x \in \mathbb{R},\ a = 1$

b) $f(x) = x^3 - 4x^2,\ x \in \mathbb{R},\ a = 0$

c) $f(x) = \sqrt{x},\ x \in \mathbb{R}_0^+,\ a = 4$

d) $f(x) = \frac{4}{x^2},\ x \in \mathbb{R}^+,\ a = 3$

e) $f(x) = \frac{x^3 - 1}{2x^2},\ x \in \mathbb{R}^+,\ a = 1$

f) $f(x) = e^{1-x},\ x \in \mathbb{R},\ a = -1$

g) $f(x) = e^x + e^{-x},\ x \in \mathbb{R},\ a = 0$

h) $f(x) = \frac{x}{e} - \frac{1}{2}x^2,\ x \in \mathbb{R},\ a = e$

3. Begründe die Aussagen.

a) Jede Integralfunktion zur Funktion f ist auch eine Stammfunktion zu f.

b) Jede Integralfunktion besitzt mindestens eine Nullstelle.

c) Es gibt Stammfunktionen zu f, die keine Integralfunktionen sind.

4. **a)** Gib zur Funktion f mit $f(x) = 4x^3,\ x \in \mathbb{R}$ alle Stammfunktionen an.

b) Welche der Stammfunktionen aus a) sind auch Integralfunktionen? Bezüglich welcher Stellen sind sie es?

5. Berechne die Integrale

a) $\int_{-2}^{-1} 2\,dx$

b) $\int_{-3}^{0} \left(\frac{1}{2}x + 1\right) dx$

c) $\int_{-1}^{2} \left(\frac{3}{4}x^2\right) dx$

d) $\int_{-2}^{0} (x^2 - x + 1)\,dx$

e) $\int_{-2}^{4} (x - 4)(x + 2)\,dx$

f) $\int_{-1}^{1} \left(\frac{2}{3}x^4 - 3x^3\right) dx$

g) $\int_{-\frac{1}{2}}^{\frac{1}{2}} (3x^5 + 4x^3)\,dx$

h) $\int_{-3}^{0} \left(\frac{1}{3}x + 1\right)^4 dx$

i) $\int_{2}^{4} \left(\frac{1}{x^2} - \frac{1}{x^3}\right) dx$

j) $\int_{1}^{3} \frac{5}{(4x-2)^2}\,dx$

k) $\int_{0}^{\frac{1}{4}} \left(x^2 - \frac{1}{(2x-1)^2}\right) dx$

l) $\int_{1}^{2} \left(3x - \frac{1}{x}\right)^2 dx$

m) $\int_{-2}^{2} e^{2x-5}\,dx$

n) $\int_{0}^{1} (x - e^{-x})\,dx$

o) $\int_{0}^{2} e^x(e^x - 1)\,dx$

p) $\int_{0}^{\ln 2} (e - e^{1-2x})\,dx$

q) $\int_{-1}^{0} (e^{-x} + 2)^2\,dx$

r) $\int_{0}^{\frac{1}{2}} (e^x + e^{-x})^2\,dx$

6. Berechne den absoluten Inhalt der Fläche, die das Schaubild von f mit der x-Achse über dem Intervall [a, b] begrenzt. Skizziere das Schaubild von f.

a) $f(x) = \frac{1}{4}x^4,\ x \in \mathbb{R}$ — $a = -2;\ b = 2$

b) $f(x) = x(x - 2),\ x \in \mathbb{R}$ — $a = -1;\ b = 3$

c) $f(x) = x^3 - x,\ x \in \mathbb{R}$ — $a = -1;\ b = 1$

d) $f(x) = x^3 - 3,\ x \in \mathbb{R}$ — $a = -1;\ b = 1$

e) $f(x) = -(x + 1)^2 + 5,\ x \in \mathbb{R}$ — $a = -3;\ b = 0$

f) $f(x) = (3x - 6)^7,\ x \in \mathbb{R}$ — $a = 1;\ b = 2$

g) $f(x) = \frac{6}{x^3},\ x \in \mathbb{R} \setminus \{0\}$ — $a = -3;\ b = -1$

h) $f(x) = 1 - \frac{1}{x^2};\ x \in \mathbb{R} \setminus \{0\}$ — $a = -1;\ b = -0{,}5$

i) $f(x) = \frac{4}{(4x-1)^2},\ x \in \mathbb{R} \setminus \{\frac{1}{4}\}$ — $a = 2;\ b = 3$

j) $f(x) = e^x - 1,\ x \in \mathbb{R}$ — $a = -1;\ b = 1$

k) $f(x) = e^{2-x}$ — $a = 1;\ b = 2$

7. Berechne den absoluten Inhalt der Fläche, die das Schaubild von f mit der x-Achse einschließt.

a) $f(x) = -\frac{1}{2}x^2 + 2,\ x \in \mathbb{R}$

b) $f(x) = x^2 - x - 6,\ x \in \mathbb{R}$

c) $f(x) = -x^2 + 4x + 6,\ x \in \mathbb{R}$

d) $f(x) = x^3 - 6x,\ x \in \mathbb{R}$

e) $f(x) = x \cdot (x-3)^2,\ x \in \mathbb{R}$

f) $f(x) = -\frac{1}{4}x^4 + 4,\ x \in \mathbb{R}$

g) $f(x) = \frac{1}{8}x^4 - x^2 + 2,\ x \in \mathbb{R}$

h) $f(x) = -x^2 + 5 - \frac{4}{x^2},\ x \in \mathbb{R} \setminus \{0\}$

6.4 Fläche zwischen zwei Kurven

f und g seien auf [a, b] stetig und es sei dort stets $f(x) \geq g(x)$.
Für den Inhalt A der Fläche zwischen den Schaubildern von f und g auf [a; b] gilt dann

$$A = \int_a^b (f(x) - g(x))\,dx.$$

1. Berechne den Inhalt der Fläche zwischen den Schaubildern von f und g auf dem Intervall [a; b].

$f(x) = x^2 - 4x + 4,\quad g(x) = -x^2 + 6x - 4,\ x \in \mathbb{R}$

Schnittstellen von f und g sind Integrationsgrenzen

$$\begin{aligned} f(x) = g(x) &\Leftrightarrow x^2 - 4x + 4 = -x^2 + 6x - 4 \\ &\Leftrightarrow 2x^2 - 10x + 8 = 0 \\ &\Leftrightarrow x^2 - 5x + 4 = 0 \\ &\Leftrightarrow x_1 = 1 \vee x = 4 \end{aligned}$$

$$A = \int_1^4 (g(x) - f(x))\,dx = \int_1^4 (-2x^2 + 10x - 8)\,dx$$

$$= \left[-\tfrac{2}{3}x^3 + 5x^2 - 8x\right]_1^4 = -\tfrac{128}{3} + 80 - 32 - \left(-\tfrac{2}{3} + 5 - 8\right) = 9$$

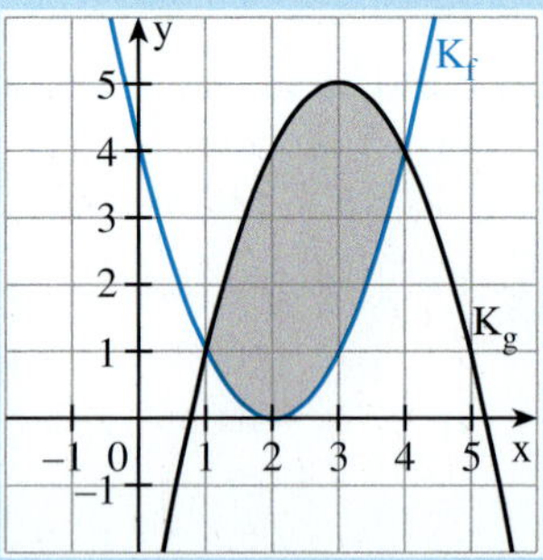

a) $f(x) = x^2,\ g(x) = 2x,\ x \in [0;\ 2]$

b) $f(x) = -\frac{1}{2}x^2 + 2,\ g(x) = 1,\ x \in [-1;\ 1]$

c) $f(x) = x^2 + 2x,\ g(x) = 3,\ x \in [1;\ 2]$

d) $f(x) = x^3,\ g(x) = 2 - x^2,\ x \in [-2;\ 1]$

e) $f(x) = \frac{8}{x^2},\ g(x) = x,\ x \in [\frac{1}{2};\ 2]$

f) $f(x) = -x^2,\ g(x) = e^{2x-1},\ x \in [-1;\ 1]$

g) $f(x) = \frac{2x^2+1}{x^2},\ g(x) = e^{-x},\ x \in [1;\ 3]$

h) $f(x) = e^{1-x},\ g(x) = e^{1+x},\ x \in [0;\ 2]$

2. Berechne den Inhalt der Fläche, den die Schaubilder der Funktionen f und g begrenzen. Skizziere die Flächen.

a) $f(x) = -\frac{1}{2}x^3 - \frac{3}{2}x^2 + 2,\ g(x) = x + 2,\ x \in \mathbb{R}$

b) $f(x) = -x^2 + 4x - 1,\ g(x) = 2x - 1,\ x \in \mathbb{R}$

c) $f(x) = \frac{1}{3}x^3,\ g(x) = x^2,\ x \in \mathbb{R}$

d) $f(x) = \sin x,\ g(x) = \cos x,\ x \in [0;\ 2\pi]$

e) $f(x) = 4 - \frac{1}{x^2},\ g(x) = \frac{5}{2}x - \frac{5}{4},\ x \in \mathbb{R}^+$

3. Berechne den Inhalt der Fläche zwischen den Schaubildern von f, g und der y-Achse.

a) $f(x) = -x^2 + 2x,\ g(x) = -2x + 4;\ x \in \mathbb{R}$

b) $f(x) = -\frac{1}{4}(x-4)^2,\ g(x) = -1,\ x \in \mathbb{R}$

c) $f(x) = -x^3,\ g(x) = 8,\ x \in \mathbb{R}$

d) $f(x) = (x-1)^2 + 1,\ g(x) = -(x-1)^2 + 1,\ x \in \mathbb{R}$

e) $f(x) = e^{\frac{1}{2}x},\ g(x) = e,\ x \in \mathbb{R}$

4. Berechne den Inhalt der Fläche zwischen den Schaubildern von f, g und der x-Achse.

a) $f(x) = 4 - x^2,\ x \in \mathbb{R},\ g(x) = x + 2,\ x \in \mathbb{R}$

b) $f(x) = \frac{1}{4}x^3,\ x \in \mathbb{R},\ g(x) = -x + 4,\ x \in \mathbb{R}$

c) $f(x) = \frac{4}{x^2} - 1,\ x \in \mathbb{R} \setminus \{0\},\ g(x) = 3x^2,\ x \in \mathbb{R}$

5. Berechne den Inhalt der Fläche zwischen den Schaubildern von f, g und h. Skizziere die Fläche.

a) $f(x) = (x-2)^2,\ x \in \mathbb{R};\quad g(x) = -(x-3)^2 + 1,\ x \in \mathbb{R};\quad h(x) = \frac{3}{2}x - \frac{1}{2},\ x \in \mathbb{R}$

b) $f(x) = e^{2x},\ x \in \mathbb{R};\quad g(x) = e^{-x},\ x \in \mathbb{R};\quad h(x) = e^{6-4x},\ x \in \mathbb{R}$

6.5 Uneigentliche Integrale

Integrale, bei denen die Integralfunktion oder das Integrationsintervall unbeschränkt ist, nennen wir *uneigentliche Integrale*. Sie werden mit Hilfe von Grenzwerten berechnet.

Beispiele:

1. $\int_0^1 \frac{1}{\sqrt{x}}\,dx = 2$, denn

$\int_u^1 \frac{1}{\sqrt{x}}\,dx = \int_u^1 x^{-\frac{1}{2}}dx = [2x^{\frac{1}{2}}]_u^1 = 2 - 2\sqrt{u}$ und

$\lim\limits_{u \to 0} (2 - 2\sqrt{u}) = 2$

2. $\int_1^\infty \frac{1}{x^2}\,dx = 1$, denn

$\int_1^u \frac{1}{x^2}\,dx = [-\frac{1}{x}]_1^u = -\frac{1}{u} + 1$ und $\lim\limits_{u \to +\infty} (-\frac{1}{u} + 1) = 1$

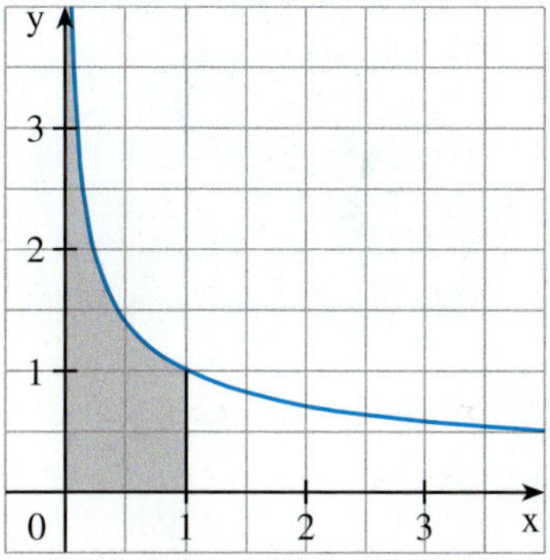

1. Berechne die Integrale, falls möglich.

a) $\int_2^\infty \frac{3}{x^2}\,dx$

b) $\int_1^\infty \frac{5}{x^3}\,dx$

c) $\int_0^2 (-\frac{1}{x^3})\,dx$

d) $\int_0^8 x^{-\frac{2}{3}}dx$

e) $\int_{-1}^2 \frac{4}{(2x+2)^2}\,dx$

f) $\int_{-\infty}^{-1} \frac{4}{x^2}\,dx$

g) $\int_3^\infty (\frac{1}{x^3} - \frac{1}{x^2})\,dx$

h) $\int_0^{16} \frac{1}{\sqrt[4]{x}}\,dx$

i) $\int_0^\infty e^{-2x}dx$

j) $\int_{-\infty}^3 e^{3x-5}dx$

k) $\int_{-\infty}^1 (\frac{1}{4}e^{2x-3})\,dx$

l) $\int_{-\infty}^0 [e^x(e^x - 1)]\,dx$

6.6 Volumen eines Drehkörpers

Die Funktion f sei stetig auf [a; b]. Dann erzeugt das um die x-Achse rotierende Schaubild von f einen Drehkörper mit dem Volumen V.
Es gilt:

$$V = \pi \int_a^b [f(x)]^2\,dx$$

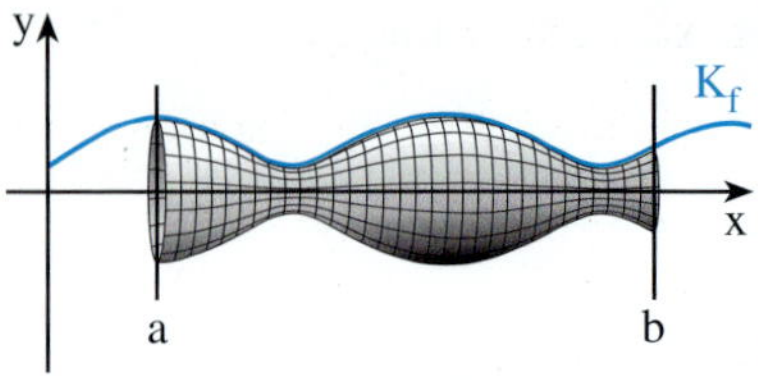

1. Das Schaubild von f rotiert auf dem angegebenen Intervall um die x-Achse. Berechne den Inhalt des entstehenden Drehkörpers.

$f(x) = x^2 + 1,\ x \in [-1; 2]$

$V = \pi \int_{-1}^{2} (x^2+1)^2\,dx = \pi \int_{-1}^{2} (x^4 + 2x^2 + 1)\,dx$

$= \pi[\frac{1}{5}x^5 + \frac{2}{3}x^3 + x]_{-1}^{2} = \pi(\frac{32}{5} + \frac{16}{3} + 2 - (-\frac{1}{5} - \frac{2}{3} - 1)) = \frac{78}{5}\pi$

a) $f(x) = 4,\ x \in [0; 5]$
b) $f(x) = \frac{1}{2}x,\ x \in [0; 4]$
c) $f(x) = \frac{2}{x},\ x \in [\frac{1}{2}; 2]$
d) $f(x) = 1 - x,\ x \in [-2; 0]$
e) $f(x) = x^2 - 4x,\ x \in [-1; 2]$
f) $f(x) = \frac{4}{3-x},\ x \in [-2; 1]$
g) $f(x) = -\sqrt{x},\ x \in [1; 4]$
h) $f(x) = x + \frac{1}{x},\ x \in [2; 3]$
i) $f(x) = \frac{x^2+6}{x^2},\ x \in [1; 3]$
j) $f(x) = (x-2)^2,\ x \in [2; 3]$
k) $f(x) = \frac{1}{2}e^x,\ x \in [-1; 2]$
l) $f(x) = e^x + e^{-x},\ x \in [-2; 2]$
m) $f(x) = e^{2x-1} - 1,\ x \in [-1; \frac{1}{2}]$
n) $f(x) = \sqrt{9 - x^2},\ x \in [-3; 3]$

Welche besonderen Drehkörper entstehen bei a), b) und n)?

2. Die Schaubilder von f und g begrenzen eine Fläche, die um die x-Achse rotiere. Skizziere die Fläche. Berechne das Volumen des entstehenden Drehkörpers.

a) $f(x) = \frac{1}{2}x^2,\ x \in \mathbb{R}$ und $g(x) = 2,\ x \in \mathbb{R}$

b) $f(x) = (x-2)^2,\ x \in \mathbb{R}$ und $g(x) = x,\ x \in \mathbb{R}$

c) $f(x) = x^2,\ x \in \mathbb{R}$ und $g(x) = 4 - x^2,\ x \in \mathbb{R}$

d) $f(x) = 2x^2,\ x \in \mathbb{R}$ und $g(x) = x^3,\ x \in \mathbb{R}$

e) $f(x) = \frac{1}{9}x^3,\ x \in \mathbb{R}_0^+$ und $g(x) = -x^2 + 4x,\ x \in \mathbb{R}_0^+$

f) $f(x) = x^4,\ x \in \mathbb{R}$ und $g(x) = -2x^3,\ x \in \mathbb{R}$

g) $f(x) = -x + 5,\ x \in \mathbb{R}$ und $g(x) = \frac{4}{x},\ x \in \mathbb{R} \setminus \{0\}$

$f(x) = x^2,\ x \in \mathbb{R}$ und $g(x) = \sqrt{x},\ x \in \mathbb{R}_0^+$
Schnittstellen von f und g
$f(x) = g(x) \Leftrightarrow x^2 = \sqrt{x}$
$\Rightarrow x^4 = x \Leftrightarrow x^4 - x = 0$
$\Leftrightarrow x^3(x-1) = 0 \Leftrightarrow x = 0 \lor x = 1$
Die Probe liefert für beide möglichen Ergebnisse eine wahre Aussage.

$V = \pi \int_0^1 [g(x)]^2\,dx - \pi \int_0^1 [f(x)]^2\,dx$

$= \pi \int_0^1 x\,dx - \pi \int_0^1 x^4\,dx$

$= \pi[\frac{1}{2}x^2]_0^1 - \pi[\frac{1}{5}x^5]_0^1 = \frac{1}{2}\pi - \frac{1}{5}\pi = \frac{3}{10}\pi$

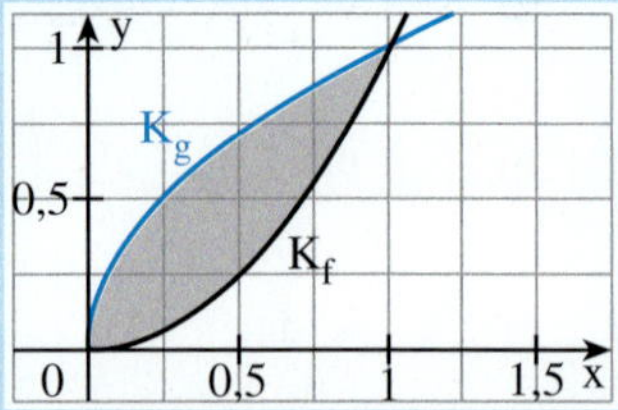

6.7 Ein Näherungsverfahren zur Berechnung von Integralen

Kepler'sche Fassregel

f sei stetig auf [a; b]. Dann gilt $\int_a^b f(x)\,dx \approx \frac{b-a}{6}\left[f(a) + 4 \cdot f\left(\frac{a+b}{2}\right) + f(b)\right]$

1. Berechne das Integral sowohl näherungsweise mit der Keplerschen Fassregel als auch exakt mithilfe einer Stammfunktion.
Wie groß ist die prozentuale Abweichung?

Beispiel: $\int_0^2 \frac{6}{(x+2)^2}\,dx \approx \frac{2-0}{6}\,[f(0) + 4f(1) + f(2)]$
$= \frac{1}{3}\left(\frac{3}{2} + \frac{8}{3} + \frac{3}{8}\right) = \frac{109}{72}$

$\int_0^2 \frac{6}{(x+2)^2}\,dx = \left[-\frac{6}{x+2}\right]_0^2 = -\frac{3}{2} + 3 = \frac{3}{2}$

$p\,\% = \frac{\frac{109}{72} - \frac{3}{2}}{\frac{3}{2}} \cdot 100\,\% \approx 0{,}926\,\%$

a) $\int_0^2 \left(\frac{1}{2}x^2 + 2x\right)dx$
b) $\int_{-3}^{-1} (-x^2 + 1)\,dx$
c) $\int_{-1}^{2} (-x^3 + 2x^2)\,dx$
d) $\int_{-1}^{1} \left(-\frac{1}{2}x^4 + 8x^2\right)dx$
e) $\int_1^3 \frac{1}{2x^2}\,dx$
f) $\int_{\frac{1}{2}}^{\frac{3}{2}} \left(1 - \frac{2}{x^3}\right)dx$
g) $\int_0^{\ln 4} (-e^x)\,dx$
h) $\int_{-2}^{0} \left(\frac{1}{2}x + e^{1-x}\right)dx$
i) $\int_{-\ln 2}^{\ln 2} \left(e^{-\frac{1}{2}x}\right)dx$

2. Berechne mithilfe der Kepler'schen Fassregel einen Näherungswert für das Integral.

a) $\int_1^5 \frac{4}{x}\,dx$
b) $\int_2^4 \frac{x}{x-1}\,dx$
c) $\int_{-2}^{2} \left(-\frac{2}{1+x^2}\right)dx$
d) $\int_{\frac{1}{2}}^{\frac{3}{2}} \frac{3}{x^2-2x}\,dx$
e) $\int_0^{\ln 8} (x \cdot e^{-x})\,dx$
f) $\int_{-1}^{3} e^{(x^2)}\,dx$
g) $\int_0^2 [(2-x) \cdot e^x]\,dx$
h) $\int_{-1}^{1} (x^2 e^{2x})\,dx$
i) $\int_0^4 \left(\frac{x}{2} \cdot e^{-\frac{1}{2}x}\right)dx$

3. Berechne mithilfe der Kepler'schen Fassregel einen Näherungswert für den Inhalt der Fläche, die das Schaubild von f mit der x-Achse begrenzt.

a) $f(x) = (x^2 + x)\,e^{-x},\ x \in \mathbb{R}$
b) $f(x) = \frac{x^2-3x}{x+1},\ x \in \mathbb{R} \setminus \{-1\}$
c) $f(x) = \frac{x^2+x-2}{x-3},\ x \in \mathbb{R} \setminus \{3\}$
d) $f(x) = e^{1-x^2} - 1,\ x \in \mathbb{R}$

7 Aufgaben wie im Abitur

1. Für jedes $t \in \mathbb{R}^+$ ist eine Funktion f_t gegeben durch $f_t(x) = x^2 - \frac{1}{t}x^3$, $x \in \mathbb{R}$.
K_t sei das Schaubild von f_t.

a) Untersuche K_t auf Schnittpunkte mit den Koordinatenachsen, Extrem- und Wendepunkte. Zeichne K_3 für $-2 \leq x \leq 4$ (LE 1 cm).
Auf welcher Ortskurve liegen die Wendepunkte aller Kurven K_t?

b) Für welchen Wert von t bilden die Schnittpunkte von K_t mit der x-Achse und der Hochpunkt von K_t ein rechtwinkliges Dreieck?

c) K_t schließt mit der positiven x-Achse eine Fläche $A(t)$ ein.
Für welchen Wert von t ist dieser Inhalt $\frac{9}{4}$?

d) Wendetangente und -normale bilden mit der y-Achse ein Dreieck.
Untersuche, ob es für $0 < t \leq 3$ ein Dreieck mit extremalem Inhalt gibt?
Welcher Art ist das Extremum? Gib gegebenenfalls den extremalen Inhalt an.

2. Zu jedem $a > 0$ ist eine Funktion f_a gegeben durch $f_a(x) = x^3 - ax$, $x \in \mathbb{R}$.
K_a sei das Schaubild von f_a.

a) Untersuche K_a auf Symmetrie, Schnittpunkte mit der x-Achse, Extrem- und Wendepunkte. Zeichne K_4 für $-2{,}5 \leq x \leq 2{,}5$ (LE 1 cm).
Auf welcher Kurve liegen die Extrempunkte aller K_a?

b) Berechne den Inhalt des Flächenstücks, das K_4 mit der x-Achse im 2. Quadranten begrenzt.

c) Vom Punkt $A(0\,|\,2)$ wird die Tangente an K_4 gelegt. Bestimme die Koordinaten des Berührpunktes B und eine Gleichung der Tangente.
Zeichne die Tangente in das Schaubild aus a) ein.
Berechne den Inhalt der von K_4 und der Tangente begrenzten Fläche.

d) Die Geraden mit den Gleichungen $x = u$ und $x = 2u$ $(0 < u < 1)$ schneiden die x-Achse in den Punkten P bzw. S und K_4 in Q bzw. R.
Bestimme u so, dass der Flächeninhalt des Parallelogramms PQRS maximal wird. Gib den maximalen Flächeninhalt an.

3. Gegeben ist die Funktionenschar f_t durch $f_t(x) = \frac{1}{3}x^3 - tx^2$, $x \in \mathbb{R}$ $(t > 0)$.
K_t sei das Schaubild von f_t.

a) Untersuche K_t auf Schnittpunkte mit der x-Achse, Extrem- und Wendepunkte.
Zeichne K_1 für $-1 \leq x \leq 3{,}5$ (LE 2 cm).

b) Die Geraden $g_1 : x = 1$ und $g_2 : x = 2$ schneiden die x-Achse in A bzw. B und K_t in D bzw. C.
Wie muß t gewählt werden, damit der Flächeninhalt des Vierecks ABCD größer als $\frac{7}{2}$ wird?

c) Ein Punkt $P(u\,|\,v)$ auf K_1 bildet mit den Punkten $Q(u\,|\,0)$ und $O(0\,|\,0)$ ein Dreieck. Dabei sei $0 < u < 3$. Bestimme P und Q so, dass das Dreieck einen extremalen Flächeninhalt besitzt. Welcher Art ist das Extremum? Gib den extremalen Inhalt an.

d) K_t begrenzt im 4. Quadranten mit der x-Achse eine Fläche mit dem Inhalt $A(t)$.
Zeige: $A(t)$ wächst streng monoton. Für welche Belegung von t hat $A(t)$ den Wert 1?

4. Eine Parabel 4. Ordnung verläuft durch die Punkte $N_1(-4\,|\,0)$, $S(0\,|\,-4)$ und besitzt in $N_2(4\,|\,0)$ einen Terassenpunkt.

a) Bestimme die Gleichung der Parabel.

b) Berechne die Extrem- und Wendepunkte der Parabel.
Zeichne sie für $-4{,}5 \leq x \leq 7$ (LE 1 cm).

c) Die Parabel begrenzt mit der x-Achse eine Fläche. Berechne deren Inhalt.

d) Die Gerade $g : x = u$ mit $-4 < u < 0$ schneidet die Parabel in Q und R die x-Achse in P. O ist der Koordinatenursprung.
Bestimme mittels Newton-Verfahren u so, dass das Dreieck OPQ einen maximalen Flächeninhalt besitzt.
Das Verfahren ist abzubrechen, nachdem sich die 4. Dezimale nicht mehr ändert. Runde den Wert für u auf 3 Dezimalen.

5. Gegeben sind die Funktionen f_t mit $f_t(x) = \frac{1}{4t}x^4 - \frac{1}{2}tx^2 - 2t^3$, $x \in \mathbb{R}$ $(t > 0)$.
K_t sei das Schaubild von f_t.

a) Untersuche K_t auf Symmetrie, Schnittpunkte mit den Koordinatenachsen, Hoch-, Tief- und Wendepunkte. Zeichne K_1.

b) Begründe: Die Hochpunkte aller K_t liegen auf der y-Achse. Auf welcher Ortslinie liegen die Tiefpunkte aller K_t?
Welcher Punkt dieser Ortslinie ist kein Tiefpunkt?

c) Die Schnittpunkte von K_1 mit der x-Achse, sowie zwei zur y-Achse symmetrische Punkte A und B von K_1 mit negativer Ordinate bilden ein Trapez.
Wie müssen die Abszissen von A und B gewählt werden, damit das Trapez einen maximalen Flächeninhalt besitzt? Verwende das Newton-Verfahren und runde auf zwei Dezimalen, wenn sich die dritte Dezimale nicht mehr ändert.

d) Für welchen Wert von t schneiden sich die Wendetangenten von K_t orthogonal?

6. Für jedes $t > 0$ ist eine Funktion f_t gegeben durch $f_t(x) = \frac{1}{4}(x + t)(8 - x^3)$, $x \in \mathbb{R}$.
C_t sei das Schaubild von f_t.

a) Untersuche C_2 auf Schnittpunkte mit den Koordinatenachsen und Wendepunkte.
C_2 besitzt den Hochpunkt H als einzigen Extrempunkt.
Bestimme seine Abszisse mithilfe des Newton-Verfahrens auf zwei Dezimalen gerundet.
Zeichne C_2 für $-2{,}5 \leq x \leq 2{,}5$ (LE 1 cm).

b) C_2 begrenzt im 2. Quadranten zusammen mit den Koordinatenachsen eine Fläche. Berechne deren Inhalt A.

c) C_t begrenzt im 1. und 2. Quadranten jeweils zusammen mit den Koordinatenachsen zwei Flächenstücke mit den Inhalten $A_1(t)$ und $A_2(t)$.
Untersuche, ob es ein t gibt, für das die Flächenstücke gleichen Inhalt besitzen. Auf die Berechnung von t wird verzichtet.

d) Die Wendetangenten von C_2 begrenzen mit der negativen x-Achse ein Dreieck mit dem Inhalt A_3. Berechne A_3.
Bei Rotation dieses Dreiecks um die x-Achse entsteht ein Drehkörper. Berechne dessen Volumen V.

7. Gegeben ist die Funktion f mit $f(x) = \frac{4x}{x^2-4}$, $x \in \mathbb{R} \setminus \{-2; 2\}$. Ihr Schaubilds sei K.

a) Untersuche K auf Symmetrie, Asymptoten, Schnittpunkte mit den Koordinatenachsen, Extrem- und Wendepunkte. Zeichne K für $-5 \leq x \leq 5$ (LE 1 cm).

b) Der Punkt $P(u\,|\,v)$ von K mit $u > 2$ bildet zusammen mit den Punkten $Q(u\,|\,0)$ und $R(2\,|\,0)$ ein Dreieck. Welche Werte kann der Flächeninhalt $A(u)$ dieses Dreiecks annehmen? Gibt es einen extremalen Wert?

c) Die Gerade $g : y = \sqrt{3}$ begrenzt mit der y-Achse und K eine Fläche. Berechne deren Inhalt I näherungsweise mit der Kepler'schen Fassregel.

d) Zeige: Ursprungsgeraden schneiden K entweder in einem oder in drei Punkten.

8. Gegeben ist die Funktion f mit $f(x) = \frac{x^2+6x}{(x+3)^2}$, $x \in \mathbb{R} \setminus \{-3\}$. Ihr Schaubild ist die Kurve K.

a) Untersuche K auf Symmetrie, Asymptoten, Schnittpunkte mit der x-Achse, Extrem- und Wendepunkte. Zeichne K für $-8 \leq x \leq 2$ (LE 1 cm).

b) Berechne den Inhalt $A(t)$ der Fläche, die durch die horizontale Asymptote, die Kurve K und die Geraden $g : x = 1$ und $h : x = t$ mit $t > 1$ begrenzt wird. Existiert $\lim\limits_{t \to \infty} A(t)$?

c) Wie muss die Steigung m einer Ursprungsgeraden gewählt werden, damit sie die Kurve K in genau drei Punkten schneidet?

d) $P(u\,|\,v)$ mit $-3 < u < 0$ sei ein Punkt der Kurve K. Die Geraden mit den Gleichungen $x = u$ und $y = v$ und die Asymptoten von K begrenzen ein Rechteck. Bestimme den Inhalt $B(u)$ dieses Rechtecks. Zeige: Für kein u wird $B(u)$ extremal.

e) Die x-Achse, die Gerade $x = 1$ und das Schaubild von f begrenzen ein Flächenstück, das um die x-Achse rotiere. Bestimme das Volumen V des Rotationskörpers.

9. Gegeben ist die Funktion f mit $f(x) = 1 - x + \frac{4}{x^2}$, $x \in \mathbb{R} \setminus \{0\}$. Ihr Schaubild sei K.

a) Untersuche K auf Asymptoten, Schnittpunkte mit der x-Achse, Extrem- und Wendepunkte. Zeichne K für $-5 \leq x \leq 5$ (LE 1 cm) samt Asymptoten.

b) K begrenzt im 4. Quadranten mit der x-Achse und der schiefen Asymptote eine ins Unendliche reichende Fläche. Berechne ihren Inhalt A.. Welche Parallele zur y-Achse halbiert diese Fläche?

c) Diskutiere anhand von K die Anzahl der Lösungen der Gleichung $1 - x + \frac{4}{x^2} = c$ $(c \in \mathbb{R})$. Berechne die Lösungen für $c = 4$.

d) Das im 4. Quadranten verlaufende Kurvenstück von K begrenzt mit der x-Achse und der Geraden $g : x = 4$ eine Fläche, die um die x-Achse rotiere. Berechne einen Näherungswert für das Volumen V des entstehenden Drehkörpers. Verwende die Kepler'sche Fassregel.

10. Gegeben ist die Funktion f mit $f(x) = \frac{x^3-8}{4x}$, $x \in \mathbb{R} \setminus \{0\}$. Ihr Schaubild sei K.

a) Untersuche K auf Symmetrie, Asymptoten, Schnittpunkte mit der x-Achse, Extrem- und Wendepunkte.
K besitzt eine Näherungsparabel. Gib die Gleichung von C an.
Zeichne K und C für $-5 \leq x \leq 5$ in ein gemeinsames Koordinatensystem (LE 1 cm).

b) K und C begrenzen im 1. Quadranten mit der x-Achse und der Geraden $g : x = u$ $(u > 2)$ eine Fläche, die um die x-Achse rotiere. Berechne das Volumen $V(u)$ des Drehkörpers und untersuche, ob $\lim\limits_{u \to \infty} V(u)$ existiert.

c) Die Wendenormale von K begrenzt mit C eine Fläche mit Inhalt A. Berechne A.

d) Zeige: Vom Punkt $P(\frac{7}{4}\,|\,\frac{1}{8})$ können genau zwei Tangenten an K gelegt werden. Berechne die Koordinaten der beiden Berührpunkte

11. Für jedes $t \in \mathbb{R}$ ist eine Funktion f_t gegeben durch $f_t(x) = \frac{4}{x^2 + 4x + t}$, $x \in \mathbb{D}_{f_t}$.
K_t sei das Schaubild von f_t.

a) Für welche Werte von t besitzt K_t zwei zur y-Achse parallele Asymptoten, für welche Werte eine, für welche keine solche Asymptote?
Für welchen Wert von t hat K_t keinen Punkt mit waagerechter Tangente?
Zeige: K_t ist achsensymmetrisch zur Geraden mit der Gleichung $x = -2$.

b) Bestimme die maximale Definitionsmenge von f_0 und f_6.
Untersuche K_0 und K_6 auf Asymptoten und Punkte mit waagerechter Tangente.
Zeichne K_0 und K_6 für $-6 \leq x \leq 4$ mit ihren Asymptoten in ein gemeinsames Koordinatensystem ein (1 LE $\hat{=}$ 1 cm).

c) K_6, die x-Achse und die Geraden mit der Gleichung $x = -2$ und $x = 0$ schließen eine Fläche ein. Mithilfe einer Parabel P zweiter Ordnung ist ein Näherungswert für den Inhalt $\bar{A}$ dieser Fläche zu bestimmen. Dazu sollen P und K_6 im Punkt mit der Abszisse -2 in Ordinate und Steigung, und im Punkt mit der Abszisse 0 in der Ordinate übereinstimmen.

d) K_4, die Koordinatenachsen und die Gerade $x = z$ mit $z > 0$ begrenzen eine Fläche.
Rotiert diese Fläche um die x-Achse, so entsteht ein Drehkörper.
Berechne dessen Volumen $V(z)$.
Existiert $\lim\limits_{z \to \infty} V(z)$?

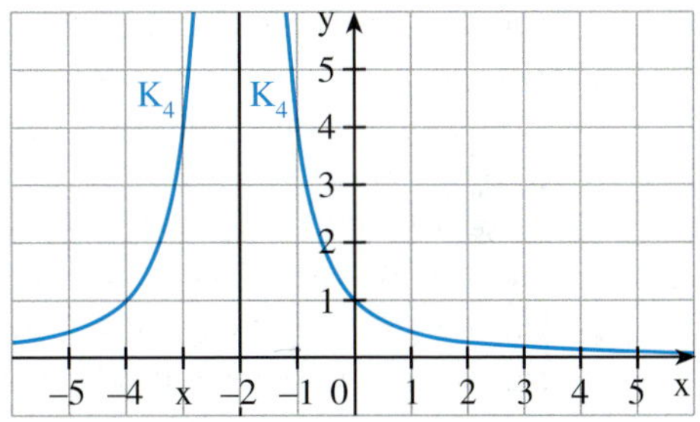

e) Zeige: Es existiert ein Punkt $P(u \mid v) \in K_4$ mit minimalem Abstand zum Ursprung.
Die Berechnung seiner Koordinaten ist nicht verlangt.

12. Für jedes $t > 0$ ist eine Funktion f_t gegeben durch $f_t(x) = \frac{8(x-t)}{x^2}$, $x \in \mathbb{R} \setminus \{0\}$.
K_t sei das Schaubild der Funktion f_t.

a) Bestimme Asymptoten, Schnittpunkte mit der x-Achse, Extrem- und Wendepunkte von K_t. Zeichne $K_{0,5}$ und K_1 für $-5 \leq x \leq 5$ (1 LE $\hat{=}$ 1 cm).
Welche Kurve bilden die Extrempunkte aller K_t.

b) Die Geraden mit den Gleichungen $x = 1$, $x = 2$, die Kurven $K_{0,5}$ und K_1 schließen eine Fläche ein. Berechne deren Inhalt.

c) Der Ursprung und der Punkt $P(2t \mid \frac{2}{t})$ sind Eckpunkte eines achsenparallelen Rechtecks. Bestimme t so, dass der Umfang des Rechtecks minimal wird.

d) Die x-Achse, K_1 und die Gerade mit der Gleichung $x = 4$ schließen eine Fläche ein. Rotiert die Fläche um die x-Achse, so entsteht ein Drehkörper. Berechne das Volumen dieses Drehkörpers.

e) Legt man vom Ursprung aus eine Tangente t an die Kurve K_1, so berührt diese K_1 im Punkt $B(u \mid f_1(u))$. Bestimme die Koordinaten von B und die Gleichung der Tangente t.

13. Für jedes $t > 0$ ist eine Funktion f_t gegeben durch $f_t(x) = \frac{1}{t} \cdot e^{-\frac{1}{2}tx}$, $x \in \mathbb{R}$.
K_t sei das Schaubild von f_t.

a) Untersuche K_t auf Schnittpunkte mit den Koordinatenachsen, Extrem-, Wendepunkte und Asymptoten. Zeichne K_2 für $-2 \leq x \leq 2$ (LE 2 cm).

b) Vom Koordinatenursprung wird eine Tangente an K_t gelegt. Bestimme den Berührpunkt B_t und zeichne die zu K_2 gehörende Tangente in das Achsenkreuz von a) ein.

c) $P(u \mid v)$ sei ein beliebiger Punkt von K_2 mit $u > 0$. Für welchen Wert von u wird der Inhalt des Dreiecks $O(0 \mid 0)$, $P(u \mid v)$, $Q(u \mid 0)$ extremal?
Um welche Art von Extremum handelt es sich? Berechne den extremalen Inhalt.

d) Die Gerade $g: x = 1$, die x-Achse und K_2 begrenzen eine ins Unendliche reichende Fläche. Welche zur y-Achse parallele Gerade halbiert diese Fläche?

e) Die Geraden $g: x = 1$ und $h: x = u$ $(u > 1)$, die x-Achse und K_t begrenzen eine Fläche, die um die x-Achse rotiere.
Berechne das Volumen $V_t(u)$ des entstehenden Drehkörpers. Berechne $\lim\limits_{u \to \infty} V_t(u)$.

14. Gegeben ist f mit $f(x) = 2x\,e^x$, $x \in \mathbb{R}$. K sei das Schaubild von f.

a) Untersuche K auf Asymptoten, Schnittpunkte mit den Koordinatenachsen, Extrem- und Wendepunkte. Zeichne K für $-4 \leq x \leq 1$.

b) Die Gerade $g: x = u$, $u < 0$ schneidet die x-Achse in P und die Kurve K in Q.
Der Koordinatenursprung O bildet mit P und Q ein Dreieck mit dem Flächeninhalt $A(u)$.
Für welchen Wert von u wird $A(u)$ maximal?
Gib für diesen Fall die Koordinaten von P und Q an.

c) Zeige: F mit $F(x) = 2(x-1)\,e^x$, $x \in \mathbb{R}$ ist eine Stammfunktion zu f.
Welche Parallele zur x-Achse begrenzt mit K und der y-Achse im 1. Quadranten eine Fläche mit dem Inhalt $2e - 2$ Flächeneinheiten?

d) Gegeben ist der Punkt $A(0 \mid a)$, $a \in \mathbb{R}$. Bestimme in Abhängigkeit von a die Anzahl der Tangenten, die von A an K gelegt werden können.

15. Gegeben sind die Funktionen f_k mit $f_k(x) = k \cdot e - e^{x-k}$, $x \in \mathbb{R}$ $(k > 0)$.
C_k sei das Schaubild von f_k.

a) Untersuche C_k auf Schnittpunkte mit den Koordinatenachsen, Asymptoten, Extrem- und Wendepunkte. Zeichne C_1 mit Asymptote für $-1{,}5 \leq x \leq 2{,}5$ (LE 2 cm).

b) Der Kurvenbogen von C_1 zwischen den Schnittpunkten mit den Koordinatenachsen rotiere um die x-Achse. Berechne das Volumen des entstehenden Drehkörpers.

c) $P_k(u \mid v)$ sei ein Punkt auf C_k im 2. Quadranten. Die Geraden $x = u$ und $y = v$ bilden zusammen mit der Asymptote von C_k und der y-Achse ein Rechteck mit dem Inhalt $A_k(u)$. Wähle P_k so, dass $A(u)$ maximal wird. Auf welcher Ortslinie liegen alle P_k?

d) Eine zur y-Achse symmetrische Parabel 2. Ordnung hat dieselben Schnittpunkte mit den Koordinatenachsen wie C_1. Bestimme eine Gleichung dieser Parabel und berechne dann den Inhalt der Fläche, den sie mit der x- und der y-Achse begrenzt.

e) Zeige: Durch jeden Punkt verläuft höchstens ein Schaubild der Kurvenschar.

16. Für jedes $t \in \mathbb{R}$ ist eine Funktion f_t gegeben durch $f_t(x) = x - e^{t-x}$, $x \in \mathbb{R}$. K_t sei das Schaubild von f_t.

a) Welche Funktion der Schar hat die Nullstelle 1?
Untersuche K_1 auf Schnittpunkte mit den Koordinatenachsen, Extrem- und Wendepunkte, sowie auf Asymptoten.
Zeichne K_1 für $-0{,}5 \leq x \leq 3$ (LE 1 cm).

b) K_1, die x-Achse, die Asymptoten und die Gerade $g: x = u$ mit $u > 1$ begrenzen ein Flächenstück. Berechne dessen Inhalt $A(u)$. Existiert $\lim\limits_{u \to \infty} A(u)$?

c) Die Gerade $g: x = u$ mit $u > 0$ schneidet K_1 in A und die Asymptote in B. Die Parallelen zur x-Achse durch A und B schneiden die y-Achse in C und D. Für welchen Wert von u ist der Inhalt $I(u)$ des Vierecks ABCD extremal? Um welche Art von Extremum handelt es sich? Gib den extremalen Flächeninhalt an.

d) Zeige: Bei jeder Kurve K_t schneidet die Tangente im Schnittpunkt mit der y-Achse die Asymptote im gleichen Punkt.

17. Für jedes $t > 0$ ist eine Funktion f_t gegeben durch $f_t(x) = \frac{1}{t}\,e^{2x} - t\,e^x$, $x \in \mathbb{R}$.
K_t sei das Schaubild von f_t.

a) Untersuche K_t auf Schnittpunkte mit den Koordinatenachsen, Extrem- und Wendepunkte, sowie auf Asymptoten. Zeichne K_2 für $-2 \leq x \leq 1{,}5$ (LE 2 cm).

b) K_t begrenzt im 4. Quadranten mit den Koordinatenachsen eine Fläche. Berechne deren Inhalt. Welcher Wert ergibt sich für $t = 2$?

c) Die Gerade $g: x = u$ mit $u < 0$, die negative x-Achse und die y-Achse begrenzen mit K_t ein Flächenstück, das um die x-Achse rotiere. Berechne den Inhalt $V_t(u)$ des Drehkörpers. Berechne $\lim\limits_{u \to \infty} V_t(u)$.
Für welchen Wert von t wird $\lim\limits_{u \to -\infty} V_t(u)$ am kleinsten?

Lösungen

Seite 4

1 Techniken des Gleichungslösens

1.1 Lineare Gleichungen

1. **a)** $L = \{\frac{3}{5}\}$ **b)** $L = \{\}$ **c)** $L = \mathbb{R}$ **d)** $L = \{-\frac{\pi}{2}\}$ **e)** $L = \{\}$ **f)** $L = \{\sqrt{3}\}$ **g)** $L = \{-1\}$ **h)** $L = \{\}$ **i)** $L = \{-2\,\frac{16}{27}\}$

1.2 Quadratische Gleichungen

Seite 5

1. **a)** $L = \{-7; -4\}$ **b)** $L = \{-4; 5\}$ **c)** $L = \{-\frac{1}{2}; 6\}$ **d)** $L = \{-\frac{4}{3}; \frac{3}{2}\}$ **e)** $L = \{\}$ **f)** $L = \{13\}$ **g)** $L = \{-\frac{1}{4}; 2\}$ **h)** $L = \{-\frac{4}{3}; \frac{1}{2}\}$ **i)** $L = \{\frac{2}{7}\}$ **j)** $L = \{\}$ **k)** $L = \{-6 - \sqrt{2}; -6 + \sqrt{2}\}$ **l)** $L = \{-\sqrt{2}; 2\sqrt{2}\}$

2. **a)** $a = -\frac{49}{2}$ **b)** $a = \frac{4}{5}$ **c)** $a \in \mathbb{R}$ **d)** $a = -24 \vee a = 24$ **e)** $a = 1$ **f)** $a = -4$ **g)** $a = -\sqrt{3} \vee a = \sqrt{3}$ **h)** $a = 0 \vee a = 4$ **i)** $a = -\frac{1}{8}$

Seite 6

1.3 Bruchgleichungen

1. **a)** $D = \mathbb{R} \setminus \{1\}$ **b)** $S = \mathbb{R} \setminus \{-8; 2\}$ **c)** $D = \mathbb{R} \setminus \{-\frac{1}{3}\}$ **d)** $D = \mathbb{R} \setminus \{\frac{5}{8}\}$ **e)** $D = \mathbb{R} \setminus \{0; 3\}$ **f)** $D = \mathbb{R} \setminus \{-9; -5; 5\}$ **g)** $D = \mathbb{R}$ **h)** $D = \mathbb{R} \setminus \{-4; 4\}$ **i)** $D = \mathbb{R} \setminus \{-2; 1\}$ **j)** $D = \mathbb{R}$ **k)** $D = \mathbb{R} \setminus \{-\sqrt{3}; \sqrt{3}; 4\}$ **l)** $D = \mathbb{R} \setminus \{\frac{4}{3}\}$

2. **a)** $D = \mathbb{R} \setminus \{-3\}$ $L = \{0\}$ **b)** $D = \mathbb{R} \setminus \{-1\}$ $L = \{-\frac{1}{3}\}$ **c)** $D = \mathbb{R} \setminus \{-\frac{1}{2}\}$ $L = \{\}$ **d)** $D = \mathbb{R} \setminus \{-2; 2\}$ $L = D$ **e)** $D = \mathbb{R} \setminus \{-1; 1\}$ $L = \{\}$ **f)** $D = \mathbb{R} \setminus \{-4; -\frac{1}{2}\}$ $L = \{-1\}$ **g)** $D = \mathbb{R} \setminus \{1; \frac{5}{3}\}$ $L = \{3\}$ **h)** $D = \mathbb{R} \setminus \{-1; 1\}$ $L = \{2\}$ **i)** $D = \mathbb{R} \setminus \{0; \frac{2}{9}\}$ $L = \{\frac{1}{4}; 2\}$ **j)** $D = \mathbb{R} \setminus \{-2; -\frac{1}{2}\}$ $L = \{-\frac{3}{5}; 1\}$ **k)** $D = \mathbb{R} \setminus \{-\frac{1}{3}; 0\}$ $L = \{-\frac{1}{4}; 1\}$ **l)** $D = \mathbb{R} \setminus \{-3\}$ $L = \{-\frac{13}{3}; -2\}$

Seite 7

1.4 Wurzelgleichungen

1. **a)** $L = \{1\}$ **b)** $L = \{11\}$ **c)** $L = \{\}$ **d)** $L = \{7\}$ **e)** $L = \{3\}$ **f)** $L = \{6\}$ **g)** $L = \{\}$ **h)** $L = \{4\}$ **i)** $L = \{5\}$

2. **a)** $L = \{7\}$ **b)** $L = \{3\}$ **c)** $L = \{\}$ **d)** $L = \{1\}$ **e)** $L = \{10\}$ **f)** $L = \{5\}$ **g)** $L = \{3\}$ **h)** $L = \{-2; 2\}$

Seite 8

1.5 Gleichungen höherer Ordnung – Polynomdivision

1. **a)** $L = \{-3\}$ **b)** $L = \{\frac{1}{2}\sqrt[3]{4}\}$ **c)** $L = \{2\}$ **d)** $L = \{\}$ **e)** $L = \{-\frac{3}{2}\}$ **f)** $L = \{\frac{1}{2}\}$ **g)** $L = \{\}$ **h)** $L = \{-2\sqrt[7]{2}\}$ **i)** $L = \{-\frac{1}{2}\sqrt[8]{6}; \frac{1}{2}\sqrt[8]{6}\}$ **j)** $L = \{\frac{1}{2}\sqrt[10]{2}\}$ **k)** n gerade: $L = \{-1; 1\}$; n ungerade: $L = \{1\}$ **l)** n gerade: $L = \{\}$; n ungerade: $L = \{-1\}$

Seite 9

2. **a)** $L = \{-3\}$ **b)** $L = \{-\frac{1}{4}; \frac{3}{4}\}$ **c)** $L = \{1\frac{1}{2}\}$ **d)** $L = \{\}$ **e)** $L = \{-\sqrt{5}; -1; 1; \sqrt{5}\}$ **f)** $L = \{-2; 2\}$ **g)** $L = \{-1; 2\}$ **h)** $L = \{-2; -\frac{1}{3}; \frac{1}{3}; 2\}$ **i)** $L = \{-\frac{1}{3}; 1\}$

3. **a)** $L = \{-\frac{3}{2}; 0\}$ **b)** $L = \{0\}$ **c)** $L = \{-\frac{5}{7}; 0\}$ **d)** $L = \{-2; 0; 2\}$ **e)** $L = \{0\}$ **f)** $L = \{-\frac{7}{2}; 0\}$

4. **a)** $L = \{-2; 1; 3\}$ **b)** $L = \{-3; -1; 4\}$ **c)** $L = \{-4; 2; 5\}$ **d)** $L = \{-2; \frac{1}{2}; 2\}$ **e)** $L = \{-5; 2\}$ **f)** $L = \{-3; -\frac{3}{4}\}$ **g)** $L = \{-\frac{5}{2}; 0; \frac{1}{2}; 4\}$ **h)** $L = \{-\sqrt{2}; -1; 0; \sqrt{2}\}$ **i)** $L = \{-3; -1; 1\}$

5. **a)** $L = \{-2; 0; 2\}$ **b)** $L = \{0; 5\}$ **c)** $L = \{0\}$ **d)** $L = \{-\frac{3}{2}\}$ **e)** $L = \{0; 3\}$ **f)** $L = \{-4\}$ **g)** $L = \{\ \}$ **h)** $L = \{0; \sqrt[5]{20}\}$ **i)** $L = \{-1; -\frac{2}{3}; \frac{1}{2}\}$ **j)** $L = \{-2\}$ **k)** $L = \{-3; \frac{1}{3}; 3\}$ **l)** $L = \{\ \}$ **m)** $L = \{-\frac{3}{2}; 0; \frac{1}{3}\}$ **n)** $L = \{-4; -1; 0; 1\}$ **o)** $L = \{1\}$ **p)** $L = \{-4; -3; 3; 4\}$

6. **a)** Für $a = 1$ ist $L = \{0; 1\}$. Für $a = 0$ ist $L = \{0; 2\}$. **b)** Für $a = 6$ ist $L = \{-3; 0\}$. Für $a = -6$ ist $L = \{0; 3\}$.

Seite 10

1.6 Exponentialgleichungen

1. **a)** $L = \{-1\}$ **b)** $L = \{3\}$ **c)** $L = \{-\frac{1}{4}\}$ **d)** $L = \{-\frac{5}{2}\}$ **e)** $L = \{-2\}$ **f)** $L = \{-\frac{3}{4}\}$ **g)** $L = \{-7\}$ **h)** $L = \{1\}$ **i)** $L = \{-\frac{3}{4}\}$

Seite 11

2. **a)** $L = \{\log_4 3\}$ **b)** $L = \{\log_3 6\}$ **c)** $L = \{-2 + \log_2 5\}$ **d)** $L = \{\ \}$ **e)** $L = \{-3 + \log_5 3\}$ **f)** $L = \{-\frac{1}{2} + \frac{\log_3 4}{2}\}$ **g)** $L = \{\frac{2\lg 2}{\lg 3 - \lg 2}\}$ **h)** $L = \{\frac{-\lg 3}{\lg 3 - 2\lg 2}\}$ **i)** $L = \{\frac{1 - \lg 3}{\lg 2}\}$ **j)** $L = \{\frac{\lg 6}{5\lg 3}\}$ **k)** $L = \{\frac{\lg 6}{\lg 2}\}$ **l)** $L = \{1 + \frac{\lg 4 - \lg 5}{\lg 6}\}$

Seite 11 **3.** **a)** $L = \{0;\ 1\}$ **b)** $L = \{3\}$ **c)** $L = \{\log_5 2;\ 1\}$ **d)** $L = \{0\}$ **e)** $L = \{\log_7 3\}$ **f)** $L = \{2\}$

4. **a)** $L = \{-1\}$ **c)** $L = \{1\}$ **e)** $L = \{3\}$ **g)** $L = \{\frac{1 + \lg 2 + \lg 3}{\lg 3 - 2\lg 2}\}$ **i)** $L = \{2\}$

b) $L = \{-5\}$ **d)** $L = \{-2\}$ **f)** $L = \{\frac{\lg 12 - \lg 5}{\lg 5 - \lg 3}\}$ **h)** $L = \{0;\ 1\}$

Seite 12

2 Funktionen

2.1 Funktionsbegriff

1. **a)** $f(0) = 5;\ f(-2) = 23;\ f(4) = -7;\ f(\frac{1}{2}) = \frac{7}{4};\ f(\sqrt{2}) = 7 - 7\sqrt{2};\ f(-\sqrt{3}) = 8 + 7\sqrt{3}$

b) $g(\frac{9}{2}) = 0;\ g(5) = 1;\ g(17) = 5;\ g(6) = \sqrt{3};\ g(\frac{45}{8}) = \frac{3}{2}$

c) $h(1) = 5;\ h(-1) = -1;\ h(3) = 3;\ h(-\frac{1}{2}) = -4;\ h(\frac{3}{4}) = 6;\ h(\sqrt{3}) = 2 + \sqrt{3}$

d) $i(0) = 3;\ i(1) = 6;\ i(-2) = \frac{3}{4};\ i(5) = 96;\ i(\frac{1}{2}) = 3\sqrt{2};\ i(\log_2 5) = 15$

2. **a)** $f(-1) = -2;\ f(-\frac{1}{3}) = 0;\ f(-\frac{1}{6}) = \frac{1}{2};\ f(0) = 1;\ f(2) = 7$

b) $f(-3) = -27;\ f(-\frac{1}{2}) = -\frac{1}{8};\ f(0) = 0;\ f(1) = 1;\ f(4) = 64;\ f(\sqrt[3]{100}) = 100$

c) $f(-1) = 0;\ f(-\frac{3}{4}) = \frac{1}{2};\ f(0) = 1;\ f(8) = 3;\ f(9) = \sqrt{10}$

d) $f(-3) = \frac{1}{27};\ f(0) = 1;\ f(\frac{1}{2}) = \sqrt{3};\ f(\frac{3}{4}) = \sqrt[4]{27};\ f(4) = 81$

3. **a)** $f(\frac{2}{3}) = 0$ **b)** $f(2) = 0$ **c)** $f(\frac{3}{2}) = 0$ **d)** $f(-2) = 0;\ \ f(2) = 0$ **e)** $f(-4) = 0$ **f)** $f(\log_2 3) = 0$

4. **a)** $D = [\frac{3}{2};\ \infty[$ **c)** $D = \mathbb{R}$ **e)** $D = \mathbb{R} \setminus \{-6;\ 0\}$ **g)** $D = \mathbb{R} \setminus \{5\}$

b) $D = \mathbb{R} \setminus \{-3;\ 4\}$ **d)** $D =]-\infty;\ -3] \cup [3;\ \infty[$ **f)** $D = \mathbb{R}$ **h)** $D = \mathbb{R} \setminus \{\frac{b}{3}\}$

Seite 13 **5.**

a) $W = [-1\frac{2}{5};\ \frac{2}{5}]$

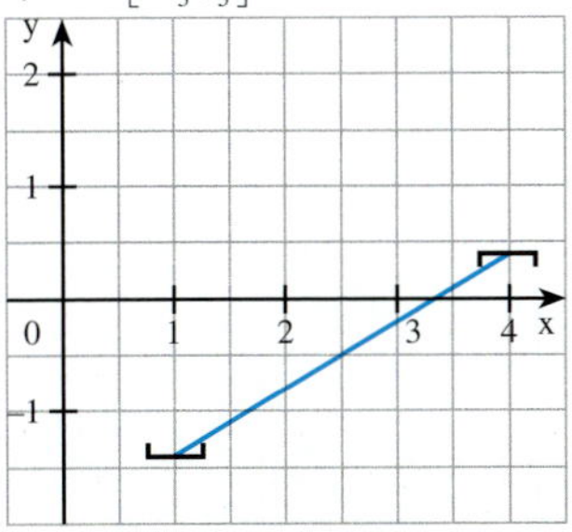

d) $W =]-1;\ \infty[$

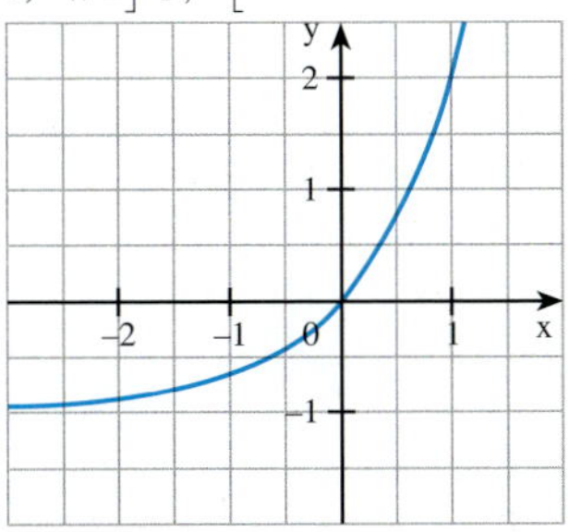

g) $W =]-\infty;\ 5[$

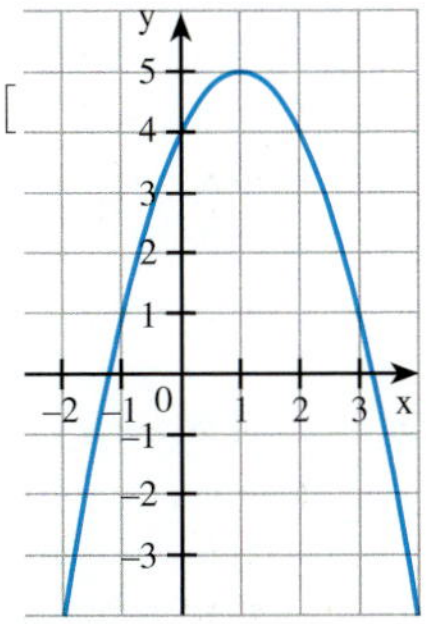

b) $W = [-7;\ \infty[$

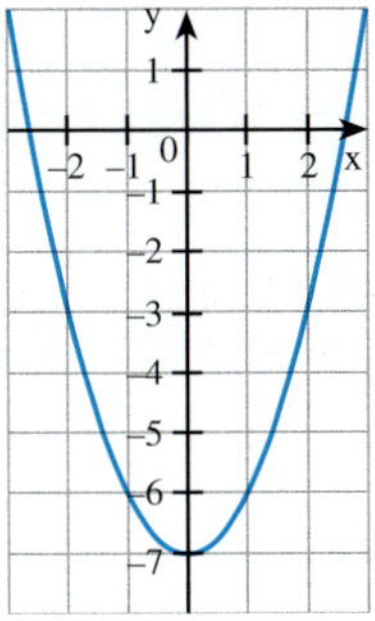

e) $W = [-2;\ 2]$

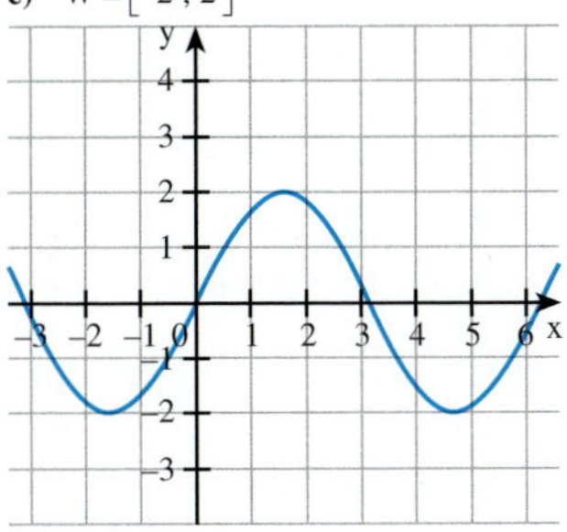

h) $W =]-6\frac{2}{5};\ 48\frac{3}{5}[$

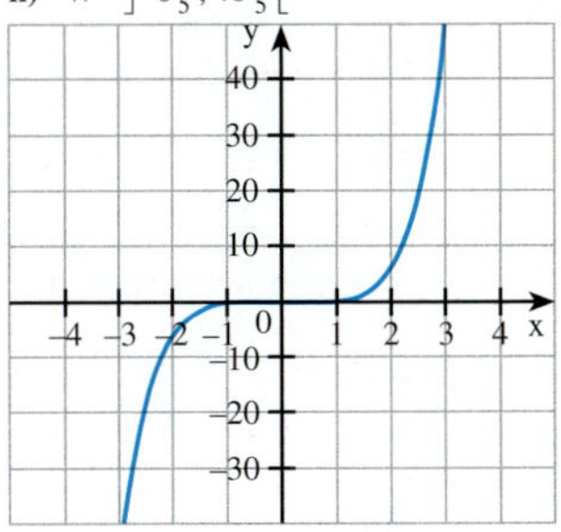

c) $W = [1;\ 2]$

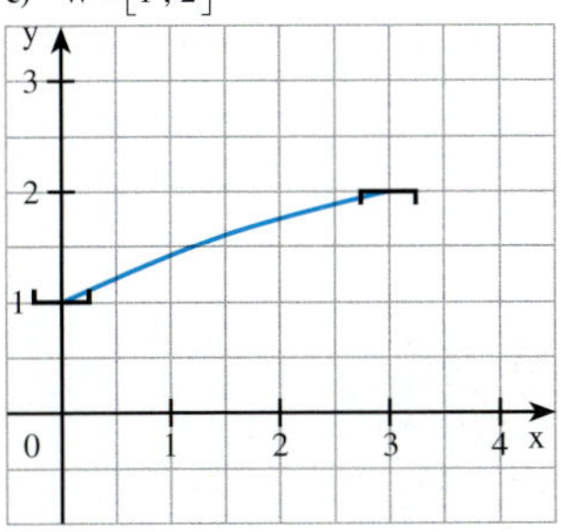

f) $W =]0;\ \infty[$

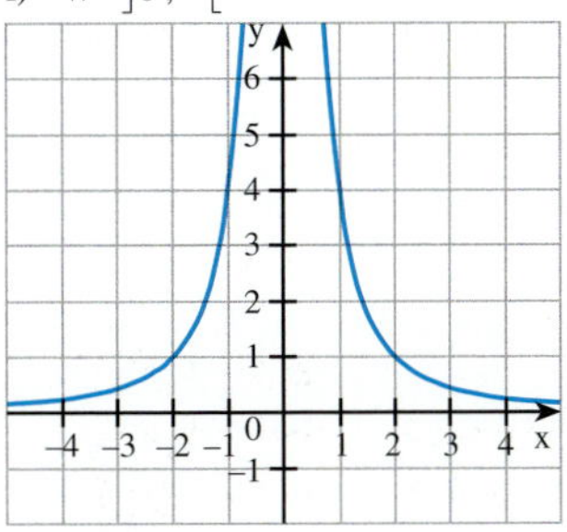

Seite 13 **2.2 Lineare Funktionen**

1.

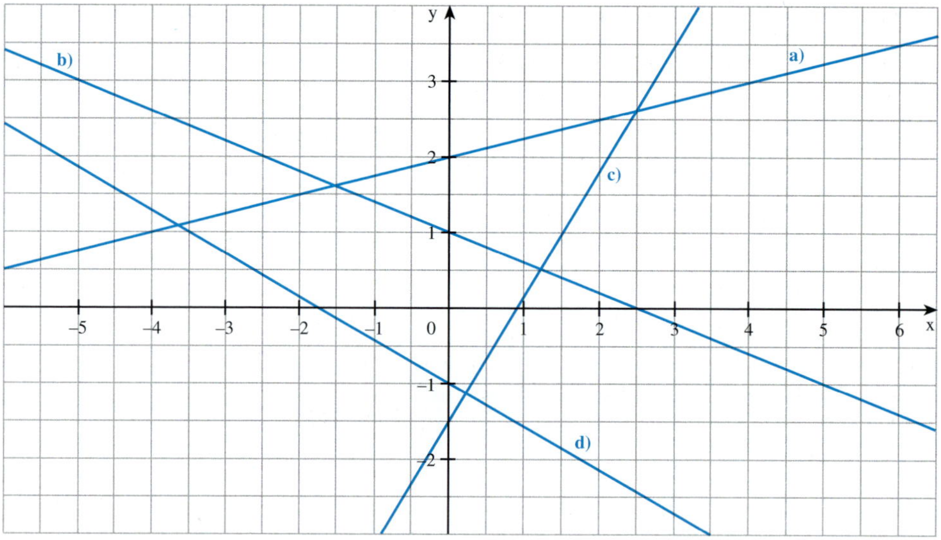

2. a) $(-5 \mid 4)$ $((-2 \mid 2\frac{1}{2});\ (\frac{1}{3} \mid 1\frac{1}{3});\ (1\frac{3}{5} \mid \frac{7}{10});\ (\sqrt{2} \mid \frac{3}{2} - \frac{1}{2}\sqrt{2}))$

b) $(7 \mid -2)$ $((4 \mid -\frac{1}{2});\ (\frac{3}{2} \mid \frac{3}{4});\ (-\frac{4}{3} \mid 2\frac{1}{6});\ (3 - 2\pi \mid \pi))$

c) $(3 \mid 0)$ bzw. $(0 \mid \frac{3}{2})$ **d)** $(1 \mid 1)$ bzw. $(-3 \mid 3)$

Seite 14 **3.** Q liegt auf der Geraden g und unterhalb der Geraden h. R liegt auf der Geraden g und oberhalb der Geraden h. S liegt auf der Geraden g und auf der Geraden h. T liegt unterhalb der Geraden g und auf der Geraden h.

4.

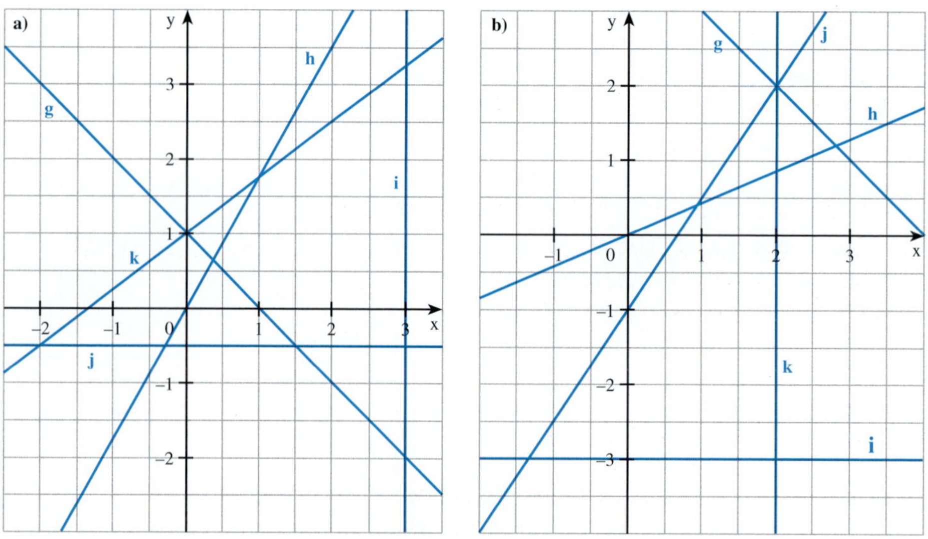

Seite 15 **5.** $g_1: y = \frac{2}{3}x$; $g_2: y = \frac{5}{2}x - 2$; $g_3: y = -\frac{2}{5}x + 2$

6. a) $\frac{y}{x+3} = \frac{1}{3} \Leftrightarrow y = \frac{1}{3}x + 1$ **c)** $\frac{y-3}{x+2} = -\frac{3}{4} \Leftrightarrow y = -\frac{3}{4}x + \frac{3}{2}$ **e)** $\frac{y}{x-\pi} = -\frac{2}{\pi} \Leftrightarrow y = -\frac{2}{\pi}x + 2$

b) $\frac{y-2}{x-4} = \frac{1}{2} \Leftrightarrow y = \frac{1}{2}x$ **d)** $\frac{y-5}{x+\frac{1}{2}} = -2 \Leftrightarrow y = -2x + 4$ **f)** $\frac{y-3}{x-\sqrt{3}} = \sqrt{3} \Leftrightarrow y = \sqrt{3}x$

7. a) $\frac{y-5}{x} = \frac{2-5}{3} \Leftrightarrow y = -x + 5$ **c)** $\frac{y+1}{x+3} = \frac{-1+1}{2+3} \Leftrightarrow y = -1$ **e)** $\frac{y+2}{x+4} = \frac{45+2}{4+4} \Leftrightarrow y = \frac{13}{16}x + \frac{5}{4}$

b) $\frac{y}{x-3} = \frac{4}{9-3} \Leftrightarrow y = \frac{2}{3}x - 2$ **d)** $\frac{y-\frac{3}{2}}{x+3} = \frac{-1-\frac{3}{2}}{2+3} \Leftrightarrow y = -\frac{1}{2}x$ **f)** $\frac{y-\frac{3}{2}}{x+1} = \frac{1-\frac{3}{2}}{\frac{1}{2}+1} \Leftrightarrow y = -\frac{1}{3}x + \frac{7}{6}$

Seite 16

8. **a)** $m = -\frac{1}{2};\ S(0 \mid \frac{1}{4})$ **b)** $m = -\frac{5}{4};\ S(0 \mid -\frac{3}{4})$ **c)** $m = \frac{2}{3};\ S(0 \mid -\frac{3}{4})$ **d)** $m = \frac{2}{5};\ S(0 \mid -\frac{3}{2})$ **e)** $m = \frac{2}{3};\ S(0 \mid \frac{4}{13})$ **f)** $m = -\frac{3}{2};\ S(0 \mid \frac{4}{7})$ **g)** $m = \frac{1}{5};\ S(0 \mid \frac{2}{3})$ **h)** $m = -\sqrt{2};\ S(0 \mid \sqrt{3})$ **i)** $m = \frac{1}{3};\ S(0 \mid -\frac{\pi}{3})$

9. **a)** $g: y = 2x - 1{,}5;\ h: y = \frac{2}{3}x - \frac{1}{3};\ i: y = -\frac{3}{4}x + \frac{3}{2};\ k: x = -1;\ l: y = 2$
b) $g: y = \frac{1}{2}x - 1;\ h: y = -2x + 2;\ i: y = -\frac{2}{3}x - \frac{1}{6};\ k: y = 1{,}5;\ l: x = -1{,}5$

10. **a)** $m_1 = -5;\ m_2 = \frac{1}{5};\ m_3 = 4;\ m_4 = -\frac{1}{4};\ m_5 = 4;\ m_6 = 5 \Rightarrow g_3 \parallel g_5$ und $g_1 \perp g_2,\ g_3 \perp g_4,\ g_4 \perp g_5$
b) $m_1 = -2;\ m_2 = -\frac{3}{2};\ m_3 = -\frac{3}{2};\ m_4 = -4;\ m_5 = \frac{1}{2};\ m_6 = \frac{2}{3} \Rightarrow g_2 \parallel g_3$ und $g_1 \perp g_5,\ g_2 \perp g_6,\ g_3 \perp g_6$

Seite 17

11. **a)** $h: y = 3x - 12 \quad (h: y = -\frac{3}{4}x + 3)$ **b)** $h: y = 3x + 4 \quad (h: y = -\frac{3}{4}x + \frac{1}{4})$ **c)** $h: y = 3x - \frac{1}{2} \quad (h: y = -\frac{3}{4}x + \frac{3}{4})$ **d)** $h: y = 3x - 4\sqrt{3} \quad (h: y = -\frac{3}{4}x - \frac{1}{4}\sqrt{3})$

12. **a)** $h: y = -2x + 5 \quad (h: y = \frac{5}{4}x + 5)$ **b)** $h: y = -2x - 4 \quad (h: y = \frac{5}{4}x + \frac{5}{2})$ **c)** $h: y = -2x - 2 \quad (h: y = \frac{5}{4}x - \frac{45}{16})$ **d)** $h: y = -2x \quad (h: y = \frac{5}{4}x - \frac{13}{4}\sqrt{2})$

13. **a)** $S(0 \mid 2);\ \delta = 81{,}9°$ **b)** $S(-1 \mid \frac{3}{2});\ \delta = 90°$ **c)** $S(2 \mid 0);\ \delta = 40{,}6°$ **d)** $S(\frac{1}{2} \mid -\frac{1}{4});\ \delta = 49{,}8°$ **e)** $S(\frac{5}{3} \mid -2);\ \delta = 52{,}1°$ **f)** $g \parallel h\ (g \neq h)$ **g)** $S(4 \mid -1);\ \delta = 57{,}5°$ **h)** $S(-\frac{1}{2} \mid \frac{1}{3});\ \delta = 65{,}7°$ **i)** $S(\frac{23}{26} \mid \frac{41}{13});\ \delta = 74{,}9°$

Seite 18

14. **a)** $h: y = \frac{3}{5}x - \frac{17}{5}$ **b)** $i: y = -\frac{5}{3}x - \frac{17}{3}$ **c)** $m = -\frac{1}{4}$ oder $m = 4$

15. **a)** $t = -\frac{16}{5}$ **b)** $t = 3;\ S(-3 \mid -1)$ **c)** $t = 1$ oder $t = 8$

16. **a)** $t = 2$ **b)** $t = 1$ **c)** $t = -\frac{2}{3};\ S(2 \mid -\frac{8}{3})$ **d)** $t = -2$ oder $t = 3$

17. **a)** $|\overline{AB}| = 25$ **b)** $|\overline{AB}| = 35$ **c)** $|\overline{AB}| = \sqrt{53}$ **d)** $|\overline{AB}| = 2\sqrt{13}$ **e)** $|\overline{AB}| = 3$ **f)** $|\overline{AB}| = 4$

18. **a)** $M(2 \mid 0)$ **b)** $M(-1 \mid 3)$ **c)** $M(\frac{1}{4} \mid \frac{2}{3})$ **d)** $M(1\frac{3}{8} \mid 1)$ **e)** $M(5 \mid 2{,}5)$ **f)** $M(2 \mid 6)$

Seite 19

19. **a)** $Q(2 \mid 5)$ **b)** $Q(-5 \mid 3)$ **c)** $Q(1{,}3 \mid 0{,}4)$ **d)** $Q(1\frac{5}{12} \mid -4\frac{3}{10})$

20. **a)** $s_a: y = 2;\ s_b: y = -2x + 6;\ s_c: y = x;\ S(2 \mid 2)$
b) $s_a: y = -2x + 2;\ s_b: y = \frac{1}{2}x - \frac{1}{2};\ s_c: y = -\frac{1}{3}x + \frac{1}{3};\ S(1 \mid 0)$
c) $s_a: y = 4;\ s_b: y = 2x - 2;\ s_c: y = \frac{2}{3}x + 2;\ S(3 \mid 4)$
d) $s_a: y = x - 1;\ s_b: x = 3;\ s_c: y = 4x - 10;\ S(3 \mid 2)$

21. Ein Viereck ist ein Parallelogramm, wenn sich die Diagonalen halbieren.
a) $M_{\overline{AC}}(0{,}5 \mid 1) = M_{\overline{BD}}(0{,}5 \mid 1)$ **b)** $M_{\overline{AC}}(1{,}5 \mid 1) = M_{\overline{BD}}(1{,}5 \mid 1)$ **c)** $M_{\overline{AC}}(3{,}5 \mid 0) = M_{\overline{BD}}(3{,}5 \mid 0)$ **d)** $M_{\overline{AC}}(3 \mid -1{,}5) = M_{\overline{BD}}(3 \mid -1{,}5)$

22. Die Gerade l verläuft orthogonal zur Geraden AB durch C. Die Geraden l und AB schneiden sich im Punkt L.
a) $AB: y = x - 1;\ l: y = -x + 7;\ L(4 \mid 3);\ F = \frac{1}{2} \cdot 4\sqrt{2} \cdot 2\sqrt{2} = 8$
b) $AB: y = \frac{2}{3}x;\ l: y = -\frac{3}{2}x + \frac{13}{2};\ L(3 \mid 2);\ F = \frac{1}{2}\sqrt{13} \cdot \sqrt{13} = \frac{13}{2}$
c) $AB: y = -\frac{2}{5}x + \frac{1}{5};\ l: y = \frac{5}{2}x - \frac{17}{2};\ L(3 \mid -1);\ F = \frac{1}{2}\sqrt{29} \cdot \sqrt{29} = \frac{29}{2}$
d) $AB: y = 1;\ l: x = 1;\ L(1 \mid 1);\ F = \frac{1}{2} \cdot 4 \cdot 6 = 12$

23. **a)** $m_c: y = 3x - 11;\ m_a: y = \frac{1}{3}x + 1;\ m_b: y = -x + 7;\ U(4{,}5 \mid 2{,}5)$
$h_c: y = 3x - 9;\ h_a: y = \frac{1}{3}x + \frac{5}{3};\ h_b: y = -x + 7;\ H(4 \mid 3)$
$S(\frac{13}{3} \mid \frac{8}{3}) \in UH: y = -x + 7;\ |\overline{SU}| = \frac{1}{6}\sqrt{2};\ |\overline{SH}| = \frac{1}{3}\sqrt{2}$

b) $m_c: y = 3x;\ m_a: y = \frac{1}{2}x + \frac{5}{4};\ m_b: y = -\frac{3}{4}x + \frac{15}{8};\ U(0{,}5 \mid 1{,}5)$
$h_c: y = 3x + 5;\ h_a: y = \frac{1}{2}x + \frac{5}{2};\ h_b: y = -\frac{3}{4}x + \frac{5}{4};\ H(-1 \mid 2)$
$S(0 \mid \frac{5}{3}) \in UH: y = -\frac{1}{3}x + \frac{5}{3};\ |\overline{SU}| = \frac{1}{6}\sqrt{10};\ |\overline{SH}| = \frac{1}{3}\sqrt{10}$

c) $m_c: y = -x - 1;\ m_a: y = 3x - 1;\ m_b: y = -\frac{1}{2}x - 1;\ U(0 \mid -1)$
$h_c: y = -x + 4;\ h_a: y = 3x + 8;\ h_b: y = -\frac{1}{2}x + \frac{9}{2};\ H(-1 \mid 5)$
$S(-\frac{1}{3} \mid 1) \in UH: y = -6x - 1;\ |\overline{SU}| = \frac{1}{3}\sqrt{37};\ |\overline{SH}| = \frac{2}{3}\sqrt{37}$

d) $m_c: y = \frac{4}{3}x + 2;\ m_a: y = -\frac{1}{3}x + 2;\ m_b = -2x + 2;\ U(0 \mid 2)$
$h_c: y = \frac{4}{3}x + \frac{1}{3};\ h_a: y = -\frac{1}{3}x - \frac{4}{3};\ m_b = -2x - 3;\ H(-1 \mid -1)$
$S(-\frac{1}{3} \mid 1) \in UH: y = 3x + 2;\ |\overline{SU}| = \frac{1}{3}\sqrt{10};\ |\overline{SH}| = \frac{2}{3}\sqrt{10}$

Seite 19 **24.** **a)** $M_{\overline{AC}}(-3 \mid \frac{1}{2}) = M_{\overline{BD}}$, $D(-\frac{15}{2} \mid 0)$

b) $AB: y = \frac{6}{13}x + \frac{4}{13}$; die Gerade $s: y = -\frac{13}{6}x - \frac{65}{4}$ verläuft orthogonal zu AB durch D und schneidet AB im Punkt $H(-\frac{63}{10} \mid -\frac{13}{5})$
$\Rightarrow F = |\overline{AB}| \cdot |\overline{DH}| = \frac{1}{2}\sqrt{205} \cdot \frac{1}{5}\sqrt{205} = \frac{41}{2}$

25. **a)** $AB: y = -\frac{1}{5}x + \frac{37}{5}$; $BC: y = x + 5$; $AC: y = \frac{1}{2}x + \frac{5}{2}$
$\alpha = 37{,}9°$; $\beta = 123{,}7°$; $\gamma = 18{,}4°$

b) $BD: y = -3x + 13$; $\delta = 81{,}9°$

c) $M_{\overline{AB}}(\frac{9}{2} \mid \frac{13}{2})$, $M_{\overline{BC}}(-\frac{3}{2} \mid \frac{7}{2})$, $M_{\overline{CD}}(\frac{1}{2} \mid -\frac{5}{2})$, $M_{\overline{AD}}(\frac{13}{2} \mid \frac{1}{2})$
Da $M(\frac{5}{2} \mid 2)$ sowohl der Mittelpunkt der Verbindungsstrecke von $M_{\overline{AB}}$ und $M_{\overline{CD}}$ als auch der Verbindungsstrecke von $M_{\overline{BC}}$ und $M_{\overline{AD}}$ ist, ist das Viereck ein Parallelogramm.

26. Für $C(x \mid 0)$ muss gelten $m_{AC} \cdot m_{BC} = -1 \Rightarrow \frac{1}{x} \cdot \frac{4}{x-5} = -1$
$\Leftrightarrow x^2 - 5x + 4 = 0 \Leftrightarrow x = 1 \vee x = 4 \Rightarrow C_1(1 \mid 0)$ bzw. $C_2(4 \mid 0)$

27. **a)** $AB: y = -5x - 25$; $BC: y = x - 1$; $CD: y = -\frac{1}{5}x + \frac{37}{5}$; $DA: y = x + 5$
Aus $m_{BC} = m_{DA} = 1 \Rightarrow BC \parallel DA \Rightarrow$ Das Viereck ist ein Trapez.
$|\overline{AB}| = |\overline{CD}| = \sqrt{26} \Rightarrow$ Das Trapez ist gleichschenklig.

b) $AC: y = \frac{1}{2}x + \frac{5}{2}$; $BD: y = 2x + 3$; $S(-\frac{1}{3} \mid \frac{7}{3})$

c) $\alpha = \delta = 123{,}7°$; $\beta = \gamma = 56{,}3°$

d) Die Orthogonale zu BC durch A besitzt die Gleichung $y = -x - 5$ und schneidet BC in $L(-2 \mid -3)$
$|\overline{BC}| = 11\sqrt{2}$; $|\overline{AD}| = 7\sqrt{2}$; $|\overline{AL}| = 3\sqrt{2} \Rightarrow F = \frac{1}{2}(11\sqrt{2} + 7\sqrt{2}) \cdot 3\sqrt{2} = 54$

e) $M_a(-4{,}5 \mid -2{,}5)$; $M_b(1{,}5 \mid 0{,}5)$; $M_c(4{,}5 \mid 6{,}5)$; $M_d(-1{,}5 \mid 3{,}5)$
$m_a: y = \frac{1}{5}x - \frac{8}{5}$; $m_b = m_d: y = -x + 2$; $m_c: y = 5x - 16$; $U(3 \mid -1)$; $r = \sqrt{65}$

f) $|\overline{M_aM_b}| = |\overline{M_bM_c}| = |\overline{M_cM_d}| = |\overline{M_dM_a}| = 3\sqrt{5}$
Somit ist das Viereck eine Raute.

Seite 20 **2.3 Quadratische Funktionen**

1. **a)** $S_1(3|0)$

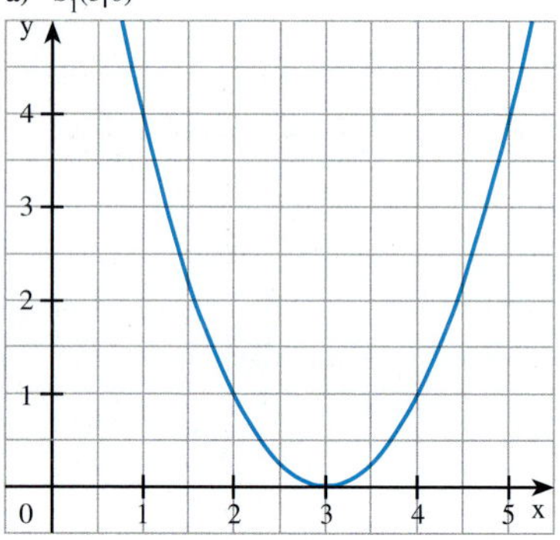

c) $S_3(1|-2)$

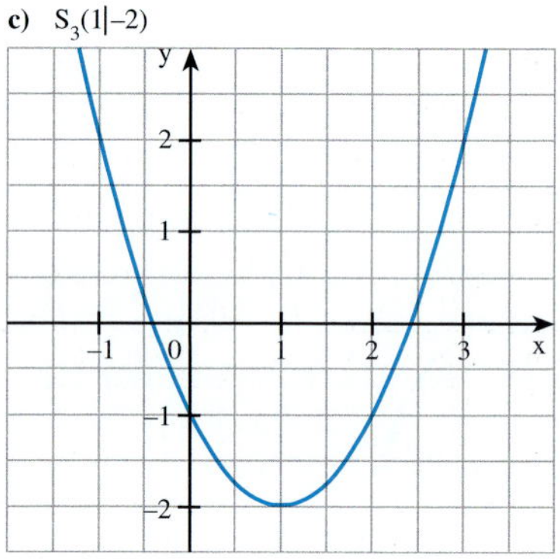

b) $S_2(-2|4)$

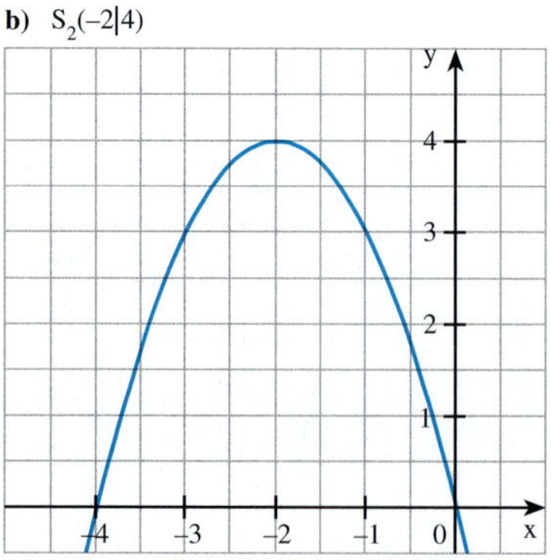

d) $S_4(-\frac{1}{2}|2)$

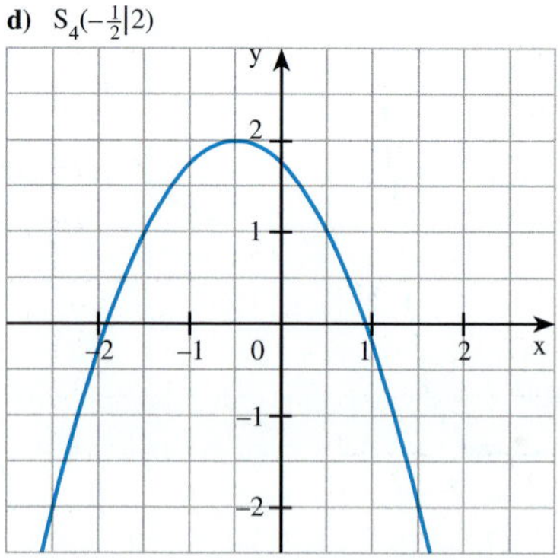

Seite 20 **1.** **e)** $S_5(2|3)$

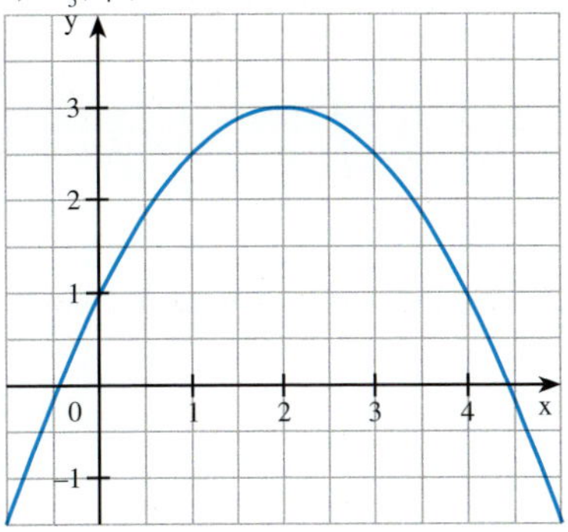

g) $S_7(2|3)$

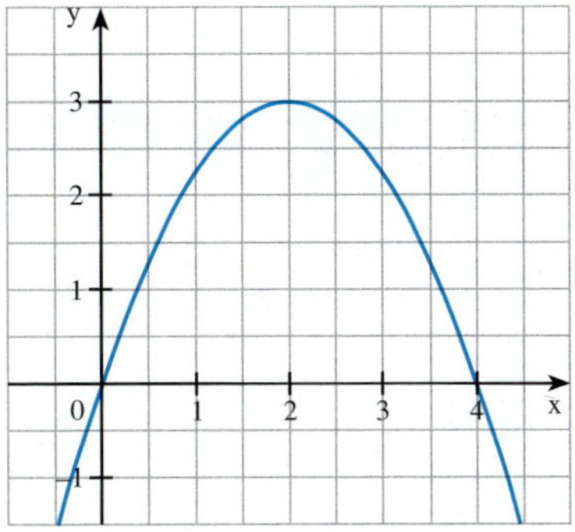

f) $S_6(-1|-4)$

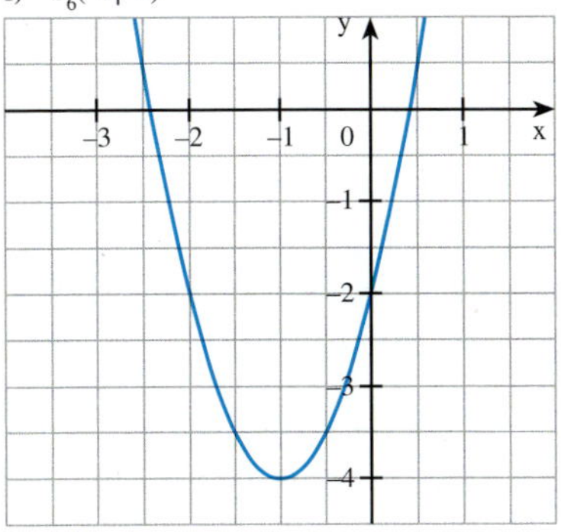

h) $S_8(-1|2{,}5)$

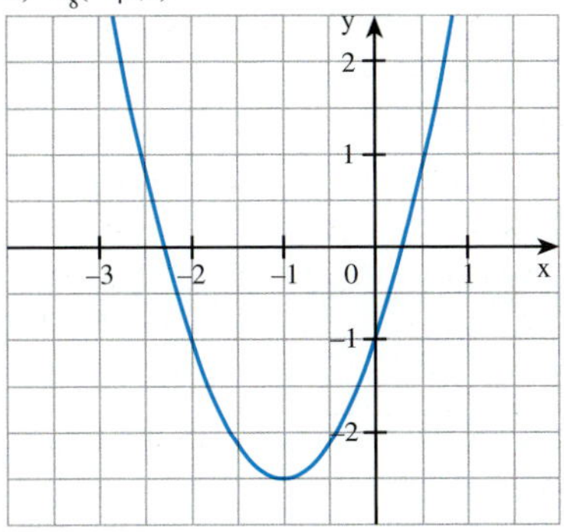

Seite 21 **2.4 Potenzfunktionen**

1. **a)**

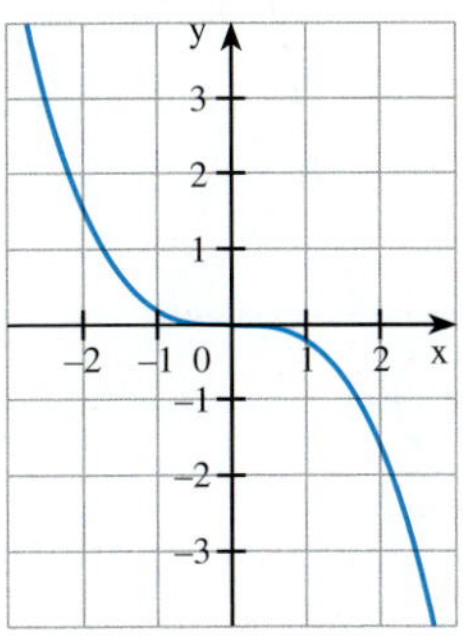

c)

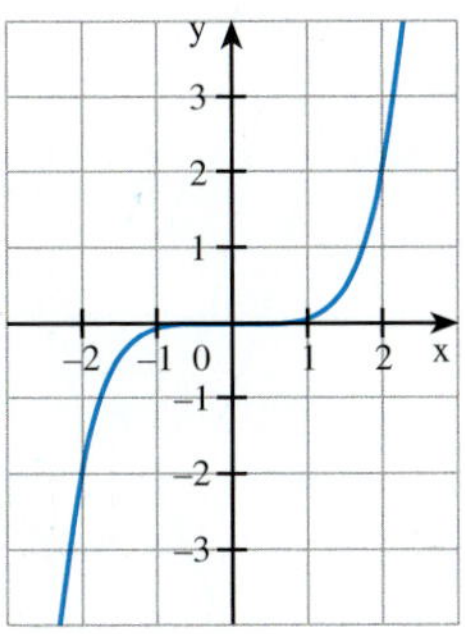

e)

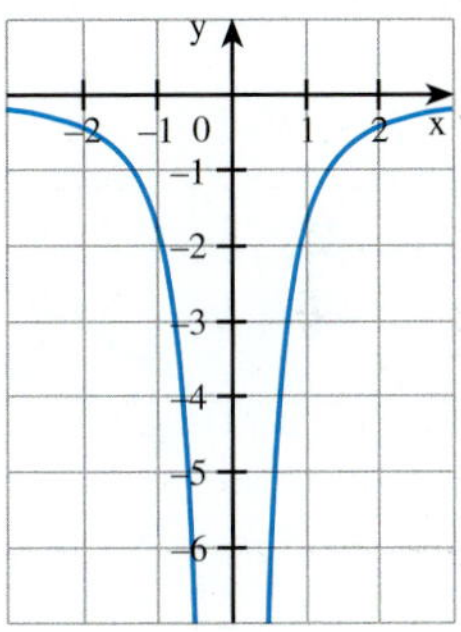

b)

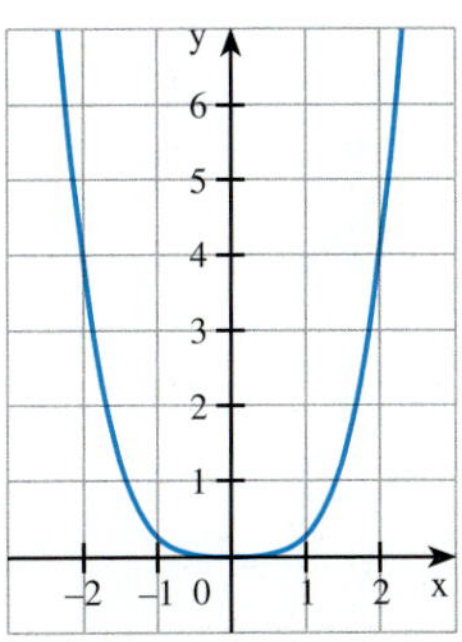

d)

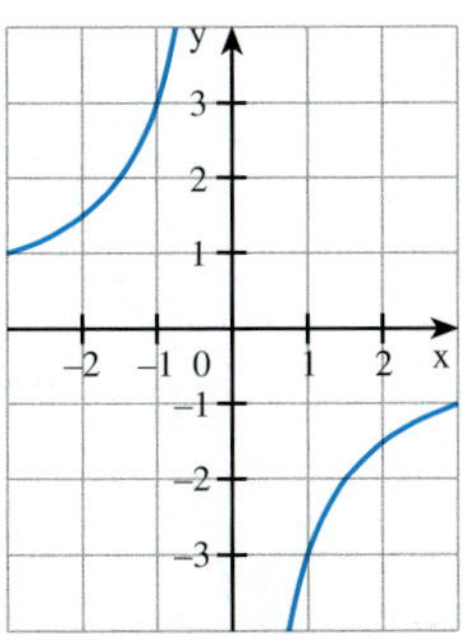

f)

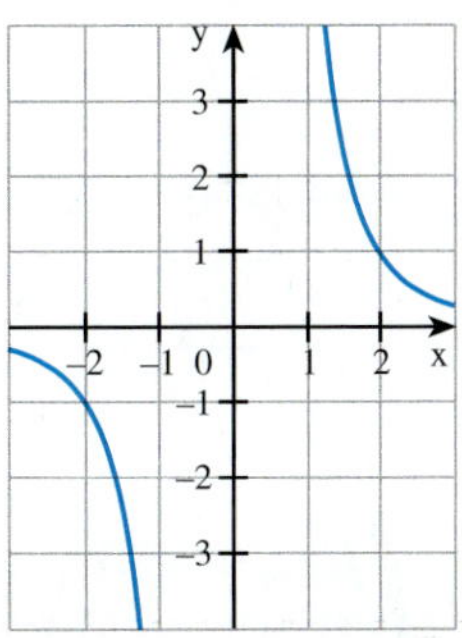

Seite 22 **2.5 Exponentialfunktionen**

1.

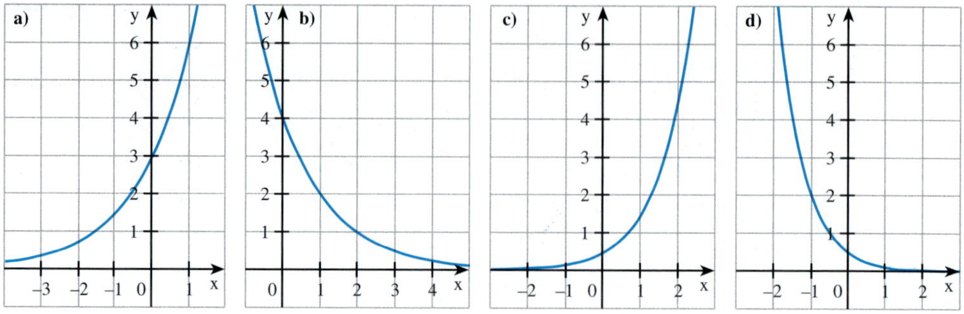

Seite 23 **2.6 Verknüpfung von Funktionen**

1. a) $f+g: x \mapsto x^2+x+1,\ x \in \mathbb{R}$; $f-g: x \mapsto -x^2+x+1,\ x \in \mathbb{R}$;
$f \cdot g: x \mapsto x^2(x+1),\ x \in \mathbb{R}$; $\frac{f}{g}: x \mapsto \frac{x+1}{x^2},\ x \in \mathbb{R} \setminus \{0\}$; $f \circ g: x \mapsto x^2+1,\ x \in \mathbb{R}$

b) $f+g: x \mapsto x^3+2x-1,\ x \in \mathbb{R}$; $f-g: x \mapsto -x^3+2x-1,\ x \in \mathbb{R}$;
$f \cdot g: x \mapsto x^3(2x-1),\ x \in \mathbb{R}$; $\frac{f}{g}: x \mapsto \frac{2x-1}{x^3},\ x \in \mathbb{R} \setminus \{0\}$; $f \circ g: x \mapsto 2x^3-1,\ x \in \mathbb{R}$

c) $f+g: x \mapsto x^3+2x-1,\ x \in \mathbb{R}$; $f-g: x \mapsto x^3-2x+1,\ x \in \mathbb{R}$;
$f \cdot g: x \mapsto x^3(2x-1),\ x \in \mathbb{R}$; $\frac{f}{g}: x \mapsto \frac{x^3}{2x-1},\ x \in \mathbb{R} \setminus \{\frac{1}{2}\}$; $f \circ g: x \mapsto (2x-1)^3,\ x \in \mathbb{R}$

d) $f+g: x \mapsto 2x-1+\frac{1}{x},\ x \in \mathbb{R} \setminus \{0\}$; $f-g: x \mapsto 2x-1-\frac{1}{x},\ x \in \mathbb{R} \setminus \{0\}$;
$f \cdot g: x \mapsto \frac{2x-1}{x},\ x \in \mathbb{R} \setminus \{0\}$; $\frac{f}{g}: x \mapsto x(2x-1),\ x \in \mathbb{R} \setminus \{0\}$; $f \circ g: x \mapsto \frac{2}{x}-1,\ x \in \mathbb{R} \setminus \{0\}$

e) $f+g: x \mapsto -\frac{1}{x}+\frac{1}{x^2},\ x \in \mathbb{R} \setminus \{0\}$; $f-g: x \mapsto -\frac{1}{x}-\frac{1}{x^2},\ x \in \mathbb{R} \setminus \{0\}$;
$f \cdot g: x \mapsto -\frac{1}{x^3},\ x \in \mathbb{R} \setminus \{0\}$; $\frac{f}{g}: x \mapsto -x,\ x \in \mathbb{R} \setminus \{0\}$; $f \circ g: x \mapsto -x^2,\ x \in \mathbb{R} \setminus \{0\}$

f) $f+g: x \mapsto x^2+\sin x,\ x \in [0; 9]$; $f-g: x \mapsto -x^2+\sin x,\ x \in [0; 9]$;
$f \cdot g: x \mapsto x^2 \cdot \sin x,\ x \in [0; 9]$; $\frac{f}{g}: x \mapsto \frac{\sin x}{x^2},\ x \in]0; 9]$; $f \circ g: x \mapsto \sin(x^2),\ x \in [-3; 3]$

g) $f+g: x \mapsto x^3+\cos x,\ x \in [-1; 8]$; $f-g: x \mapsto -x^3+\cos x,\ x \in [-1; 8]$
$f \cdot g: x \mapsto x^3 \cdot \cos x,\ x \in [-1; 8]$; $\frac{f}{g}: x \mapsto \frac{\cos x}{x^3},\ x \in [-1; 8] \setminus \{0\}$; $f \circ g: x \mapsto \cos(x^3),\ x \in [-1; 2]$

Seite 24 **2.**

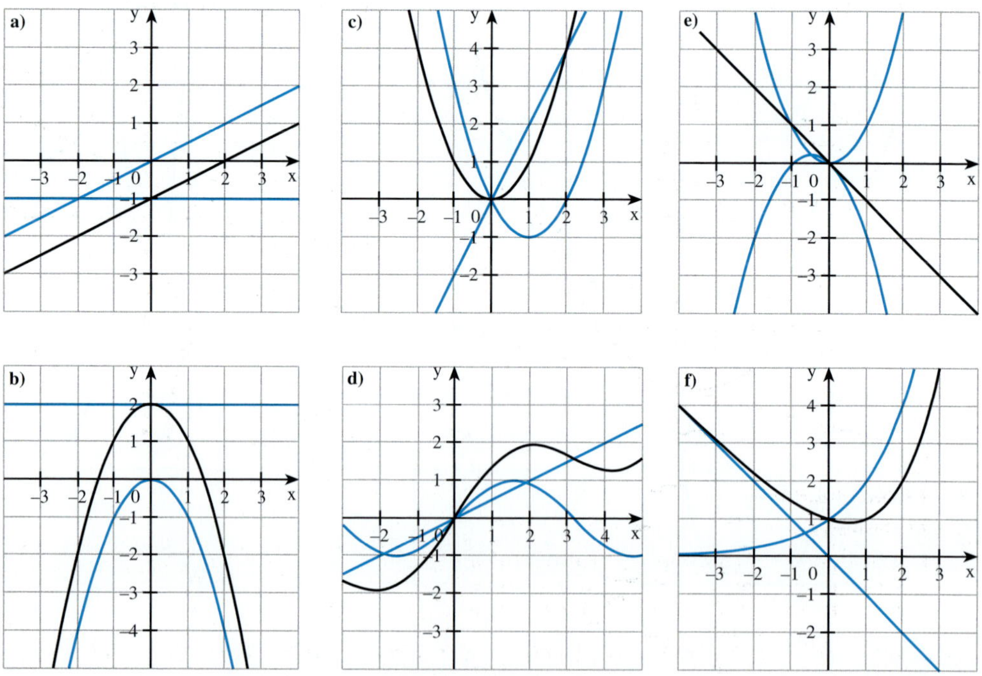

Seite 24 **2.**

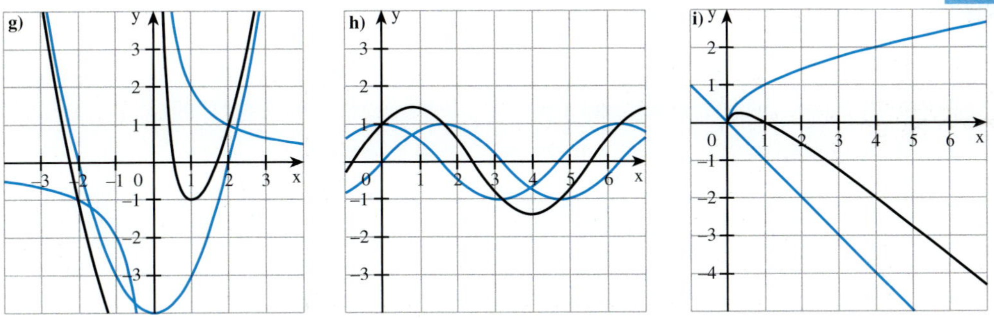

Seite 24 **3. a)** $f(x) = x^2$, $g(x) = -\frac{1}{2}x - \frac{1}{2}$

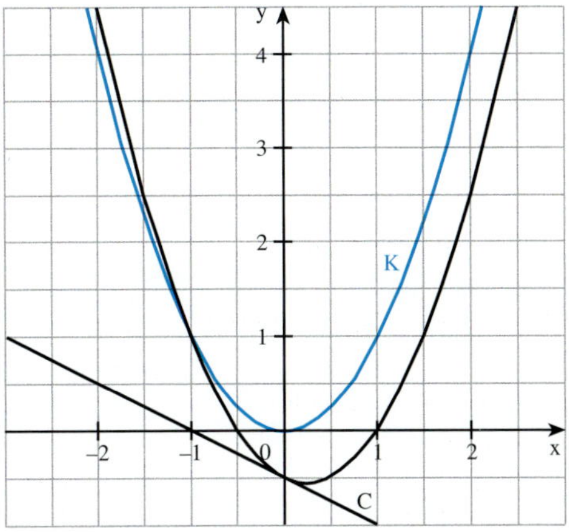

c) $f(x) = \frac{1}{x}$, $g(x) = -\frac{1}{2}x + \frac{1}{4}$

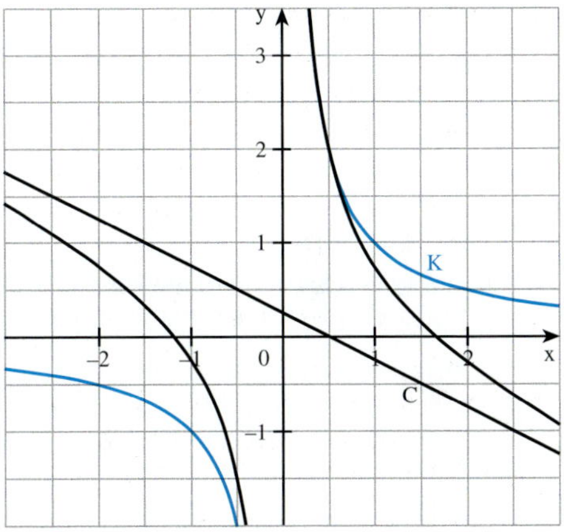

b) $f(x) = \frac{1}{2}x^2$, $g(x) = \frac{1}{4}x - \frac{3}{4}$

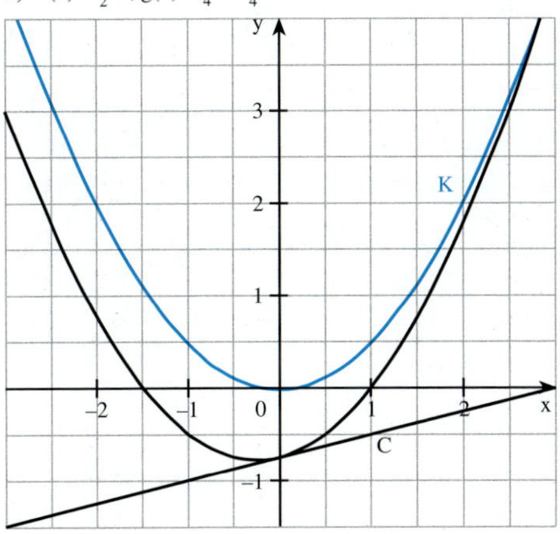

d) $f(x) = \frac{1}{x}$, $g(x) = \frac{1}{2}x + \frac{1}{2}$

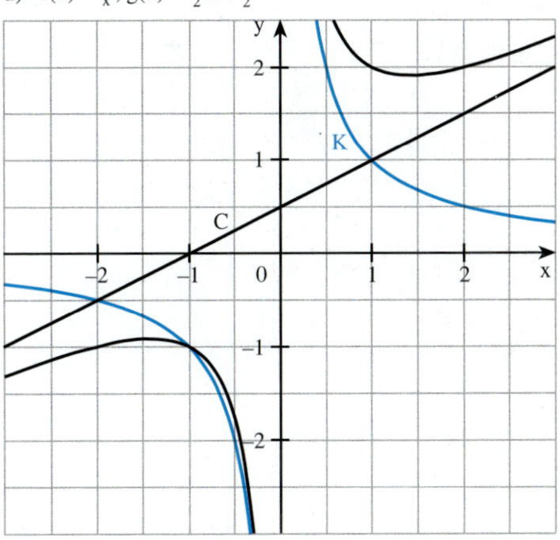

Seite 25 **3 Differentialrechnung**

3.1 Grenzwerte

1. **a)** 0 **d)** 1 **g)** 3 **j)** 0 **m)** −1 **p)** 0
b) 0 **e)** −2 **h)** −2 **k)** 2 **n)** 0 **q)** 0
c) 0 **f)** $-\frac{2}{3}$ **i)** 2 **l)** $\frac{1}{2}$ **o)** $-\frac{1}{2}$ **r)** 0

2. **a)** 0 **b)** 0 **c)** 0 **d)** 3 **e)** $-\frac{1}{3}$ **f)** $\frac{3}{2}$ **g)** 0 **h)** −1 **i)** 0 **j)** 0 **k)** 1 **l)** 0

Seite 26

3. **a)** $f(x) \to +\infty$ **b)** $f(x) \to -\infty$ **c)** $f(x) \to -\infty$ **d)** $f(x) \to +\infty$ **e)** $f(x) \to +\infty$ **f)** $f(x) \to -\infty$ **g)** $f(x) \to +\infty$ **h)** $f(x) \to -\infty$ **i)** $f(x) \to +\infty$ **j)** $f(x) \to -\infty$ **k)** $f(x) \to +\infty$ **l)** $f(x) \to +\infty$ **m)** $f(x) \to -\infty$ **n)** $f(x) \to +\infty$

4. **a)** $f(x) \to -\infty$ **b)** $f(x) \to +\infty$ **c)** $f(x) \to -\infty$ **d)** $f(x) \to +\infty$ **e)** $f(x) \to +\infty$ **f)** $f(x) \to -\infty$ **g)** $f(x) \to -\infty$ **h)** $f(x) \to -\infty$ **i)** $f(x) \to -\infty$ **j)** $f(x) \to -\infty$ **k)** $f(x) \to 0$ **l)** $f(x) \to +\infty$ **m)** $f(x) \to 0$ **n)** $f(x) \to +\infty$

5. **a)** 3 **b)** 4 **c)** -250 **d)** $2-\sqrt{2}$ **e)** 27 **f)** 1 **g)** 0 **h)** 4 **i)** $\frac{1}{2}$ **j)** -1 **k)** -1 **l)** 0 **m)** 3t **n)** 0 **o)** -1 **p)** 0 **q)** $\frac{1}{3}$ **r)** $\frac{1}{30}$ **s)** $\frac{10}{9}$ **t)** $-\frac{8}{9}$ **u)** $\frac{1}{4}$

Seite 27

6. **a)** -6 **b)** $-\frac{4}{3}$ **c)** 1 **d)** -2 **e)** -11 **f)** $\frac{5}{2}$ **g)** $\frac{5}{2}$ **h)** $\frac{2}{3}$ **i)** $-\frac{18}{5}$ **j)** -2 **k)** 1 **l)** 6 **m)** $\frac{2}{3}$ **n)** $-\frac{1}{3}$ **o)** $\frac{7}{2}$ **p)** 0

7. **a)** $f(x) \to +\infty$ $(f(x) \to -\infty)$
b) $f(x) \to -\infty$ $(f(x) \to -\infty)$
c) $f(x) \to -\infty$ $(f(x) \to +\infty)$
d) $f(x) \to +\infty$ $(f(x) \to +\infty)$
e) $f(x) \to +\infty$ $(f(x) \to -\infty)$
f) $f(x) \to -\infty$ $(f(x) \to +\infty)$
g) $f(x) \to +\infty$ $(f(x) \to -\infty)$
h) $f(x) \to +\infty$ $(f(x) \to +\infty)$
i) $f(x) \to -\infty$ $(f(x) \to -\infty)$
j) $f(x) \to -\infty$ $(f(x) \to +\infty)$
k) $f(x) \to +\infty$ $(f(x) \to -\infty)$
l) $f(x) \to -\infty$ $(f(x) \to -\infty)$
m) $f(x) \to +\infty$ $(f(x) \to -\infty)$

Seite 28

8. **a)** $g = 1$ **b)** $g = -1$ **c)** $g = 2$ **d)** $g_l = -1 \neq 1 = g_r$ **e)** g_l existiert nicht; $g_r = 0$ **f)** $g_l = -\frac{1}{2} \neq 0 = g_r$ **g)** $g_l = -2 \neq 0 = g_r$ **h)** $g = \frac{1}{2}$

Seite 29

3.2 Stetigkeit

1. **a)** f ist an der Stelle a stetig; f ist an der Stelle b rechtsseitig stetig; f ist an der Stelle c unstetig.
b) f ist an der Stelle a rechtsseitig stetig; f ist an der Stelle b stetig; f ist an der Stelle c rechtsseitig stetig.

2. **a)** $\lim\limits_{x \to 2} f(x) = f(2) = 4 \Rightarrow$ f ist an der Stelle 2 stetig.
$(\lim\limits_{x \to \sqrt{3}} f(x) = f(\sqrt{3}) = 3 \Rightarrow$ f ist an der Stelle $\sqrt{3}$ stetig.)

b) $\lim\limits_{x \to -1} f(x) = f(-1) = \frac{1}{3} \Rightarrow$ f ist an der Stelle -1 stetig.
$(\lim\limits_{x \to 0} f(x) = f(0) = 0 \Rightarrow$ f ist an der Stelle 0 stetig.)

c) $\lim\limits_{x \to 2} f(x) = f(2) = \sqrt{2} \Rightarrow$ f ist an der Stelle 2 stetig.
$(\lim\limits_{x \to 0+} f(x) = f(0) = 0 \Rightarrow$ f ist an der Stelle 0 rechtsseitig stetig.)

d) $\lim\limits_{x \to 0} f(x) = f(0) = 1 \Rightarrow$ f ist an der Stelle 0 stetig.
$(\lim\limits_{x \to 1} f(x) = f(1) = \frac{1}{3} \Rightarrow$ f ist an der Stelle 1 stetig.)

3. **a)** $g_r = g_l = f(1) = 1$

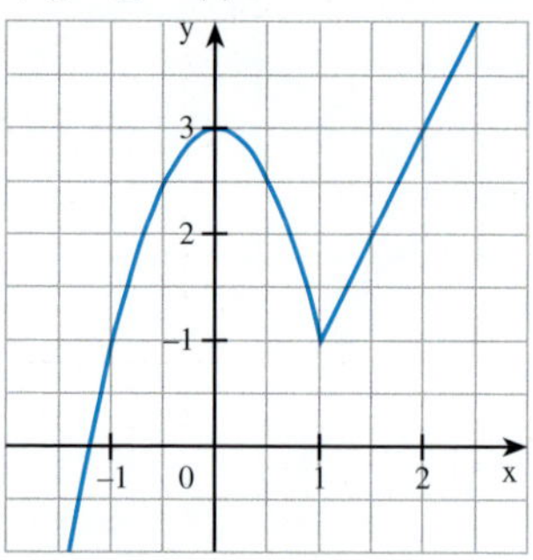

f ist an der Stelle 1 stetig.

b) $g_l = f(0) = 1 \neq g_r = 3$

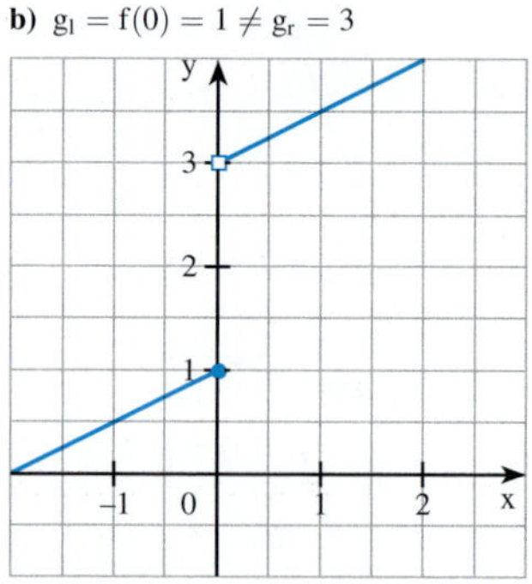

f ist an der Stelle 0 linksseitig stetig.

c) $g_l = g_r = f(-1) = 3$

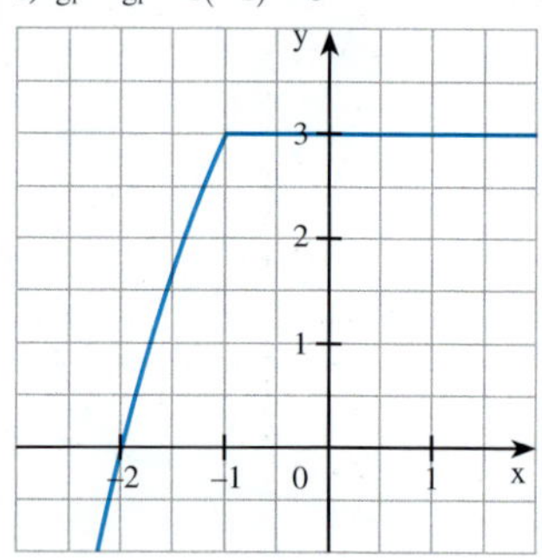

f ist an der Stelle -1 stetig.

Seite 29 **3. d)** $g_l = f(\frac{1}{2}) = \frac{1}{2} \neq g_r = 4$

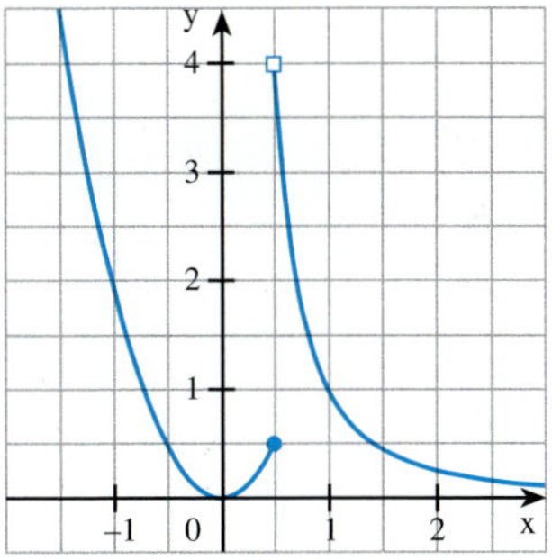

f ist an der Stelle $\frac{1}{2}$ linksseitig stetig.

e) $g_l = g_r = -1 \neq f(-1) = 0$

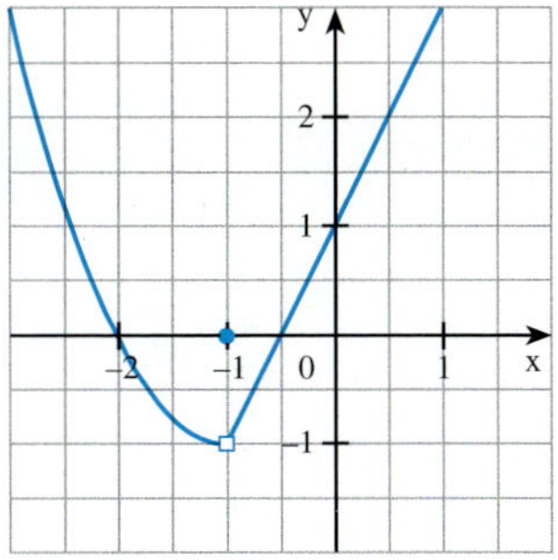

Es existiert zwar ein Grenzwert der Funktionswerte an der Stelle -1, dieser stimmt aber nicht mit dem Funktionswert an der Stelle -1 überein. Damit ist f an der Stelle -1 unstetig.

f) $g_l = f(2) = \frac{9}{4} \neq g_r = \frac{3}{2}$

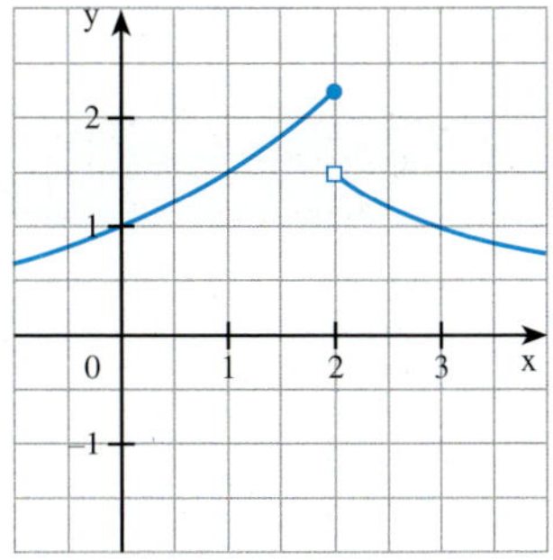

f ist an der Stelle 2 linksseitig stetig.

Seite 30 **4. a)** $t = 4\frac{1}{2}$ **b)** $t = -\frac{1}{8}$ **c)** $t = -1$ **d)** $t = -6 \vee t = 2$

5. a) f ist stetig auf $\mathbb{R}$
b) f ist stetig auf $\mathbb{R}$
c) f ist stetig auf $\mathbb{R}$
d) f ist stetig auf $\mathbb{R} \setminus \{0\}$
e) f ist stetig auf $[-1; \infty[$
f) f ist stetig auf $\mathbb{R}^+$

3.3 Differenzierbarkeit und Ableitung

1. a) $m_s = 1$ $[m_s = 1{,}9;\ m_s = 1{,}99;\ m_s = 1{,}999]$
b) $m_s = 0{,}1$ $[m_s = 0{,}01;\ m_s = 0{,}001]$
c) $m_s = -1{,}9$ $[m_s = -2{,}1;\ m_s = -1{,}99;\ m_s = -2{,}01]$

Seite 31 **2. a)** f ist an den Stellen a und b differenzierbar
b) f ist weder an der Stelle a noch an der Stelle b differenzierbar
c) f ist an der Stelle a differenzierbar; an der Stelle b ist f nicht differenzierbar
d) f ist an der Stelle a differenzierbar; an der Stelle b ist f nicht differenzierbar

Seite 32 **3. a)** $\frac{1}{3}(\frac{1}{3}; \frac{1}{3})$ **c)** $2(-4; 2\sqrt{3})$ **e)** $-2(-2; -\frac{1}{2})$ **g)** $0(3; 12)$
b) $m(m; m)$ **d)** $0(4; -2)$ **f)** $\frac{1}{2}(\frac{1}{4}$; existiert nicht) **h)** $0(-\frac{1}{2}; -\frac{6}{100})$

4. a) $t: y = \frac{1}{2}x + 1;\ n: y = -2x + 1$
b) $t: y = 4x - 3;\ n: y = -\frac{1}{4}x + \frac{11}{2}$
c) $t: y = 4x - 4;\ n: y = -\frac{1}{4}x - \frac{15}{8}$
d) $t: y = 12x + 16;\ n: y = -\frac{1}{12}x - \frac{49}{6}$

Seite 33 **5. a)** $f'(2) = 2$

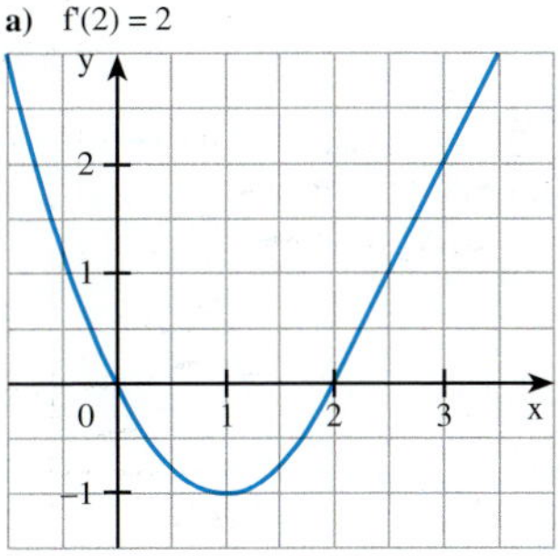

b) $f'(0) = 0$

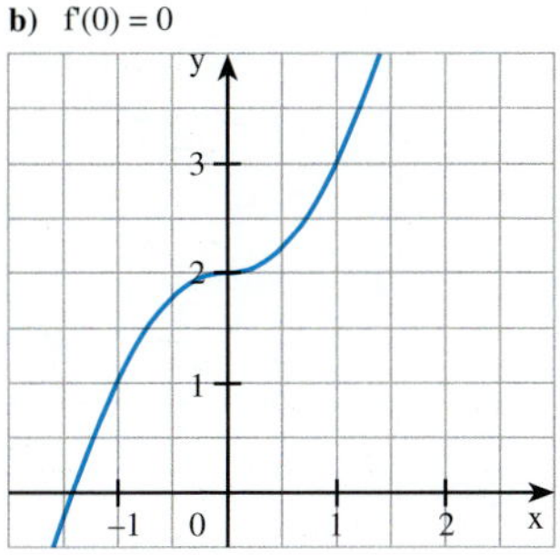

c) $f'_l(1) = 0 \neq f'_r(1) = -1$

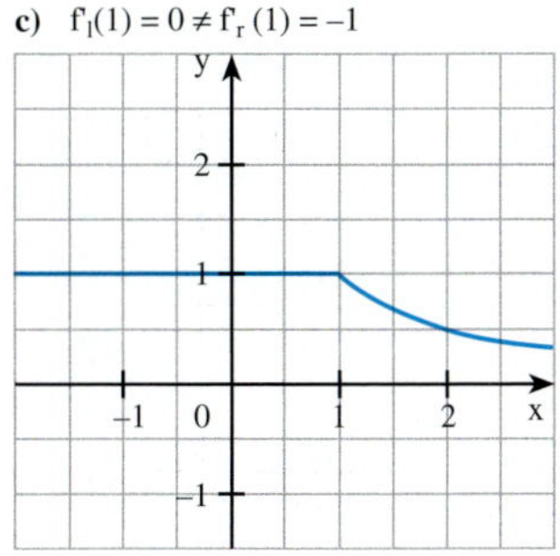

Seite 33 **5.** **d)** $f'_l(-1)$ existiert nicht, $f'_r(-1) = \frac{1}{2}$ **e)** $f'_l(1) = 1 \neq f'_r(1) = -1$ **f)** $f'_l(-2)$ existiert nicht, $f'_r(-2) = 0$

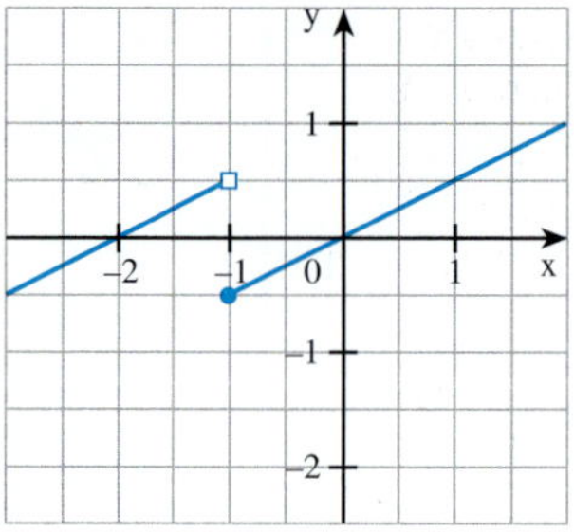

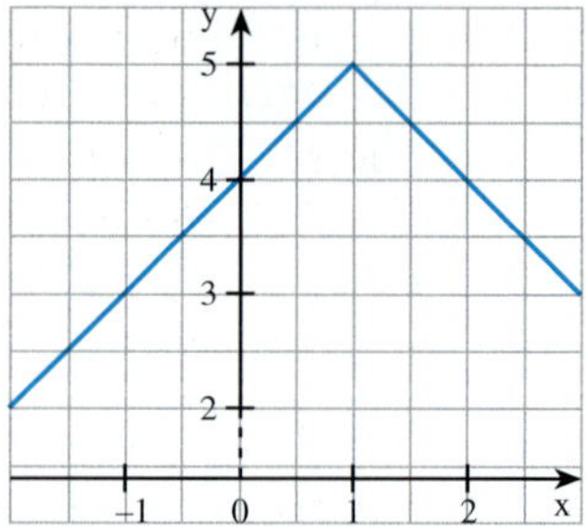

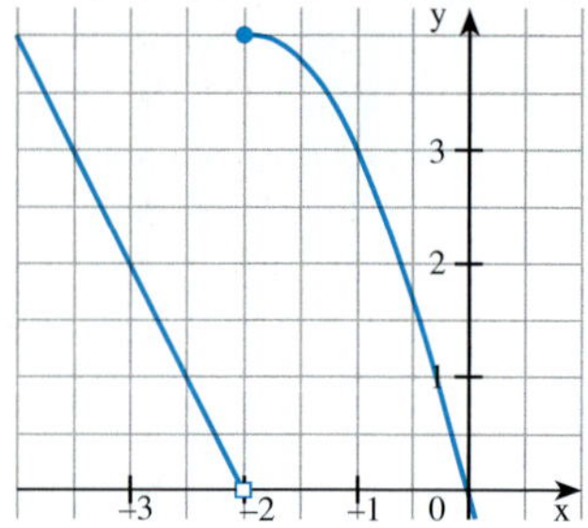

6. **a)** $f'(x) = \frac{1}{2}$, $x \in \mathbb{R}$ **c)** $f'(x) = x + 2$, $x \in \mathbb{R}$ **e)** $f'(x) = 6x^2$, $x \in \mathbb{R}$
b) $f'(x) = -2x$, $x \in \mathbb{R}$ **d)** $f'(x) = -\frac{2}{x^2}$, $x \in \mathbb{R}^+$ **f)** $f'(x) = \frac{1}{2\sqrt{x}}$, $x \in \mathbb{R}^+$

Seite 34 **7.** **a)** $f'(x) = 0$, $x \in \mathbb{R}$ **e)** $f'(x) = 4x^3$, $x \in \mathbb{R}$ **i)** $f'(x) = \frac{3}{2}\sqrt{x}$, $x \in \mathbb{R}_0^+$
b) $f'(x) = 1$, $x \in \mathbb{R}$ **f)** $f'(x) = 5x^4$, $x \in \mathbb{R}$ **j)** $f'(x) = -\frac{1}{2x\sqrt{x}}$, $x \in \mathbb{R}^+$
c) $f'(x) = 2x$, $x \in \mathbb{R}$ **g)** $f'(x) = -\frac{2}{x^3}$, $x \in \mathbb{R} \setminus \{0\}$ **k)** $f'(x) = \frac{4}{5}x^{-\frac{1}{5}}$, $x \in \mathbb{R}^+$
d) $f'(x) = 3x^2$, $x \in \mathbb{R}$ **h)** $f'(x) = -\frac{3}{x^4}$, $x \in \mathbb{R} \setminus \{0\}$ **l)** $f'(x) = \sqrt{2} \cdot x^{\sqrt{2}-1}$, $x \in \mathbb{R}_0^+$

Seite 34 **8.** **a)** $f'(x) = 2x + 1$, $x \in \mathbb{R}$ **j)** $f'(x) = 2x + 2$, $x \in \mathbb{R}$ **s)** $f'(a) = 4a + \frac{1}{a^2}$, $a \in \mathbb{R}$
b) $f'(x) = 4x^3$, $x \in \mathbb{R}$ **k)** $f'(x) = 0$, $x \in \mathbb{R}$, $t \in \mathbb{R}$ **t)** $f'(h) = \frac{1}{2}x + 3h^2$, $h \in \mathbb{R}$, $x \in \mathbb{R}$
c) $f'(x) = 6x$, $x \in \mathbb{R}$ **l)** $f'(x) = \frac{3}{2}x^2 + 8x$, $x \in \mathbb{R}$ **u)** $f'(r) = \frac{-2V}{\pi r^3}$, $r \in \mathbb{R}^+$, $V \in \mathbb{R}^+$
d) $f'(x) = -4x^3$, $x \in \mathbb{R}$ **m)** $f'(x) = \frac{1}{2}x^2 - 2$, $x \in \mathbb{R}$ **v)** $f'(z) = \frac{3}{2\sqrt{z}} - \frac{6}{z^4}$, $z \in \mathbb{R}^+$
e) $f'(x) = -\frac{4}{x^2}$, $x \in \mathbb{R} \setminus \{0\}$ **n)** $f'(x) = \frac{1}{3}x^3 + 2x^2$, $x \in \mathbb{R}$ **w)** $f'(x) = 2tx^2 + 2tx$, $x \in \mathbb{R}$, $t \in \mathbb{R}$
f) $f'(x) = \frac{2}{\sqrt{x}}$, $x \in \mathbb{R}^+$ **o)** $f'(x) = 2x$, $x \in \mathbb{R}$, $t \in \mathbb{R}$ **x)** $f'(x) = \frac{8}{t}x^3 + 9x^2$, $x \in \mathbb{R}$, $t \in \mathbb{R}^+$
g) $f'(x) = \frac{1}{2}$, $x \in \mathbb{R}$ **p)** $f'(t) = 2x$, $t \in \mathbb{R}$, $x \in \mathbb{R}$ **y)** $f'(t) = -\frac{2}{t^2}x^4 + 2t$, $t \in \mathbb{R}^+$, $x \in \mathbb{R}$
h) $f'(x) = -\frac{2}{3}$, $x \in \mathbb{R}$ **q)** $f'(p) = \frac{4}{9}p^3 + 12p^2$, $p \in \mathbb{R}$ **z)** $f'(x) = 8x + 4$
i) $f'(x) = -2$, $x \in \mathbb{R}$ **r)** $f'(m) = \frac{7}{81}m^6 + \frac{1}{8}m^5$, $m \in \mathbb{R}$

9. **a)** $f'(x) = \sin x + x \cdot \cos x$, $x \in \mathbb{R}$ **d)** $f'(x) = \frac{1}{2\sqrt{x}}\cos x - \sqrt{x}\sin x$, $x \in \mathbb{R}^+$
b) $f'(x) = -\frac{1}{x^2}\sin x + \frac{1}{x}\cos x$, $x \in \mathbb{R} \setminus \{0\}$ **e)** $f'(x) = (3x^2 - 1)\cos x - (x^3 - x)\sin x$, $x \in \mathbb{R}$
c) $f'(x) = \cos^2 x - \sin^2 x$, $x \in \mathbb{R}$ **f)** $f'(x) = 0$

Seite 35 **10.** **a)** $f'(x) = -4(2 - x)^3$, $x \in \mathbb{R}$ **f)** $f'(x) = \frac{-3x^2}{(x^3 + 1)^2}$, $x \in \mathbb{R} \setminus \{-1\}$
b) $f'(x) = \frac{-2}{(2x - 1)^2}$, $x \in \mathbb{R} \setminus \{\frac{1}{2}\}$ **g)** $f'(x) = \frac{1}{2\sqrt{x - 1}}$, $x > 1$
c) $f'(x) = \frac{-6}{(x + 1)^3}$, $x \in \mathbb{R} \setminus \{-1\}$ **h)** $f'(x) = -\frac{x}{(x^2 + 2)\sqrt{x^2 + 2}}$, $x \in \mathbb{R}$
d) $f'(x) = 2(x^3 + 2x)(3x^2 + 2)$, $x \in \mathbb{R}$ **i)** $f'(x) = 2\cos 2x$, $x \in \mathbb{R}$
e) $f'(x) = \frac{-4x}{(1 + x^2)^3}$, $x \in \mathbb{R}$ **j)** $f'(t) = -\omega \sin(\omega t)$, $t \in \mathbb{R}$, $\omega \in \mathbb{R}^+$

11. **a)** $f'(x) = \frac{3}{(x + 1)^2}$, $x \in \mathbb{R} \setminus \{-1\}$ **e)** $f'(x) = 2 + \frac{-x^2 + 1}{(x^2 + 1)^2}$, $x \in \mathbb{R}$
b) $f'(x) = \frac{-12x}{(2x^2 + 3)^3}$, $x \in \mathbb{R}$ **f)** $f'(x) = 2x + \frac{-x^2 - 4}{(x^2 - 4)^2}$, $x \in \mathbb{R} \setminus \{-2; 2\}$
c) $f'(x) = \frac{-2x - 6}{(x - 3)^3}$, $x \in \mathbb{R} \setminus \{3\}$ **g)** $f'(x) = \frac{-20x^2 + 8}{(x^2 + 2)^4}$, $x \in \mathbb{R}$
d) $f'(x) = \frac{x^4 - 6x^3 + 6x^2}{(x^2 - 3x + 2)^2}$, $x \in \mathbb{R} \setminus \{1; 2\}$ **h)** $f'(x) = \frac{5x^3 - 6x^2 - 8}{(x^3 + 8)^3}$, $x \in \mathbb{R} \setminus \{-2\}$

Seite 35

12. a) $f'(x) = \frac{1}{2},\ x \in \mathbb{R}$
$f''(x) = 0,\ x \in \mathbb{R}$
$f'''(x) = 0,\ x \in \mathbb{R}$

b) $f'(x) = 3x - 4,\ x \in \mathbb{R}$
$f''(x) = 3,\ x \in \mathbb{R}$
$f'''(x) = 0,\ x \in \mathbb{R}$

c) $f'(x) = \frac{1}{4}x^2 - \frac{5}{3}x + 1,\ x \in \mathbb{R}$
$f''(x) = \frac{1}{2}x - \frac{5}{3},\ x \in \mathbb{R}$
$f'''(x) = \frac{1}{2},\ x \in \mathbb{R}$

d) $f'(x) = 3ax^2 + 2bx + c,\ x \in \mathbb{R}$
$f''(x) = 6ax + 2b,\ x \in \mathbb{R}$
$f'''(x) = 6a,\ x \in \mathbb{R}$

e) $f'(x) = 4ax^3 + 2bx,\ x \in \mathbb{R}$
$f''(x) = 12ax^2 + 2b,\ x \in \mathbb{R}$
$f'''(x) = 24ax,\ x \in \mathbb{R}$

f) $f'(x) = 2 + \frac{1}{x^2},\ x \in \mathbb{R} \setminus \{0\}$
$f''(x) = -\frac{2}{x^3},\ x \in \mathbb{R} \setminus \{0\}$
$f'''(x) = \frac{6}{x^4},\ x \in \mathbb{R} \setminus \{0\}$

g) $f'(x) = 2x\cos 2x + \sin 2x,\ x \in \mathbb{R}$
$f''(x) = 4\cos 2x - 4x \cdot \sin 2x,\ x \in \mathbb{R}$
$f'''(x) = -8x\cos 2x - 12\sin 2x,\ x \in \mathbb{R}$

h) $f'(x) = 2x\cos x^2,\ x \in \mathbb{R}$
$f''(x) = 2\cos(x^2) - 4x^2\sin(x^2),\ x \in \mathbb{R}$
$f'''(x) = -8x^3\cos(x^2) - 12x\sin(x^2),\ x \in \mathbb{R}$

i) $f'(x) = 8x \cdot (x^2 + 1)^3,\ x \in \mathbb{R}$
$f''(x) = (56x^2 + 8)(x^2 + 1)^2,\ x \in \mathbb{R}$
$f'''(x) = (336x^3 + 144x)(x^2 + 1),\ x \in \mathbb{R}$

j) $f'(x) = \frac{3}{(2-x)^2},\ x \in \mathbb{R} \setminus \{2\}$
$f''(x) = \frac{6}{(2-x)^3},\ x \in \mathbb{R} \setminus \{2\}$
$f'''(x) = \frac{18}{(2-x)^4},\ x \in \mathbb{R} \setminus \{2\}$

k) $f'(x) = \frac{5}{(x+1)^2},\ x \in \mathbb{R} \setminus \{-1\}$
$f''(x) = \frac{-10}{(x+1)^3},\ x \in \mathbb{R} \setminus \{-1\}$
$f'''(x) = \frac{30}{(x+1)^3},\ x \in \mathbb{R} \setminus \{-1\}$

l) $f'(x) = \frac{-2x}{(x-1)^3},\ x \in \mathbb{R} \setminus \{1\}$
$f''(x) = \frac{4x+2}{(x-1)^4},\ x \in \mathbb{R} \setminus \{1\}$
$f'''(x) = \frac{-12x-12}{(x-1)^5},\ x \in \mathbb{R} \setminus \{1\}$

4. Bausteine einer Kurvendiskussion

4.1 Symmetrie

Seite 36 **1.** Die Funktion ist gerade und ihr Schaubild symmetrisch zur y-Achse bei a), b), l), n), o) und p).
Die Funktion ist ungerade und ihr Schaubild symmetrisch zum Ursprung bei d), f), h), j), k).
Die Funktionen sind weder gerade noch ungerade und damit auch keine Symmetrie erkennbar bei c), e), g), i), m).

4.2 Asymptoten und Näherungskurven

Seite 37 **1.** **a)** 1 ist Polstelle mit Vorzeichenwechsel
b) $\frac{1}{2}$ ist Polstelle mit Vorzeichenwechsel
c) 0 ist Polstelle ohne Vorzeichenwechsel
d) 1 ist Polstelle ohne Vorzeichenwechsel
e) 0 ist stetig hebbare Definitionslücke, 5 ist Polstelle mit Vorzeichenwechsel
f) 0 und $-\frac{3}{2}$ sind Polstellen mit Vorzeichenwechsel
g) -1 ist stetig hebbare Definitionslücke; 3 ist Polstelle mit Vorzeichenwechsel
h) -3 ist Polstelle mit Vorzeichenwechsel; -2 ist stetig hebbare Definitionslücke
i) -1 ist stetig hebbare Definitionslücke; 0 und 1 sind Polstellen mit Vorzeichenwechsel
j) 0 ist Polstelle ohne Vorzeichenwechsel; $-\frac{4}{3}$ ist Polstelle mit Vorzeichenwechsel

Seite 38 **2.** **a)** $x = 3; \quad y = 0$

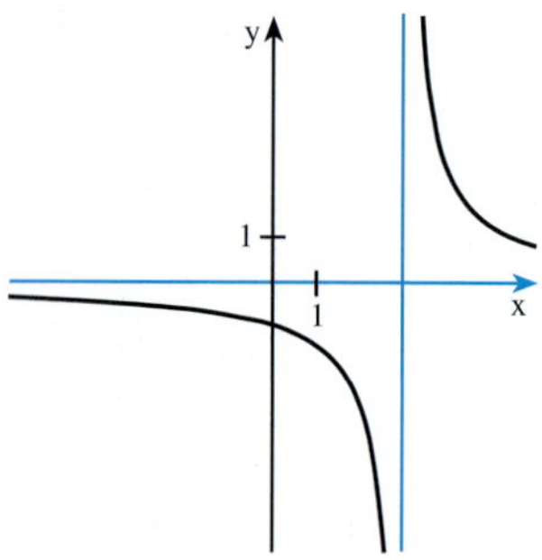

d) $f(x) = \frac{2}{3} + \frac{1}{x-2}$
$x = 2; \quad y = \frac{2}{3}$

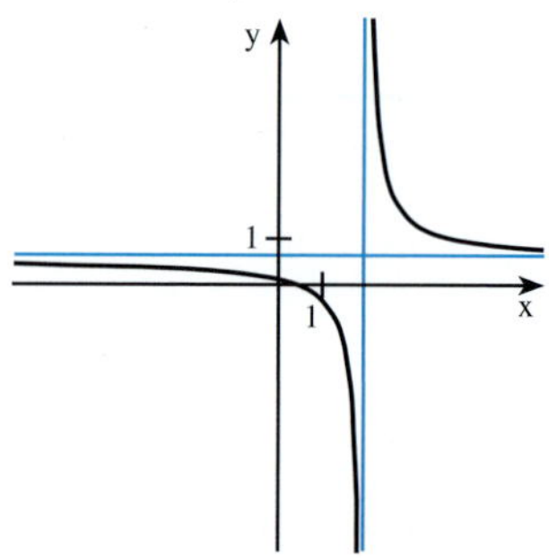

g) $f(x) = x^2 + \frac{1}{2x-1}$;
$x = \frac{1}{2}; \quad y = x^2$

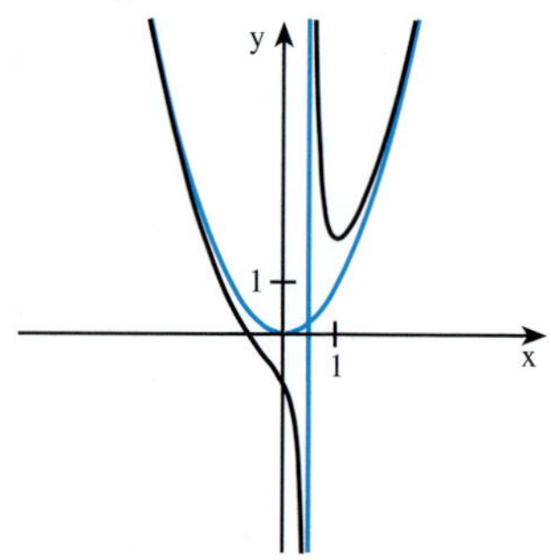

b) $x = -2; \quad y = 0$

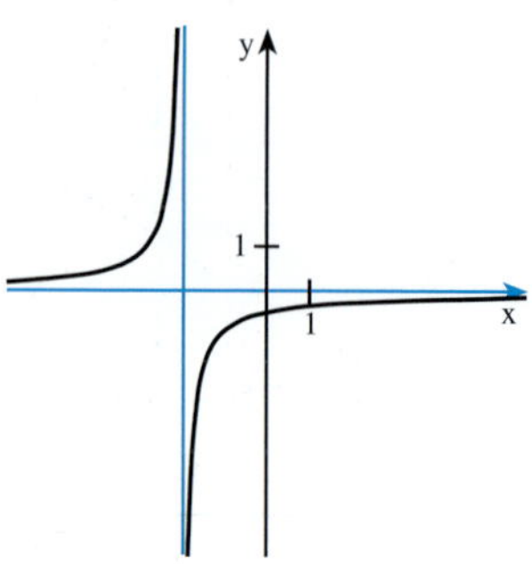

e) $f(x) = x + 2 + \frac{4}{x-2}$
$x = 2; \quad y = x + 2$

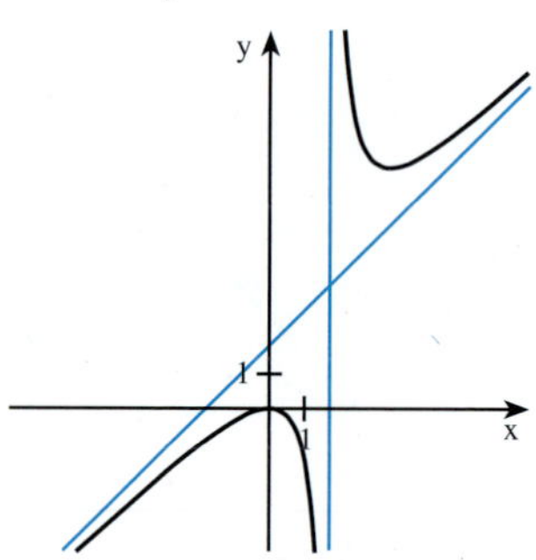

h) $f(x) = x^2 + 1 - \frac{1}{x-2}$
$x = 2; \quad y = x^2 + 1$

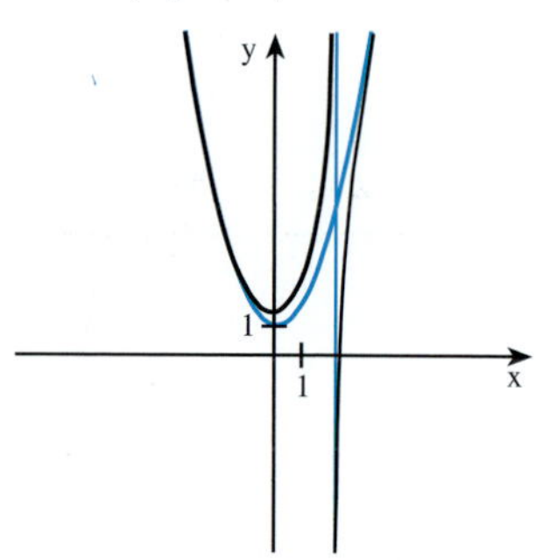

c) $f(x) = 1 - \frac{2}{x}$;
$x = 0; \quad y = 1$

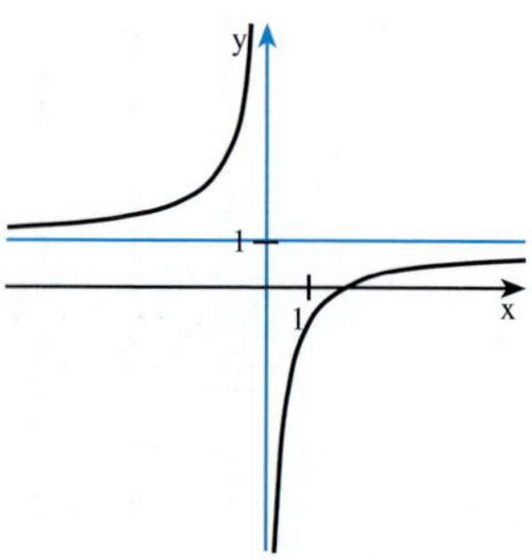

f) $f(x) = \frac{1}{2}x - \frac{1}{4} - \frac{3}{8x+4}$
$x = -\frac{1}{2}; \quad y = \frac{1}{2}x - \frac{1}{4}$

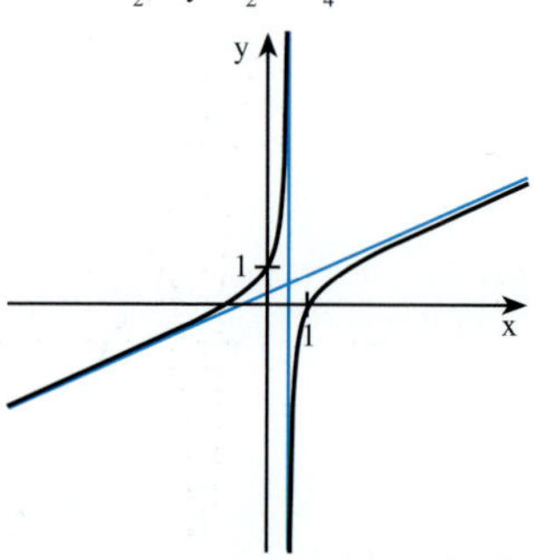

i) $x = \frac{2}{3}; \quad y = 2$

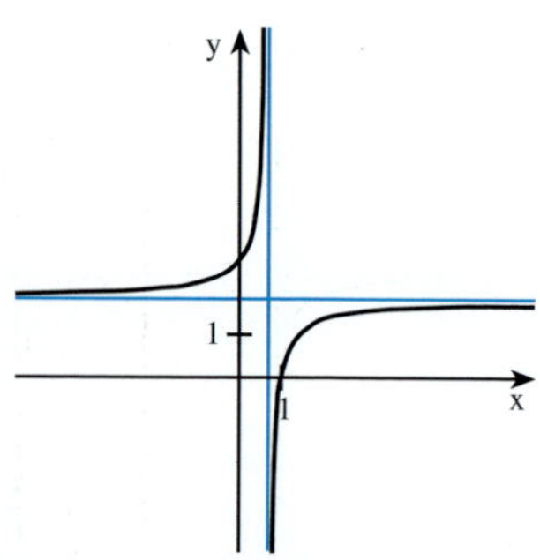

Seite 38 **2. j)** $x = -\frac{3}{5}$; $y = \frac{3}{4}x + 1$

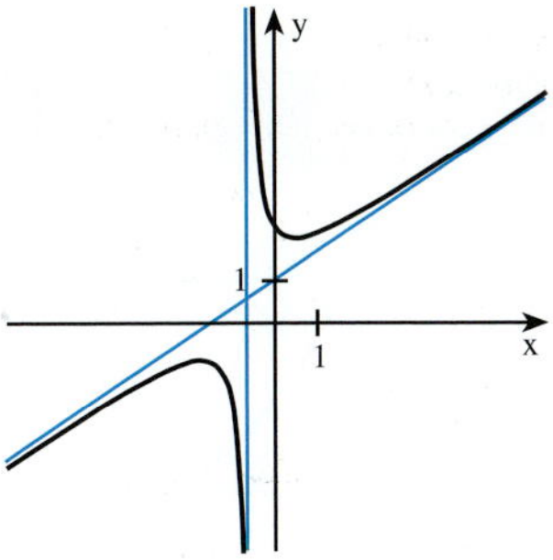

n) $x = 0$; $x = 3$; $y = 0$

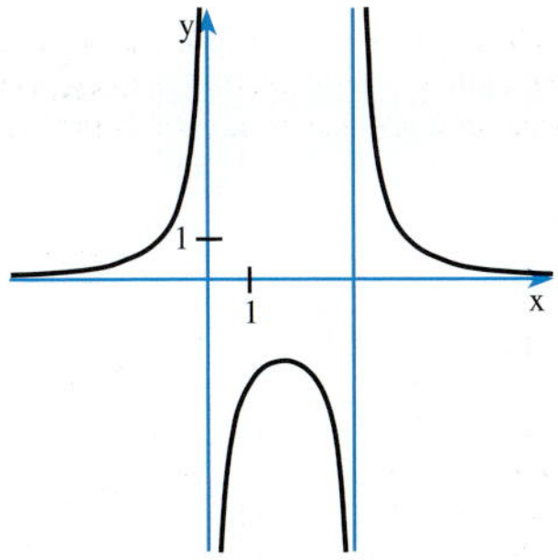

r) $f(x) = 3 + \frac{3x+18}{x^2-x-6}$
$x = -2$; $x = 3$; $y = 3$

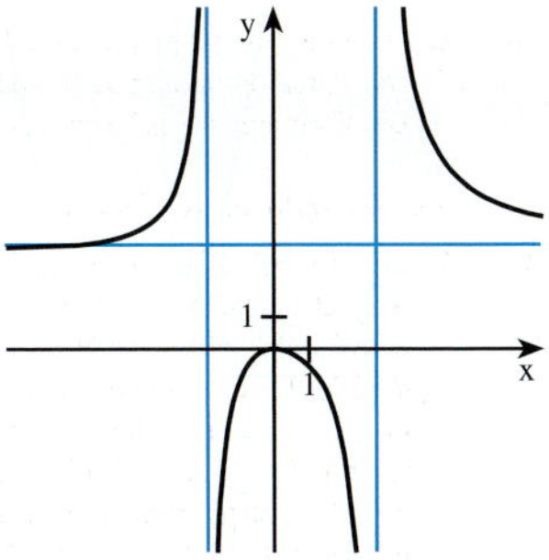

k) $x = 0$; $y = \frac{1}{2}x^2$

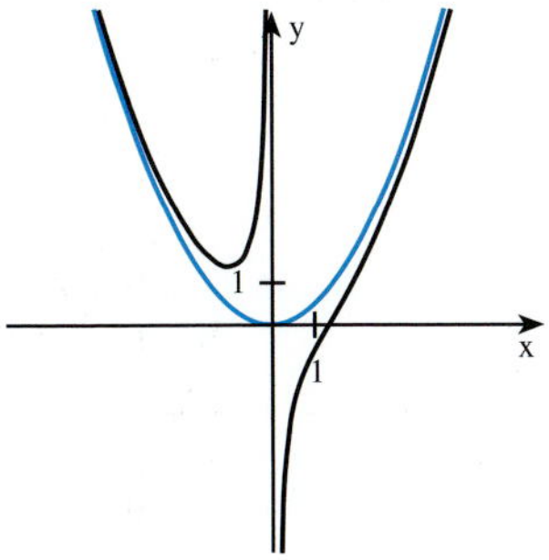

o) $f(x) = 2 - \frac{4}{x^2+2}$;
$y = 2$

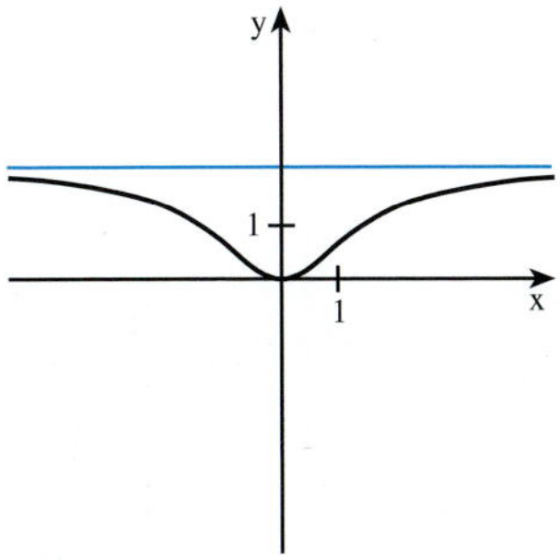

s) $f(x) = 2x - 4 + \frac{24x-32}{x^2+2x-8}$
$x = -4$; $x = 2$; $y = 2x - 4$

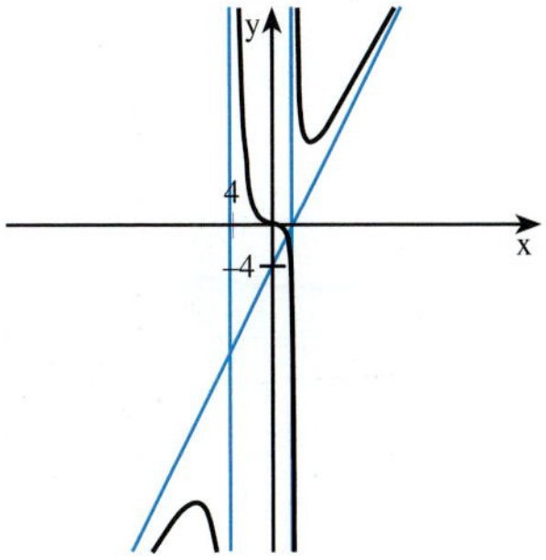

l) $x = 0$; $y = -x^3$

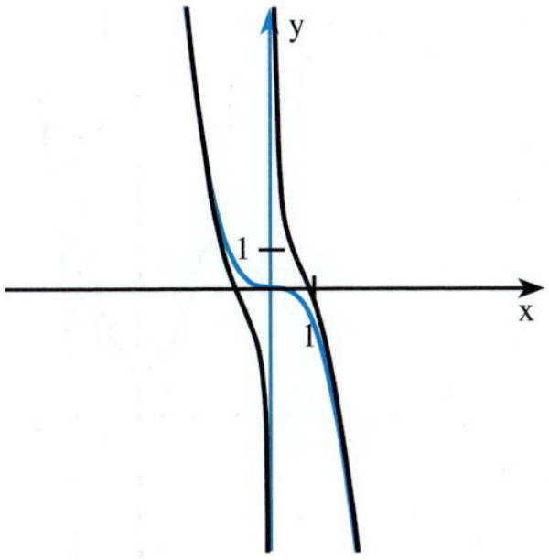

p) $f(x) = x - 4 + \frac{12x+16}{(x+2)^2}$
$x = -2$; $y = x - 4$

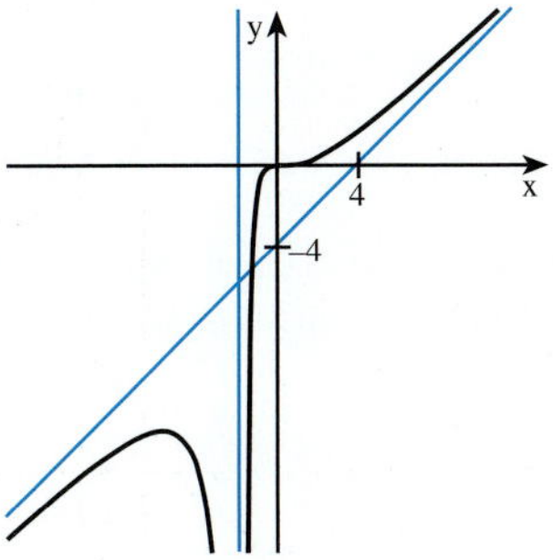

t) $f(x) = \frac{1}{2}x + 5 + \frac{20}{x-4}$
$x = 4$; $y = \frac{1}{2}x + 5$

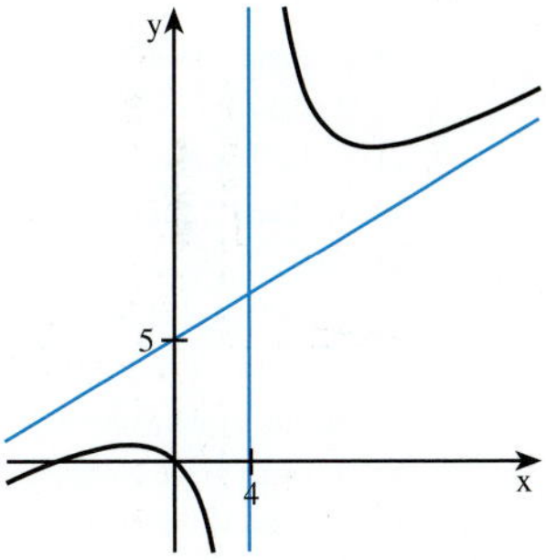

m) $x = -3$; $x = 3$; $y = 0$

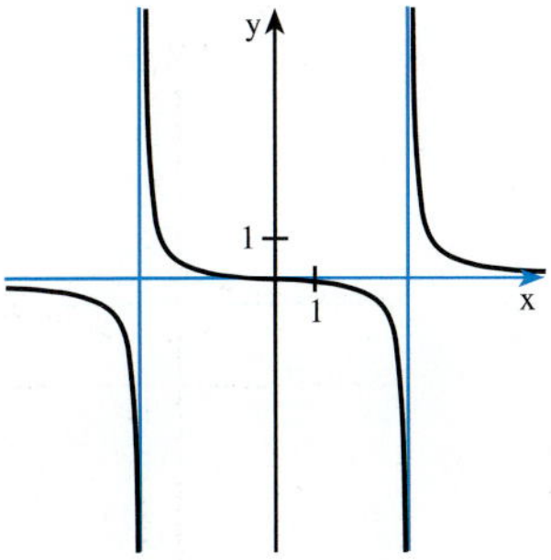

q) $f(x) = -2x + 6 - \frac{2}{x^2}$
$x = 0$; $y = -2x + 6$

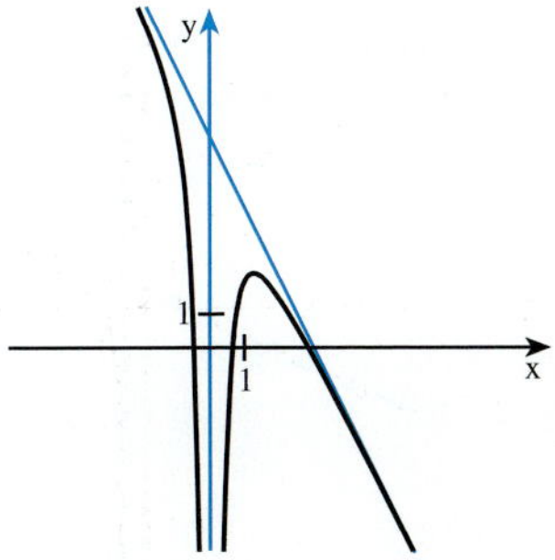

u) $x = -2$; $x = 2$; $y = \frac{1}{4}x^2$

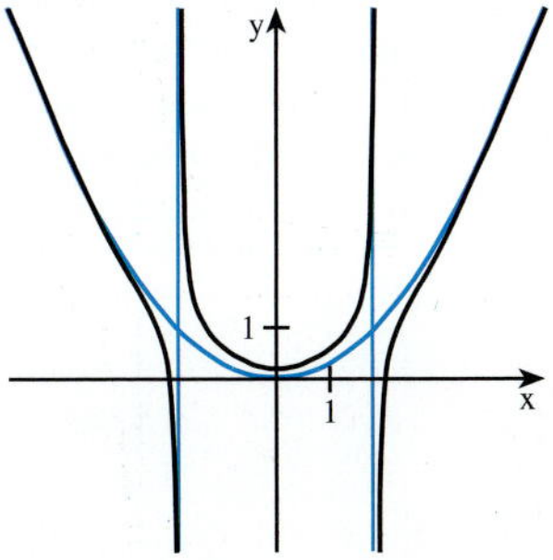

Seite 38 **2. v)** $f(x) = x^2 - \frac{1}{x^3}$

$x = 0;\quad y = x^2$

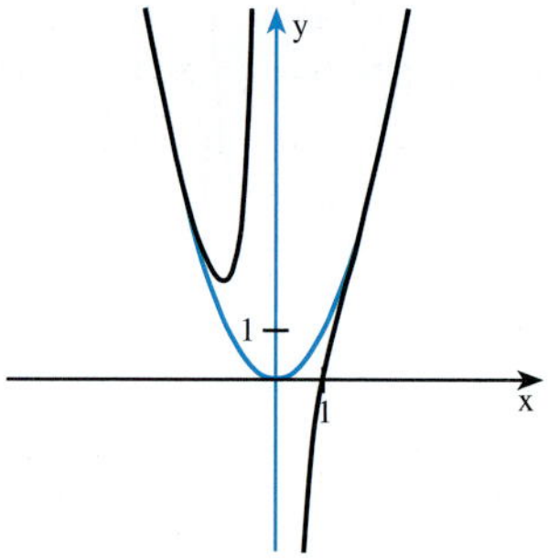

x) $y = -x + 2$

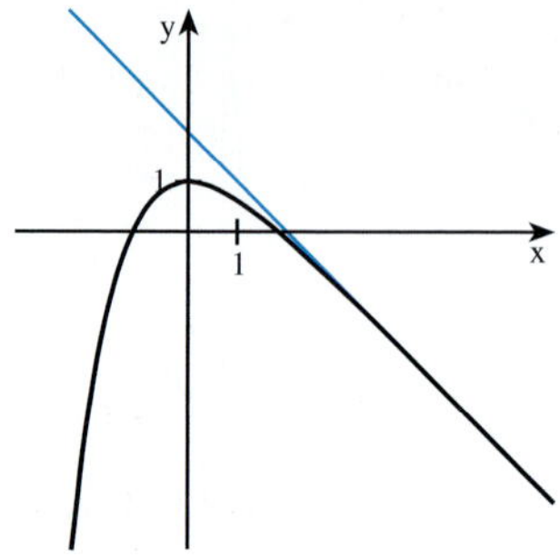

z) $y = \frac{1}{4}x^2$

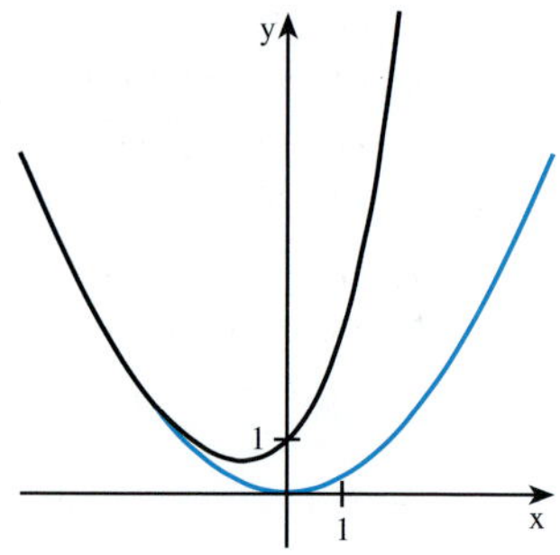

w) $y = 1$

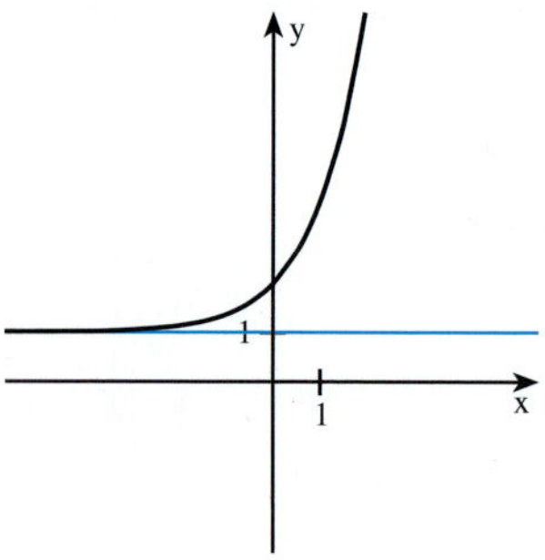

y) $y = 0$

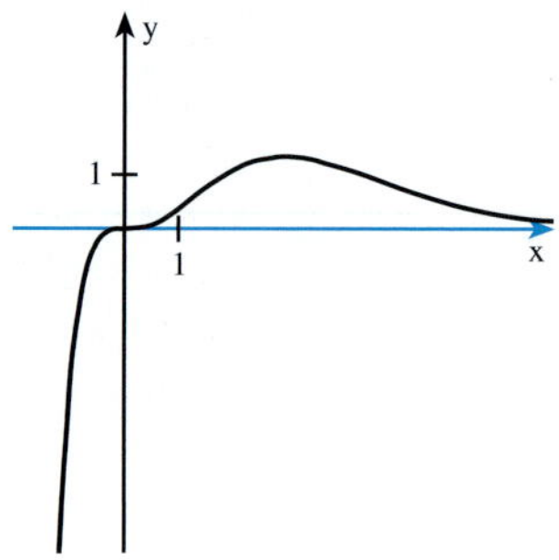

4.3 Schnittpunkte mit den Koordinatenachsen

Seite 39 **1. a)** $-\frac{9}{4}$ ist Nullstelle; $N(-\frac{9}{4} \mid 0)$; $S(0 \mid \frac{3}{2})$

b) $\frac{1}{2}$ ist Nullstelle; $N(\frac{1}{2} \mid 0)$; $S(0 \mid \frac{1}{8})$

c) -7 und 8 sind Nullstellen; $N_1(-7 \mid 0)$; $N_2(8 \mid 0)$; $S(0 \mid -56)$

d) f besitzt keine Nullstellen; $S(0 \mid 27)$

e) $-2\sqrt{2}$, 0 und $2\sqrt{2}$ sind Nullstellen; $N_1(-2\sqrt{2} \mid 0)$; $N_2(0 \mid 0)$; $N_3(2\sqrt{2} \mid 0)$; $S(0 \mid 0)$

f) 0, 2 und 3 sind Nullstellen; $N_1(0 \mid 0)$; $N_2(2 \mid 0)$; $N_3(3 \mid 0)$

g) -3, $-2\sqrt{2}$, $2\sqrt{2}$ und 3 sind Nullstellen; $N_1(-2\sqrt{2} \mid 0)$; $N_2(-3 \mid 0)$; $N_3(2\sqrt{2} \mid 0)$; $N_4(3 \mid 0)$; $S(0 \mid 72)$

h) 2 und -4 sind Nullstellen; $N_1(2 \mid 0)$; $N_2(-4 \mid 0)$; $S(0 \mid -4)$

i) -1 und 2 sind Nullstellen; $N_1(-1 \mid 0)$; $N_2(2 \mid 0)$; $S(0 \mid 2)$

j) 0 und 2 sind Nullstellen; $N_1(0 \mid 0)$; $N_2(2 \mid 0)$

k) f besitzt keine Nullstellen; $S(0 \mid 3)$

l) -3 und 0 sind Nullstellen; $N_1(-3 \mid 0)$; $N_2(0 \mid 0)$

m) 2 ist Nullstelle; $N(2 \mid 0)$; $S(0 \mid -3)$

n) 0 ist Nullstelle; $N(0 \mid 0)$

o) $\log_5 \frac{1}{2}$ ist Nullstelle; $N(\log_5 \frac{1}{2} \mid 0)$; $S(0 \mid 1)$

p) f besitzt keine Nullstellen; $S(0 \mid 2)$

q) $\frac{3}{2}\pi$ ist Nullstelle; $N(\frac{3}{2}\pi \mid 0)$; $S(0 \mid 1)$

r) $\frac{\pi}{3}$ und $\frac{5}{3}\pi$ sind Nullstellen; $N_1(\frac{\pi}{3} \mid 0)$; $N_2(\frac{5}{3}\pi \mid 0)$; $S(0 \mid -\frac{1}{2})$

s) 1 ist Nullstelle; $N(1 \mid 0)$

t) 6 ist Nullstelle; $N(6 \mid 0)$

Seite 40

2. a) $f(1) \cdot f(2) = (-1) \cdot 5 = -5 < 0$

$x_{n+1} = x_n - \frac{x_n^3 - x_n - 1}{3x_n^2 - 1}$

$a \approx 1{,}32$

b) $f(1) \cdot f(2) = (-5) \cdot 3 = -15 < 0$

$x_{n+1} = x_n - \frac{x_n^4 - x_n^3 - 5}{4x_n^3 - 3x_n^2}$

$a \approx 1{,}82$

c) $f(-2) \cdot f(0) = 14 \cdot (-2) = -28 < 0$

$x_{n+1} = x_n - \frac{-x_n^3 + 2x_n^2 - 2}{-3x_n^2 + 4x_n}$

$a \approx -0{,}84$

d) $f(0{,}5) \cdot f(1) = (-\frac{11}{16}) \cdot 3 = -\frac{33}{16} < 0$

$x_{n+1} = x_n - \frac{3x_n^4 + x_n^3 - 1}{12x_n^3 + 3x_n^2}$

$a \approx 0{,}69$

e) $f(0) \cdot f(3) = (-8) \cdot \frac{389}{2} = -1556 < 0$

$x_{n+1} = x_n - \frac{\frac{1}{2}x_n^5 + x_n^4 - 8}{\frac{5}{2}x_n^4 + 4x_n^3}$

$a \approx 1{,}47$

f) $f(2) \cdot f(4) = (-24) \cdot 416 = -9984 < 0$

$x_{n+1} = x_n - \frac{x_n^5 - 2x_n^4 - 6x_n^2}{5x_n^4 - 8x_n^3 - 12x_n}$

$a \approx 2{,}78$

3. Es sei $f(x) = g(x) - h(x)$

a) $f(0) \cdot f(2) = 8 \cdot (-4) = -32 < 0$

$x_{n+1} = x_n - \frac{-x_n^3 - x_n^2 + 8}{-3x_n^2 - 2x_n}$

$a \approx 1{,}72$

b) $f(1) \cdot f(3) = (-4) \cdot 18 = -72$

$x_{n+1} = x_n - \frac{x_n^3 - 2x_n - 3}{3x_n^2 - 2}$

$a \approx 1{,}89$

c) $f(-4) \cdot f(0) = 63 \cdot (-1) = -63 < 0$

$x_{n+1} = x_n - \frac{\frac{1}{2}x_n^4 + x_n^3 - 1}{2x_n^3 + 3x_n^2}$

$a \approx -2{,}19$

d) $f(1) \cdot f(\pi) \approx 0{,}34 \cdot (-\frac{\pi}{2}) \approx -0{,}54 < 0$

$x_{n+1} = x_n - \frac{\sin x_n - \frac{1}{2}x_n}{\cos x_n - \frac{1}{2}}$

$a \approx 1{,}90$

4. a) $a_1 = \frac{1}{2} - \frac{1}{2}\sqrt{5}; \quad a_2 = \frac{1}{2} + \frac{1}{2}\sqrt{5}$

$x_{n+1} = x_n - \frac{x_n^2 - x_n - 1}{2x_n - 1}$

$a_1 \approx -0{,}62; \quad a_2 \approx 1{,}62$

b) $a_1 = -\frac{3}{2} - \frac{1}{2}\sqrt{41}; \quad a_2 = -\frac{3}{2} + \frac{1}{2}\sqrt{41}$

$x_{n+1} = x_n - \frac{x_n^2 + 3x_n - 8}{2x_n + 3}$

$a_1 \approx -4{,}70; \quad a_2 \approx 1{,}70$

c) $a_1 = -1; \quad a_2 = \frac{1}{2}$

$x_{n+1} = x_n - \frac{2x_n^2 + x_n - 1}{4x_n + 1}$

$a_1 \approx -1{,}00; \quad a_2 \approx 0{,}50$

d) $a_1 = 3 + \sqrt{13}; \quad a_2 = 3 - \sqrt{13}$

$x_{n+1} = x_n - \frac{-\frac{1}{2}x_n^2 + 3x_n + 2}{-x_n + 3}$

$a_1 \approx -0{,}61; \quad a_2 \approx 6{,}61$

5. $x_{n+1} = x_n - \frac{x_n^3 + 2x_n + 1}{3x_n^2 + 2}$

$a \approx -0{,}45$

6. $x_{n+1} = x_n - \frac{x_n^2 - 5}{2x_n}$

$a \approx 2{,}2361$

4.4 Monotonie

Seite 41

1. a) $f'(x) = 3x^2 > 0$ für $x \in \mathbb{R}^+$
$\Rightarrow$ f ist auf $\mathbb{R}^+$ streng monoton wachsend.

b) $f'(x) = 10x - 1 < 0$ für $x \in \mathbb{R}^-$
$\Rightarrow$ f ist auf $\mathbb{R}^-$ streng monoton fallend.

c) $f'(x) = -x > 0$ für $x \in \mathbb{R}^-$
$\Rightarrow$ f ist auf $\mathbb{R}^-$ streng monoton wachsend.

d) $f'(x) = 6x - 4 < 0$ für $x \in]-\infty; -1[$
$\Rightarrow$ f ist auf $]-\infty; -1[$ streng monoton fallend.

e) $f'(x) = \cos x > 0$ für $x \in]0; \frac{\pi}{2}[$
$\Rightarrow$ f ist auf $]0; \frac{\pi}{2}[$ streng monoton wachsend.

f) $f'(x) = \sin x > 0$ für $x \in]0; \pi[$
$\Rightarrow$ f ist auf $]0; \pi[$ streng monoton wachsend.

g) $f'(x) = 1 - \cos x > 0$ für $x \in]\frac{\pi}{2}; \frac{3}{2}\pi[$
$\Rightarrow$ f ist auf $]\frac{\pi}{2}; \frac{3}{2}\pi[$ streng monoton wachsend.

h) $f'(x) = \frac{1}{2\sqrt{x}} > 0$ für $x \in \mathbb{R}^+$
$\Rightarrow$ f ist auf $\mathbb{R}^+$ streng monoton wachsend.

i) $f'(x) = \frac{1}{2} + \frac{1}{x^2} > 0$ für $x \in \mathbb{R}^-$
$\Rightarrow$ f ist auf $\mathbb{R}^-$ streng monoton wachsend.

j) $f'(x) = -\frac{1}{(x-1)^2} < 0$ für $x \in]1; \infty[$
$\Rightarrow$ f ist auf $]1; \infty[$ streng monoton fallend.

2. a) $f'(x) = \frac{2}{3}x$; f ist auf $]0; \infty[$ streng monoton wachsend
und auf $]-\infty; 0[$ streng monoton fallend.

b) $f'(x) = 2x - 1$; f ist auf $]\frac{1}{2}; \infty[$ streng monoton wachsend
und auf $]-\infty; \frac{1}{2}[$ streng monoton fallend.

c) $f'(x) = 4x^3 - 4x$; f ist auf $]-1; 0[$ und $]1; \infty[$ streng monoton wachsend
und auf $]-\infty; -1[$ und $]0; 1[$ streng monoton fallend.

d) $f'(x) = -\sin x - \frac{1}{2}$; f ist auf $]\frac{7}{6}\pi; \frac{11}{6}\pi[$ streng monoton wachsend
und auf $]\pi; \frac{7}{6}\pi[$ und $]\frac{11}{6}\pi; 2\pi[$ streng monoton fallend.

e) $f'(x) = \frac{x^2 - 4x + 5}{(x-2)^2}$; f ist auf $]-\infty; 2[$ und $]2; \infty[$ streng monoton wachsend.

f) $f'(x) = \frac{12x}{(x^2+3)^2}$; f ist auf $]0; \infty[$ streng monoton wachsend
und auf $]-\infty; 0[$ streng monoton fallend.

Seite 41 **3. a)** f ist auf $]-1{,}5;\ -1[$ streng monoton wachsend,
auf $]-1;\ 0[$ streng monoton fallend,
auf $]0;\ +1{,}5[$ streng monoton wachsend.

b) f ist auf $]-3;\ -2[$ streng monoton wachsend,
auf $]-2;\ -0{,}5[$ streng monoton fallend,
auf $]-0{,}5;\ 1[$ streng monoton wachsend,
auf $]1;\ 2{,}5[$ streng monoton fallend,
auf $]2{,}5;\ 3[$ streng monoton wachsend.

Seite 42 **1. a)** Extremstellen: a, b, c, d
Extremwerte: f(a) rel. Min.
f(b) abs. Max.
f(c) abs. Min.
f(d) rel Max.
Extrempunkte:
$H_1(b \mid f(b))$, $H_2(d \mid f(d))$ Hochpunkte
$T_1(a \mid f(a))$, $T_2(c \mid f(c))$ Tiefpunkte

b) Extremstellen: a, b, c
Extremwerte: f(a) rel. Max.
f(b) rel. Min.
f(c) rel. Max.

Extrempunkte:
$H_1(a \mid f(a))$, $H_2(c \mid f(c))$ Hochpunkte
$T(b \mid f(b))$ Tiefpunkt

Seite 43 **2. a)**

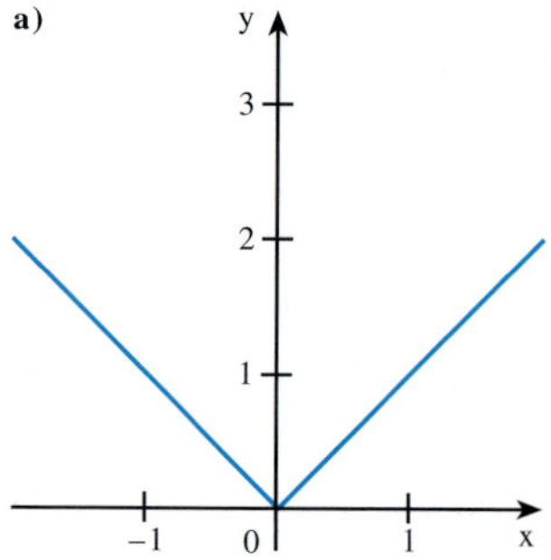

0 ist Extremstelle
f(0) ist abs. Minimum
$T(0 \mid 0)$ ist Tiefpunkt

b)

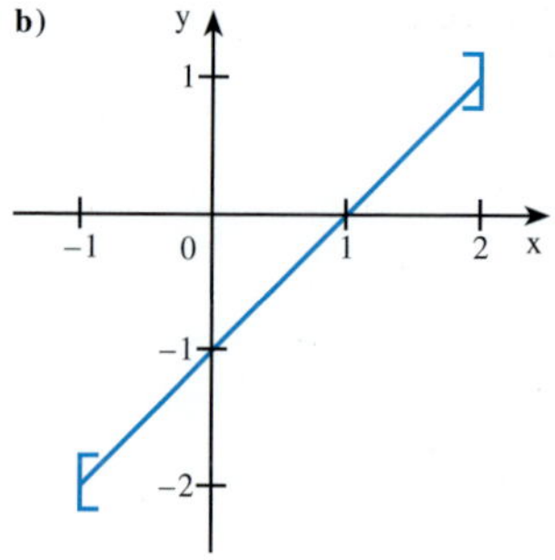

−1 und 2 sind Extremstellen
$f(-1) = -2$ ist abs. Minimum
$f(2) = 1$ ist abs. Maximum
$T(-1 \mid -2)$ ist Tiefpunkt
$H(2 \mid 1)$ ist Hochpunkt

c)

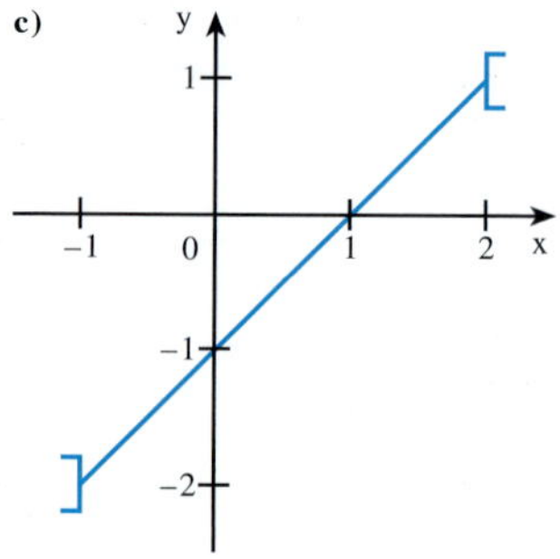

keine Extremstellen
keine Extrempunkte

d)

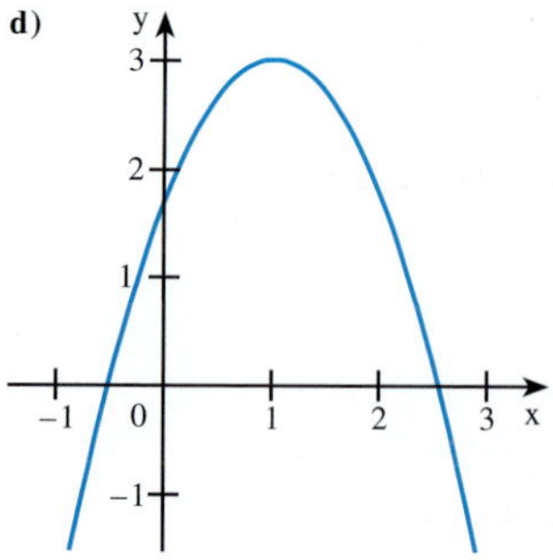

1 ist Extremstelle
$f(1) = 3$ ist abs. Maximum
$H(1 \mid 3)$ ist Hochpunkt

Seite 43 **2. e)**

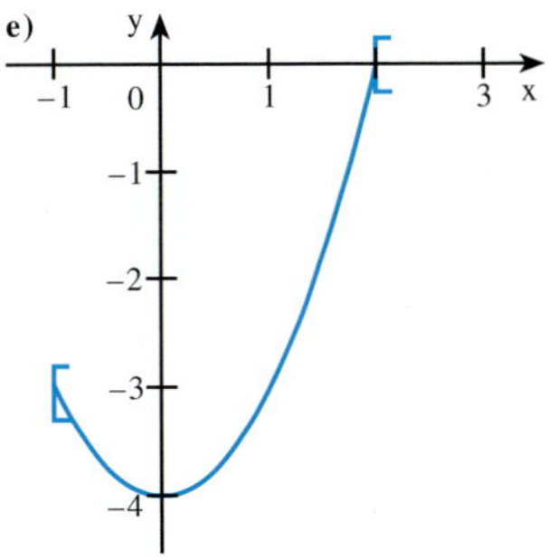

−1 und 0 sind Extremstellen
f(−1) = −3 ist rel. Maximum
f(0) = −4 ist abs. Minimum
H(−1 | −3) ist Hochpunkt
T(0 | −4) ist Tiefpunkt

f)

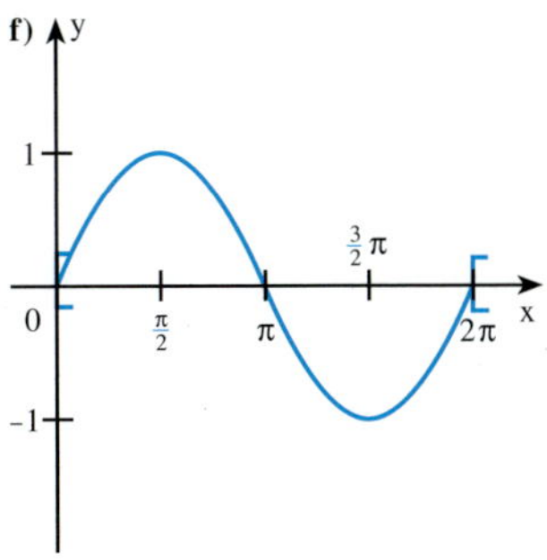

0, $\frac{\pi}{2}$ und $\frac{3}{2}\pi$ sind Extremstellen
f(0) = 0 ist rel. Minimum
f($\frac{\pi}{2}$) = 1 ist abs. Maximum
f($\frac{3}{2}\pi$) = −1 ist abs. Minimum
H($\frac{\pi}{2}$ | 1) ist Hochpunkt
T_1(0 | 0) und T_2($\frac{3}{2}\pi$ | −1) sind Tiefpunkte

g)

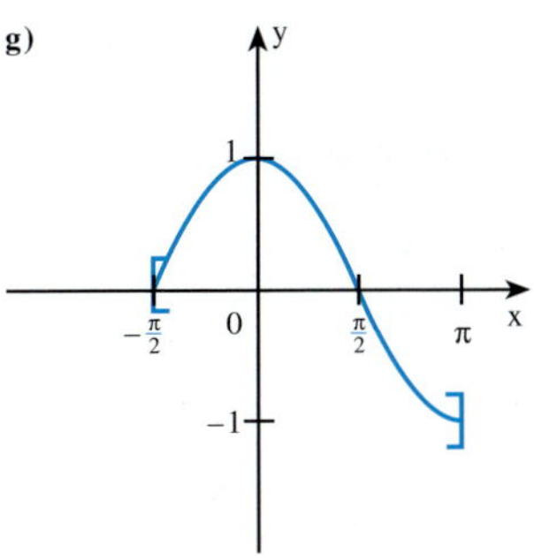

$-\frac{\pi}{2}$, 0 und π sind Extremstellen
f($-\frac{\pi}{2}$) = 0 ist relatives Minimum
f(0) = 1 ist absolutes Maximum
f(π) = −1 ist absolutes Minimum
H(0 | 1) ist Hochpunkt
T_1($-\frac{\pi}{2}$ | 0) und T_2(π | −1) sind Tiefpunkte

h)

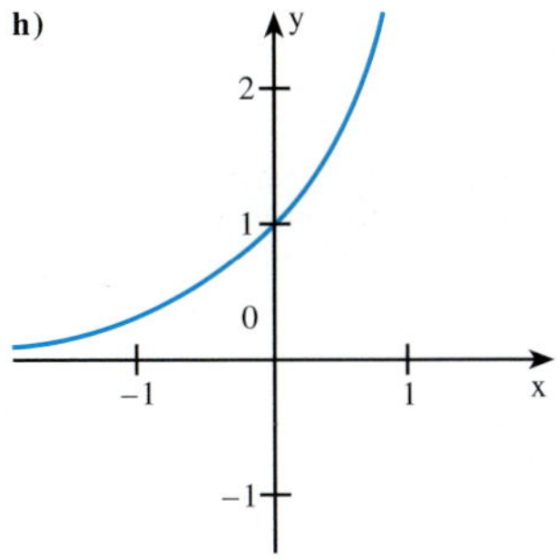

keine Extremstellen
keine Extrempunkte

i)

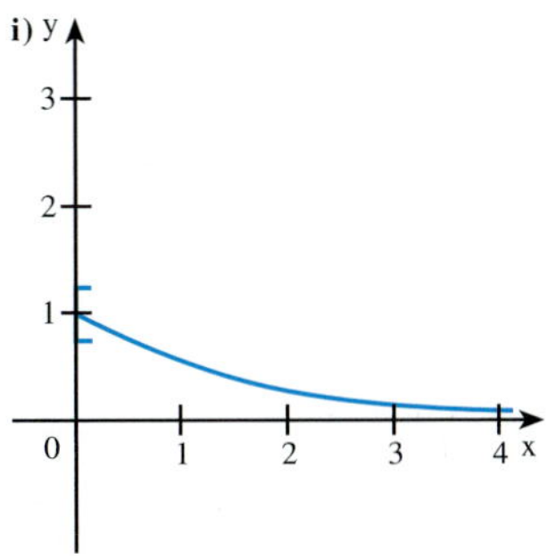

0 ist Extremstelle
f(0) = 1 ist absolutes Maximum
H(0 | 1) ist Hochpunkt

j)

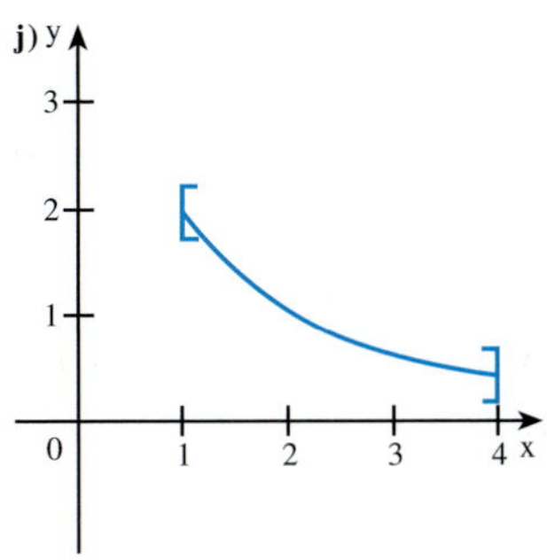

1 und 4 sind Extremstellen
f(1) = 2 ist absolutes Maximum
f(4) = $\frac{1}{2}$ ist absolutes Minimum
H(1 | 2) ist Hochpunkt
T(4 | $\frac{1}{2}$) ist Tiefpunkt

Seite 43 **2.** **k)**

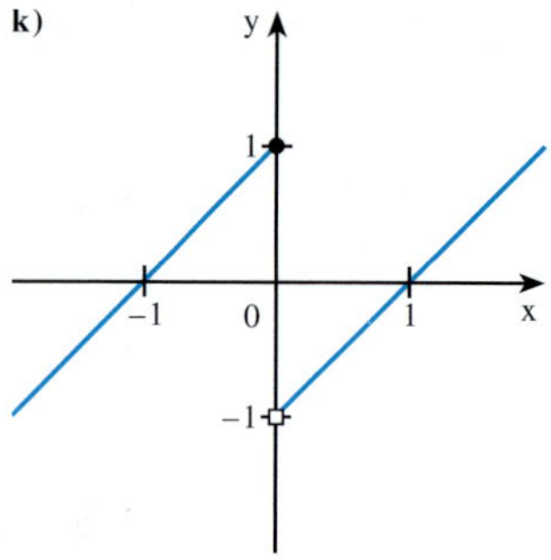

0 ist Extremstelle
$f(0) = 1$ ist relatives Maximum
$H(0 \mid 1)$ ist Hochpunkt

l)

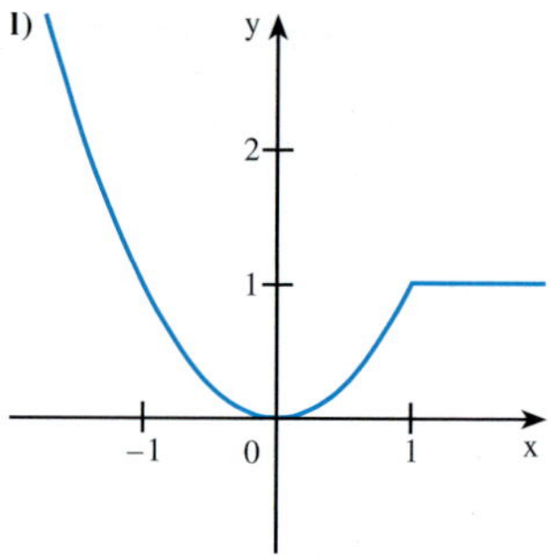

0 und alle $x \in [1; \infty[$ sind Extremstellen
$f(0) = 0$ ist absolutes Minimum
$f(1) = 1$ ist relatives Maximum
für alle $x \in]1; \infty[$ ist $f(x) = 1$
relatives Minimum als auch relatives Maximum
$T(0 \mid 0)$ und alle Punkte $T(a \mid 1)$ mit $a > 1$ sind Tiefpunkte. Alle Punkte $H(a \mid 1)$ mit $a \geq 1$ sind Hochpunkte

Seite 44 **3.** K sei das Schaubild der Funktion f.

a) $f'(x) = -2x + 6$; $f'(x) = -2$.
3 ist Extremstelle. Da $f''(3) = -2 < 0$ ist $f(3) = 3$ relatives Maximum.
Damit ist $H(3 \mid 3)$ Hochpunkt von K.

b) $f'(x) = 2x + 2$, $f''(x) = 2$
-1 ist Extremstelle; da $f''(-1) = 2 > 0$ ist $f(-1) = -2$ relatives Minimum.
Damit ist $T(-1 \mid -2)$ Tiefpunkt von K.

c) $f(x) = x^2 - 9$, $f''(x) = 2x$
-3 und 3 sind Extremstellen;
da $f''(-3) = -6 < 0$, ist $f(-3) = 18$ relatives Maximum;
da $f''(3) = 6 > 0$, ist $f(3) = -18$ relatives Minimum;
$H(-3 \mid 18)$ und $T(3 \mid -18)$ sind Extrempunkte von K.

d) $f'(x) = x^2 - 2x - 3$; $f''(x) = 2x - 2$
-1 und 3 sind Extremstellen;
da $f''(-1) = -4 < 0$, ist $f(-1) = \frac{5}{3}$ relatives Maximum;
da $f''(3) = 4 > 0$, ist $f(3) = -9$ relatives Minimum;
$H(-1 \mid \frac{5}{3})$ und $T(3 \mid -9)$ sind Extrempunkte von K.

e) $f'(x) = 4x^3$; $f''(x) = 12x^2$
0 ist Extremstelle;
$f''(0) = 0$, aber f' wechselt an der Stelle 0 das Vorzeichen von $-$ nach $+$. Somit ist $f(0) = -1$ relatives Minimum.
$T(0 \mid 0)$ ist Tiefpunkt von K.

f) $f'(x) = -x^3 + 4x$; $f''(x) = -3x^2 + 4$
-2; 0 und 2 sind Extremstellen,
da $f''(-2) = -8 < 0$, ist $f(-2) = 4$ relatives Maximum;
da $f''(0) = 4 > 0$, ist $f(0) = 0$ relatives Minimum;
da $f''(2) = -8 < 0$, ist $f(2) = 4$ relatives Maximum.
$H_1(-2 \mid 4)$, $T(0 \mid 0)$ und $H_2(2 \mid 4)$ sind die Extrempunkte von K.

g) $f'(x) = \frac{1}{2}x^3 - x^2 + \frac{1}{2}x$; $f''(x) = \frac{3}{2}x^3 - 2x + \frac{1}{2}$
0 ist einzige Extremstelle;
da $f''(0) = \frac{1}{2} > 0$, ist $f(0) = 0$ relatives Minimum.
Da zwar $f'(1) = 0$, aber $f''(1) = 0$ und f' keinen Vorzeichenwechsel an der Stelle 1 besitzt, ist 1 keine Extremstelle.
$T(0 \mid 0)$ ist Extrempunkt von K.

h) $f'(x) = \frac{1}{2}x^4$; $f''(x) = 2x^3$
f besitzt keine Extremstellen.
Es ist zwar $f'(0) = 0$, aber $f''(0) = 0$ und f' besitzt keinen Vorzeichenwechsel an der Stelle 0.

i) $f'(x) = \cos x$, $f''(x) = -\sin x$
$0; \frac{\pi}{2}; \frac{3}{2}\pi$ und 2π sind Extremstellen;
$f(0) = 0$ ist relatives Minimum;
da $f''(\frac{\pi}{2}) = -1 < 0$ ist $f(\frac{\pi}{2}) = 1$ relatives Maximum;
da $f''(\frac{3}{2}\pi) = 1 > 0$ ist $f(\frac{3}{2}\pi) = -1$ relatives Minimum;
$f(2\pi) = 0$ ist relatives Maximum;
$T_1(0 \mid 0)$, $H_1(\frac{\pi}{2} \mid 1)$, $T_2(\frac{3}{2}\pi \mid -1)$ und $H(2\pi \mid 0)$ sind die Extrempunkte von K.

j) $f'(x) = -\frac{1}{x^2} < 0 \Rightarrow$ f ist auf $\mathbb{R}^+$ streng monoton fallend.
f besitzt keine Extremstellen.
Das Schaubild von f besitzt keine Extrempunkte.

k) f ist streng monoton wachsend;
-1 und 2 sind Extremstellen;
$f(-1) = \frac{1}{3}$ ist relatives Minimum;
$f(2) = 9$ ist relatives Maximum;
$T(-1 \mid \frac{1}{3})$ und $H(2 \mid 9)$ sind die Extrempunkte von K.

l) $f'(x) = 2x$; $f''(x) = 2$;
-1; 0 und 3 sind Extremstellen;
$f(-1) = -3$ ist relatives Maximum;
da $f''(0) = 2 > 0$, ist $f(0) = -4$ relatives Minimum;
$f(3) = 5$ ist relatives Maximum.
$H_1(-1 \mid -3)$, $T(0 \mid -4)$ und $H_2(3 \mid 5)$ sind die Extrempunkte von K.

m) $f'(x) = -\frac{16}{x^3} \Rightarrow$ f ist auf $]-2; -1[$ streng monoton wachsend.
f besitzt keine Extremstellen.
Das Schaubild von f besitzt keine Extrempunkte.

n) $f'(x) = -2 \sin x$, $f''(x) = -2 \cos x$
alle Stellen $k \cdot \pi$ mit $k \in \mathbb{Z}$ sind Extremstellen;
da $f''(2k \cdot \pi) = -2 < 0$ $(k \in \mathbb{Z})$, ist $f(2k \cdot \pi) = 2$ relatives Maximum;
da $f''([2k-1] \cdot \pi) = 2 > 0$ $(k \in \mathbb{Z})$, ist $f([2k-1] \cdot \pi) = -2$ relatives Minimum;
$T_k([2k-1]\pi \mid -2)$ und $H_k(2k \cdot \pi \mid 2)$ mit $k \in \mathbb{Z}$ sind die Extrempunkte von K.

o) $f'(x) = \begin{cases} x+2 & \text{für } x < 2 \\ -1 & \text{für } x > 2 \end{cases}$; $f''(x) = \begin{cases} 1 & \text{für } x < 2 \\ 0 & \text{für } x > 2 \end{cases}$
-2 ist Extremstelle,;

da $f''(-2) = 1 > 0$, ist $f(-2) = -2$ relatives Minimum;

$T(-2 \mid -2)$ ist Extrempunkt von K.

p) Da $f(3) = 4 > f(x)$ für alle $x \in D_f$, hat f an der Stelle 3 also ein absolutes Maximum. Außerdem hat f an jeder Stelle x mit $x > 3$ sowohl ein relatives Maximum als auch ein relatives Minimum. $H(3 \mid 4)$ ist Hochpunkt. Alle Punkte $P(a \mid 3)$ mit $a > 3$ sind sowohl Hoch- als auch Tiefpunkte von K.

4. $f_a'(x) = 9x^2 - a$; $f_a''(x) = 18x$
Aus $f_a'(x) = 0 \Rightarrow x^2 = \frac{a}{9}$. Für $a > 0$ besitzt f_a genau zwei Extremstellen, nämlich $-\frac{1}{3}\sqrt{a}$ und $\frac{1}{3}\sqrt{a}$.

5. a) $f_k'(x) = 3x^2 - k$; $f_k''(x) = 6x$
Aus $f_k'(\pm 1) = 0 \Rightarrow 3 - k = 0 \Leftrightarrow k = 3$;
da $f_3''(\pm 1) \neq 0$ besitzt f_3 an der Stelle 1 $[-1]$ eine Extremstelle.

b) $f_k'(x) = 4kx^3 + 2x$; $f_k''(x) = 12kx^2 + 2$
Aus $f_k'(1) = 0 \Rightarrow 4k + 2 = 0 \Leftrightarrow k = -\frac{1}{2}$
da $f''_{-\frac{1}{2}}(1) = -4$ besitzt $f_{-\frac{1}{2}}$ an der Stelle 1 eine Extremstelle
Aus $f_k'(-1) = 0 \Rightarrow -4k - 2 = 0 \Leftrightarrow k = -\frac{1}{2}$,
da $f''_{-\frac{1}{2}}(-1) = -4$ besitzt $f_{-\frac{1}{2}}$ an der Stelle -1 eine Extremstelle.

Seite 45 **6. a)** Ist $l(a)$ die Länge der Strecke $\overline{PQ}$, so gilt:
$l(a) = f(a)$, $0 < a < 6$
$l'(a) = \frac{1}{2}a^2 - 4a + 6$
$l''(a) = a - 4$
Aus $l'(a) = 0 \Rightarrow a = 2 \vee (a = 6)$
mit $l''(2) = -2 < 0$ und $l(2) = 5\frac{1}{3}$.
Da $l(a) \to 0$ für $a \to 0$ bzw. $a \to 6$, ist die Länge der Strecke $\overline{PQ}$ für $a = 2$ maximal.

b) $A(a) = \frac{1}{2}a \cdot f(a) = \frac{1}{12}a^4 - 3a^3 + 3a^2$, $0 < a < 6$
$A'(a) = \frac{1}{3}a^3 - 3a^2 + 6a$; $A''(a) = a^2 - 6a + 6$
Aus $A'(a) = 0 \Leftrightarrow (a = 0) \vee a = 3 \vee (a = 6)$;
$A''(3) = -3$ und $A(3) = 6\frac{3}{4}$;
Für $a = 3$ ist der Flächeninhalt maximal, da $A(a) \to 0$ für $a \to 0$ bzw. $a \to 6$.

Seite 46 **7.** $N_1(0 \mid 0)$; $N_2(4 \mid 0)$
$A(a) = \frac{1}{2} - (4 - 0) \cdot (0 - f(a)) = -2a^2 + 8a$ $0 < a < 4$
$A'(a) = -4a + 8$, $A''(a) = -4$
Aus $A'(a) = 0 \Rightarrow a = 2$; da $A''(2) = -4$, $A(2) = 8$
$A(a) \to 0$ für $a \to 0$ bzw. $a \to 4$.
Für $a = 2$ wird der Flächeninhalt des Dreiecks N_1N_2P maximal und beträgt 8FE.

Seite 46

8. Die Tangente an K im Punkt P besitzt die Gleichung $y = -ax + \frac{1}{2}a^2 + 8$. Sie schneidet die Koordinatenachsen in $N(\frac{1}{2}a + \frac{8}{a} \mid 0)$ und $S(0 \mid \frac{1}{2}a^2 + 8)$.
Für den Inhalt des Dreiecks ONS gilt:
$A(a) = \frac{1}{8}a^3 + 4a + \frac{32}{a},\quad 0 < a < 4$
$A'(a) = \frac{3}{8}a^2 + 4 - \frac{32}{a^2};\quad A''(a) = \frac{3}{4}a^2 + \frac{64}{a^3}$
Aus $A'(a) = 0 \Rightarrow a^4 + \frac{32}{3}a^2 - \frac{256}{3} = 0 \Leftrightarrow (a = -\frac{4}{3}\sqrt{3}) \vee a = \frac{4}{3}\sqrt{3}$
Da $A''(\frac{4}{3}\sqrt{3}) = 4\sqrt{3} > 0,\quad A(\frac{4}{3}\sqrt{3}) = \frac{128}{9}\sqrt{3} \approx 24{,}6$ und
$A(a) \to \infty$ für $a \to 0$ bzw. $A(a) \to 32$ für $a \to 4$
wird der Inhalt des Dreiecks für $a = \frac{4}{3}\sqrt{3}$ minimal.

9. Für den Inhalt des Trapezes gilt
$A(a) = \frac{f(a)+f(a+1)}{2} \cdot 1 = a^3 - \frac{3}{2}a^2 - \frac{3}{2}a + 3,\quad -1 < a < 1$
$A'(a) = 3a^2 - 3a - \frac{3}{2};\quad A''(a) = 6a - 3$
Aus $A'(a) = 0 \Rightarrow a = \frac{1}{2} - \frac{1}{2}\sqrt{3} \vee (a = \frac{1}{2} + \frac{1}{2}\sqrt{3})$
$A''(\frac{1}{2} - \frac{1}{2}\sqrt{3}) = -3\sqrt{3} < 0;\quad A(\frac{1}{2} - \frac{1}{2}\sqrt{3}) = 2 + \frac{3}{4}\sqrt{3} \approx 3{,}3$
$A(a) \to 2$ für $a \to -1$ und $A(a) \to 1$ für $a \to 1$
$\Rightarrow$ Für $a = \frac{1}{2} - \frac{1}{2}\sqrt{3}$ wird der Inhalt des Trapezes maximal.

10. Es gilt $|\overline{PQ}| = \sqrt{(a-2)^2 + (f(a)-0)^2} = \sqrt{a^4 + a^2 - 4a + 4}$
$d(a) = |\overline{PQ}|^2 = a^4 + a^2 - 4a + 4,\quad a \in \mathbb{R}$
$d'(a) = 4a^3 + 2a - 4;\ d''(a) = 12a^2 + 2$
Aus $d'(a) = 0 \Rightarrow 2a^3 + a - 2 = 0$
$h(a) = 2a^3 + a - 2$
$\left.\begin{array}{l} h(0) = -2 \\ h(1) = 1 \end{array}\right\}$ Da h stetig ist und auf $[0;\,1]$ einen Vorzeichenwechsel besitzt, existiert auf $]0;\,1[$ mindestens eine Nullstelle.
Das Newton-Verfahren mit
$x_{n+1} = x_n - \frac{2x_n^3 + x_n - 2}{6x_n^2 + 1}$
$a \approx 0{,}8$
Da $d''(0{,}8) = 9{,}68 > 0$ und
$d(a) \to \infty$ für $a \to -\infty$ bzw. $a \to +\infty$, ist für $a \approx 0{,}8$ der Abstand von P und Q minimal.

11. Die Gerade durch P und Q besitzt die Gleichung $y = -\frac{1}{2}x + \frac{13}{2}$
Für den Inhalt der rechteckigen Metallplatte gilt
$A(a) = \begin{cases} 5a & \text{für } 0 < a \leq 3 \\ -\frac{1}{2}a^2 + \frac{13}{2}a & \text{für } 3 \leq a \leq 7 \end{cases}$
Der Abfall ist minimal, wenn der Flächeninhalt der Metallplatte maximal ist.
$A'(a) = \begin{cases} 5 & \text{für } 0 < a < 3 \\ -a + \frac{13}{2} & \text{für } 3 < a \leq 7 \end{cases}\quad A''(a) = \begin{cases} 0 & \text{für } 0 < a < 3 \\ -1 & \text{für } 3 < a < 7 \end{cases}$
$A'(a) = 0 \Rightarrow a = \frac{13}{2};\quad A''(\frac{13}{2}) = -1 < 0;\ A(\frac{13}{2}) = \frac{169}{8} = 21\frac{1}{8}$
Da $A(a) \to 0$ für $a \to 0$, $A(3) = 15$ und $A(7) = 21$,
ist der Verschnitt bei einer 6500 mm langen und 3250 mm breiten Platte minimal.

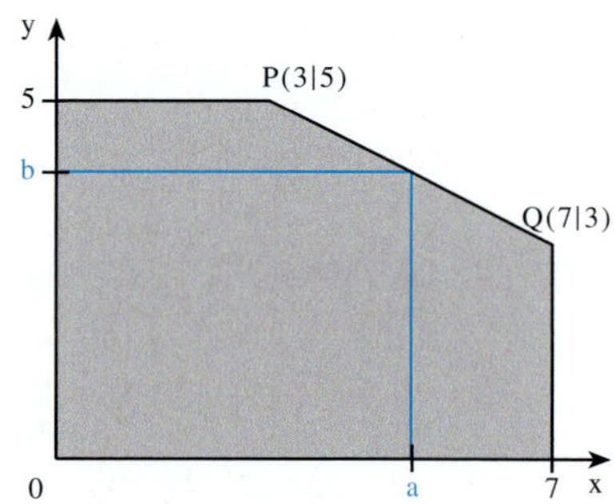

4.6 Krümmung und Wendepunkt

Seite 47

1. a) Der Funktionsgraph ist linksgekrümmt.

b) Für $x < a$ ist der Funktionsgraph rechtgekrümmt, für $x > a$ ist er linksgekrümmt.

c) Links von der Stelle $-a$ und rechts von der Stelle a ist der Funktionsgraph linksgekrümmt, zwischen den Stellen $-a$ und a ist er rechtsgekrümmt.

2. a) $f'(x) = -4x,\quad f''(x) = -4 < 0$ für $x \in \mathbb{R}$
f ist auf $\mathbb{R}$ konkav

b) $f'(x) = 15x^2;\quad f''(x) = 30x > 0$ für $x \in \mathbb{R}^+$
f ist auf $\mathbb{R}^+$ konvex

c) $f'(x) = -\frac{1}{2x^2};\quad f''(x) = \frac{1}{x^3} < 0$ für $x \in \mathbb{R}^-$
f ist auf $\mathbb{R}^-$ konkav

d) $f'(x) = 2x + \sin x;\quad f''(x) = 2 + \cos x > 0$ für $x \in \mathbb{R}$
f ist konvex

e) $f'(x) = -\frac{1}{2\sqrt{x}};\quad f''(x) = \frac{1}{4x\sqrt{x}} > 0$ für $x \in \mathbb{R}^+$
f ist auf $\mathbb{R}^+$ konvex

f) $f'(x) = 3x^2 - 2x;\quad f''(x) = 6x - 2 > 0$ für $x \in\,]2;\,\infty[$
f ist auf $]2;\,\infty[$ konvex

Seite 47

3. a) $f'(x) = 2x;\quad f''(x) = 2 > 0$ für $x \in \mathbb{R}$
K ist linksgekrümmt

b) $f'(x) = -x + 3;\quad f''(x) = -1 < 0$ für $x \in \mathbb{R}$
K ist rechtsgekrümmt

c) $f'(x) = -4x^3 - 4x;\quad f''(x) = -12x^2 - 4 < 0$ für $x \in \mathbb{R}$
K ist rechtsgekrümmt

d) $f'(x) = \frac{1}{2}x^3 + x;\quad f''(x) = \frac{3}{2}x^2 + 1 > 0$ für $x \in \mathbb{R}$
K ist linksgekrümmt

e) $f'(x) = -\frac{4}{x^2};\quad f''(x) = \frac{8}{x^3} > 0$ für $x \in \mathbb{R}^+$
K ist linksgekrümmt

f) $f'(x) = \frac{6}{x^3};\quad f''(x) = -\frac{18}{x^4} < 0$ für $x \in \mathbb{R}^-$
K ist rechtsgekrümmt

g) $f'(x) = e^{2x},\quad f''(x) = 2e^{2x} > 0$ für $x \in \mathbb{R}$
K ist linksgekrümmt

h) $f'(x) = 1 + e^{-x};\quad f''(x) = -e^{-x} < 0$ für $x \in \mathbb{R}$
K ist rechtsgekrümmt

4. a) $f'(x) = 3x^2 - \frac{1}{2};\quad f''(x) = 6x$
Für $x < 0$ ist $f''(x) < 0 \Rightarrow$ K rechtsgekrümmt
Für $x > 0$ ist $f''(x) > 0 \Rightarrow$ K linksgekrümmt

b) $f'(x) = -\frac{1}{4}x^2 + 3x - 9;\quad f''(x) = -\frac{1}{2}x + 3$
Für $x < 6$ ist $f''(x) > 0 \Rightarrow$ K linksgekrümmt
Für $x > 6$ ist $f''(x) < 0 \Rightarrow$ K rechtsgekrümmt

c) $f'(x) = \frac{1}{(x+1)^2};\quad f''(x) = \frac{-2}{(x+1)^3}$
Für $x < -1$ ist $f''(x) > 0 \Rightarrow$ K linksgekrümmt
Für $x > -1$ ist $f''(x) < 0 \Rightarrow$ K rechtsgekrümmt

d) $f'(x) = -\frac{2}{x^3};\quad f''(x) = \frac{6}{x^4}$
Für $x < 0$ ist $f''(x) > 0 \Rightarrow$ K linksgekrümmt
Für $x > 0$ ist $f''(x) > 0 \Rightarrow$ K linksgekrümmt

e) $f'(x) = 2x - e^x;\quad f''(x) = 2 - e^x$
Für $x < \ln 2$ ist $f''(x) > 0 \Rightarrow$ K linksgekrümmt
Für $x > \ln 2$ ist $f''(x) < 0 \Rightarrow$ K rechtsgekrümmt

f) $f'(x) = -e^{-x} + \frac{1}{2}e^{\frac{1}{2}x};\quad f''(x) = e^{-x} + \frac{1}{4}e^{\frac{1}{2}x}$
$f''(x) > 0$ für $x \in \mathbb{R} \Rightarrow$ K linksgekrümmt

Seite 48

5. a) $f'(x) = 3x^2;\quad f''(x) = 6x;\ f'''(x) = 6$
Da $f''(0) = 0 \wedge f'''(0) = 6 \neq 0 \Rightarrow 0$ ist Wendestelle

b) $f'(x) = 4x^3 - 6x^2;\quad f''(x) = 12x^2 - 12x = 12x(x-1);\quad f'''(x) = 24x - 12$
Da $f''(0) = 0 \wedge f'''(0) = -12 \neq 0 \Rightarrow 0$ ist Wendestelle
Da $f''(1) = 0 \wedge f'''(1) = 12 \neq 0 \Rightarrow 1$ ist Wendestelle

c) $f'(x) = -4x^3 + 6x;\quad f''(x) = -12x^2 + 6;\quad f'''(x) = -24x$
Da $f''(-\frac{1}{2}\sqrt{2}) = 0 \wedge f'''(-\frac{1}{2}\sqrt{2}) = 12\sqrt{2} \neq 0 \Rightarrow -\frac{1}{2}\sqrt{2}$ ist Wendestelle
Da $f''(\frac{1}{2}\sqrt{2}) = 0 \wedge f'''(\frac{1}{2}\sqrt{2}) = -12\sqrt{2} \neq 0 \Rightarrow \frac{1}{2}\sqrt{2}$ ist Wendestelle

d) $f'(x) = 3x^2 - 4x + 1;\quad f''(x) = 6x - 4;\quad f'''(x) = 6$
Da $f''(\frac{2}{3}) = 0 \wedge f'''(\frac{2}{3}) = 6 \neq 0 \Rightarrow \frac{2}{3}$ ist Wendestelle

e) $f'(x) = -\frac{3}{2}x^2 + 6x + \frac{9}{2};\quad f''(x) = -3x + 6;\quad f'''(x) = -3$
Da $f''(2) = 0 \wedge f'''(2) = -3 \neq 0 \Rightarrow 2$ ist Wendestelle

f) $f'(x) = \frac{1}{3}x^4 - \frac{8}{3}x^3;\quad f''(x) = \frac{4}{3}x^3 - 8x^2 = \frac{4}{3}x^2(x-6);\quad f'''(x) = 4x^2 - 16x$
Da $f''(6) = 0 \wedge f'''(6) = 48 \neq 0 \Rightarrow 6$ ist Wendestelle
Da zwar $f''(0) = 0$, jedoch $f'''(0) = 0$ und f'' an der Stelle 0 keinen Vorzeichenwechsel besitzt, ist 0 keine Wendestelle

g) $f'(x) = 1 - \frac{1}{x^2};\quad f''(x) = \frac{2}{x^3};$
Da $f''(x) \neq 0$ für alle $x \in \mathbb{R} \setminus \{0\} \Rightarrow$ f besitzt keine Wendestellen

h) $f'(x) = \frac{-8x}{(x^2+1)^2};\quad f''(x) = \frac{24x^2-8}{(x^2+1)^3} \approx \frac{8(3x^2-1)}{(x^2+1)^3}$
Da $f''(-\frac{1}{3}\sqrt{3}) = 0 \wedge f''$ an der Stelle $-\frac{1}{3}\sqrt{3}$ einen Vorzeichenwechsel von + nach − besitzt $\Rightarrow -\frac{1}{3}\sqrt{3}$ ist Wendestelle
Da $f''(\frac{1}{3}\sqrt{3}) = 0 \wedge f''$ an der Stelle $\frac{1}{3}\sqrt{3}$ einen Vorzeichenwechsel von − nach + besitzt $\Rightarrow \frac{1}{3}\sqrt{3}$ ist Wendestelle

i) $f'(x) = \frac{x^2+9}{(x^2-9)^2};\quad f''(x) = \frac{2x^3+54x}{(x^2-9)^3} = \frac{2x(x^2+27)}{(x^2-9)^3}$
Da $f''(0) = 0 \wedge f''$ an der Stelle 0 einen Vorzeichenwechsel von + nach − besitzt, ist 0 Wendestelle

j) $f'(x) = \frac{5}{(x+2)^2};\quad f''(x) = \frac{-10}{(x+2)^3}$
Da $f''(x) \neq 0$ für alle $x \in \mathbb{R} \setminus \{-2\}$, besitzt f keine Wendestellen

k) $f'(x) = e^x + 4e^{-x};\quad f''(x) = e^x - 4e^{-x} = e^x(e^{2x} - 4);\quad f'''(x) = e^x + 4e^{-x}$
Da $f''(\ln 2) = 0 \wedge f'''(\ln 2) = 4 \neq 0 \Rightarrow \ln 2$ ist Wendestelle

l) $f'(x) = 5e^x - 4e^{2x};\quad f''(x) = 5e^x - 8e^{2x} = -8e^x(e^x - \frac{5}{8});\quad f'''(x) = 5e^x - 16e^{2x}$
Da $f''(\ln\frac{5}{8}) = 0 \wedge f'''(\ln\frac{5}{8}) = -\frac{25}{8} \neq 0 \Rightarrow \ln\frac{5}{8}$ ist Wendestelle

m) $f'(x) = e^{-x} - xe^{-x};\ f''(x) = -2e^{-x} + xe^{-x} = e^{-x}(x-2);\quad f'''(x) = 3e^{-x} - xe^{-x}$
Da $f''(2) = 0 \wedge f'''(2) = e^{-2} \neq 0 \Rightarrow 2$ ist Wendestelle

Seite 48 **6. a)** $f'(x) = 5(x-2)^4$; $f''(x) = 20(x-2)^3$; $f'''(x) = 60(x-2)^2$

Da $f''(2) = 0$, zwar $f'''(2) = 0$, jedoch f'' einen Vorzeichenwechsel an der Stelle 2 besitzt, ist 2 Wendestelle.

b) $f'(x) = \begin{cases} -2x & \text{für} \quad x < 0 \\ 2x & \text{für} \quad x \geq 0 \end{cases}$; $\quad f''(x) = \begin{cases} -2 & \text{für} \quad x < 0 \\ 2 & \text{für} \quad x > 0 \end{cases}$

Die Funktion f ist stetig auf $\mathbb{R}$.

Da $f'(0) = 0$ und $f'(x) > 0$ für $x \in \mathbb{R} \setminus \{0\}$, besitzt f' an der Stelle 0 eine Extremstelle und damit f an der Stelle 0 eine Wendestelle.

c) $f'(x) = \begin{cases} -6x + 12 & \text{für} \quad x > 1 \\ 6x^2 & \text{für} \quad x \leq 1 \end{cases}$; $\quad f''(x) = \begin{cases} -6 & \text{für} \quad x > 1 \\ 12x & \text{für} \quad x < 1 \end{cases}$; $\quad f'''(x) = \begin{cases} 0 & \text{für} \quad x > 1 \\ 12 & \text{für} \quad x < 1 \end{cases}$

Die Funktion f ist stetig auf $\mathbb{R}$.

Da $f''(0) = 0 \wedge f'''(0) = 12 \neq 0 \Rightarrow 0$ ist Wendestelle

Da $f'(1) = 6$ und $f'(x) < 6$ für x aus der Umgebung $U_1 \setminus \{1\}$, ist 1 Extremstelle der 1. Ableitung und damit Wendestelle von f.

d) $f'(x) = \begin{cases} -2x + 4 & \text{für} \quad x \leq 1 \\ 2x & \text{für} \quad x > 1 \end{cases}$; $\quad f''(x) = \begin{cases} -2 & \text{für} \quad x < 1 \\ 2 & \text{für} \quad x > 1 \end{cases}$

Die Funktion f ist stetig auf $\mathbb{R}$.

Da $f'(1) = 2$ und $f'(x) > 2$ für x aus der Umgebung $U_1 \setminus \{1\}$,
ist 1 Extremstelle der 1. Ableitung und damit Wendestelle von f.

e) $f'(x) = \begin{cases} -x & \text{für} \quad x \leq 1 \\ -\frac{1}{x^2} & \text{für} \quad x > 1 \end{cases}$; $\quad f''(x) = \begin{cases} -1 & \text{für} \quad x < 1 \\ \frac{2}{x^3} & \text{für} \quad x > 1 \end{cases}$

Die Funktion f ist stetig auf $\mathbb{R}$.

Da $f'(1) = -1$ und $f'(x) > -1$ für x aus der Umgebung $U_1 \setminus \{1\}$, ist 1 Extremstelle der 1. Ableitung und damit Wendestelle von f.

f) $f'(x) = \begin{cases} -e^{-x} & \text{für} \quad x \leq 0 \\ -x - 1 & \text{für} \quad x > 0 \end{cases}$; $\quad f''(x) = \begin{cases} e^{-x} & \text{für} \quad x < 0 \\ -1 & \text{für} \quad x > 0 \end{cases}$

Die Funktion f ist stetig auf $\mathbb{R}$.

Da $f'(0) = -1$ und $f'(x) < -1$ für x aus der Umgebung $U_1 \setminus \{0\}$, ist 0 Extremstelle der 1. Ableitung und damit Wendestelle von f.

Seite 49 **5. Kurvendiskussion**

5.1 Untersuchung ganzrationaler Funktionen

1.

	x	−4	−3	−2	−1	0	1	2	3	4
a)	f(x)	−7,93	−6,20	−4,46	−2,73	~~−1~~	0,73	2,46	4,20	5,93
b)	f(x)	−32,67	−18	−8,33	−2,67	0	0,67	0,33	0	0,67
c)	f(x)	49	12,25	1	0,25	1	0,25	1	12,25	49
d)	f(x)	0	3,37	−2	−0,37	0	0,62	6	23,62	64

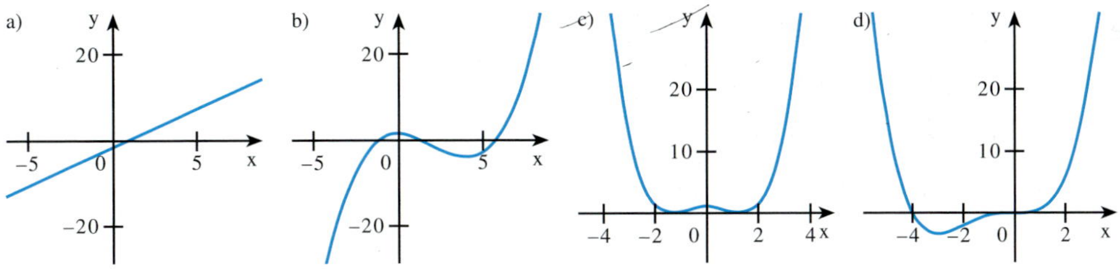

2. a) −3; 0; 4 **b)** $-\frac{1}{2}$; 0; 2 **c)** ±2 **d)** −4; 0

3. a) $f(1) = 0$; Polynomdivision: $(x^3 - x^2 - 4x + 4) : (x - 1) = x^2 - 4$

$$\begin{array}{l} x^3 - x^2 \\ \hline \quad -4x + 4 \\ \quad -4x + 4 \\ \hline \qquad 0 \end{array}$$

$x^2 - 4 = 0 \quad \Leftrightarrow \quad x = 2 \vee x = -2$

Nullstellen 0; ±2

b) $f(\frac{1}{2}) = \frac{1}{4} - \frac{1}{4} + 2 - 2 = 0$;

Polynomdivision: $(2x^3 - x^2 + 4x - 2) : (x - \frac{1}{2}) = 2x^2 + 4$

$$\begin{array}{l} -(2x^3 - x^2) \\ \hline \quad 4x - 2 \\ \quad -(4x - 2) \\ \hline \qquad 0 \end{array}$$

Da $2x^2 + 4 \neq 0$ für alle $x \in R$ ist $\frac{1}{2}$ die einzige Nullstelle.

c) $f(-3) = 0$; Polynomdivision $(6x^3 + 25x^2 + 23x + 6) : (x + 3) = 6x^2 + 7x + 2$

$$\begin{array}{l} 6x^3 + 18x^2 \\ \hline \quad 7x^2 + 23x + 6 \\ \quad -(7x^2 + 21x) \\ \hline \qquad 2x + 6 \\ \qquad -(2x + 6) \\ \hline \qquad\quad 0 \end{array}$$

$6x^2 + 7x + 2 = 0 \quad \Leftrightarrow \quad x = -\frac{1}{2} \vee x = -\frac{2}{3}$

Nullstellen: −3; $-\frac{2}{3}$; $-\frac{1}{2}$

d) $f(-\frac{1}{2}) = 0$; Mittels Polynomdivision erhält man $16x^4 + 68x^3 + 8x^2 - 35x - 12 = 16(x + 4)(x + \frac{1}{2})^2 (x - \frac{3}{4})$

Nullstellen: −4; $-\frac{1}{2}$; $\frac{3}{4}$

Seite 51 **4. a)** Ableitungen: $f'(x) = \frac{1}{3}x - 1$; $f''(x) = \frac{1}{3}$

keine Symmetrie zur y-Achse oder zum Ursprung

$N_1(1 \mid 0)$, $N_2(5 \mid 0)$, $S(0 \mid \frac{5}{6})$, $T(3 \mid -\frac{2}{3})$

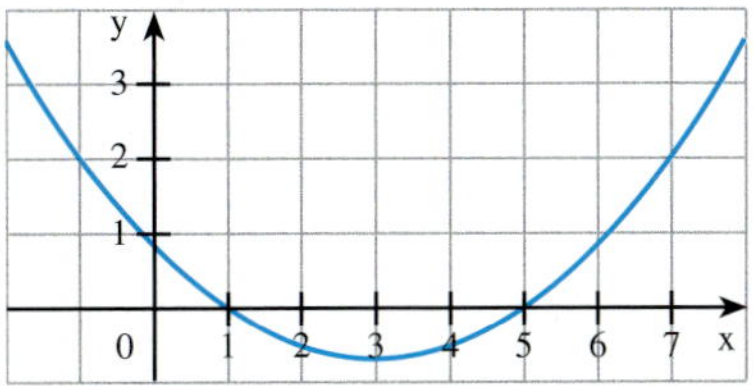

b) Ableitungen: $f'(x) = -2x + 10$; $f''(x) = -2$

keine Symmetrie zur y-Achse oder zum Ursprung

$N_{1/2}(5 \pm \sqrt{2} \mid 0)$, $S(0 \mid -23)$, $H(5 \mid 2)$

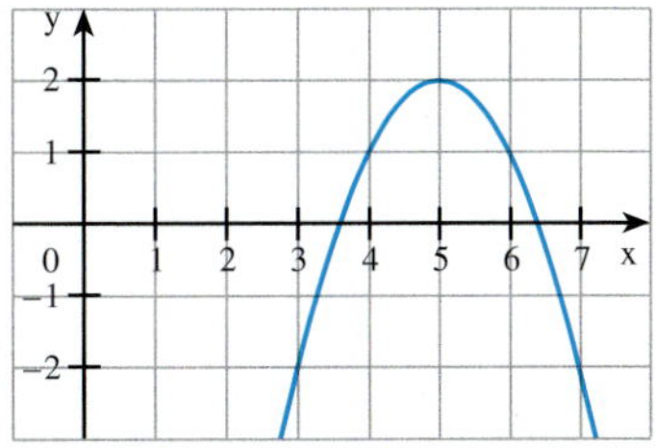

Seite 51

4. c) Ableitungen: $f'(x) = \frac{1}{3}x^2$, $f''(x) = \frac{2}{3}x$, $f'''(x) = \frac{2}{3}$
keine Symmetrie zur y-Achse oder zum Ursprung
$N(3 \mid 0)$, $S(0 \mid -3)$, keine Extrempunkte, $W(0 \mid -3)$

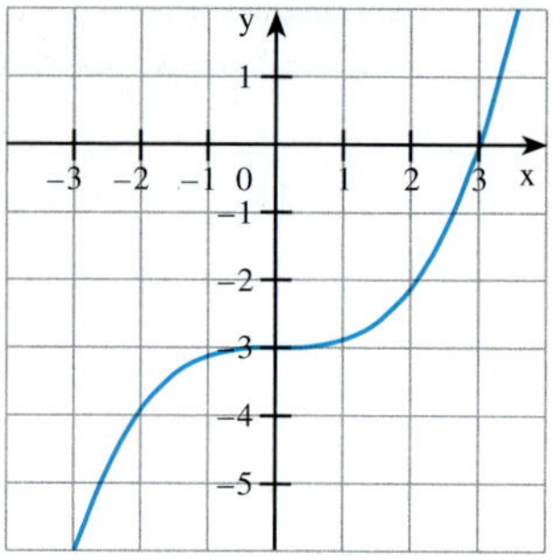

d) Ableitungen: $f'(x) = x^2 + x - 2$, $f''(x) = 2x + 1$, $f'''(x) = 2$
keine Symmetrie zur y-Achse oder zum Ursprung
$N_1(0 \mid 0)$, $N_{2/3}\left(\frac{-3 \pm \sqrt{105}}{4} \mid 0\right)$, $T\left(1 \mid -\frac{7}{6}\right)$, $H\left(-2 \mid \frac{10}{3}\right)$; $W\left(-\frac{1}{2} \mid \frac{13}{12}\right)$

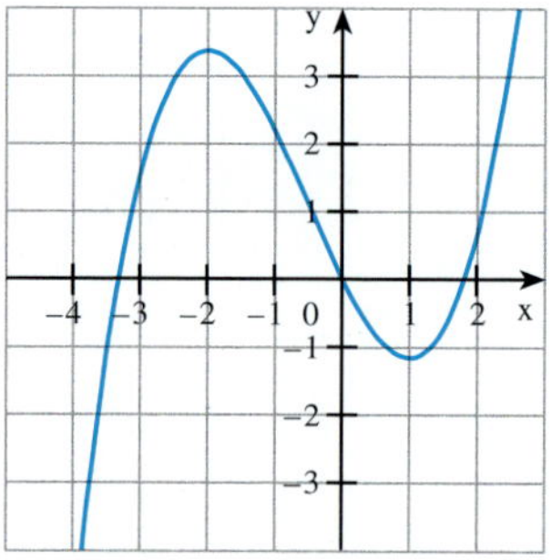

e) Ableitungen: $f'(x) = -\frac{3}{8}x(x-4)$, $f''(x) = -\frac{3}{4}x + \frac{3}{2}$, $f'''(x) = -\frac{3}{4}$
keine Symmetrie zur y-Achse oder zum Ursprung
$N_1(-2 \mid 0)$, $N_2(4 \mid 0) = H$, $S(0 \mid -4) = T$, $W(2 \mid -2)$

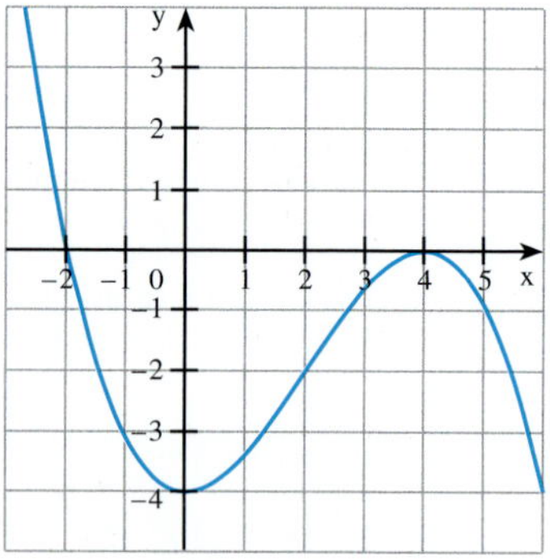

f) Ableitungen: $f'(x) = -x^2 + 4x - 4$, $f''(x) = -2x + 4$, $f'''(x) = -2$
Keine Symmetrie zur y-Achse oder zum Ursprung
$N_1(0 \mid 0)$, keine Extrempunkte, $W\left(2 \mid -\frac{8}{3}\right)$

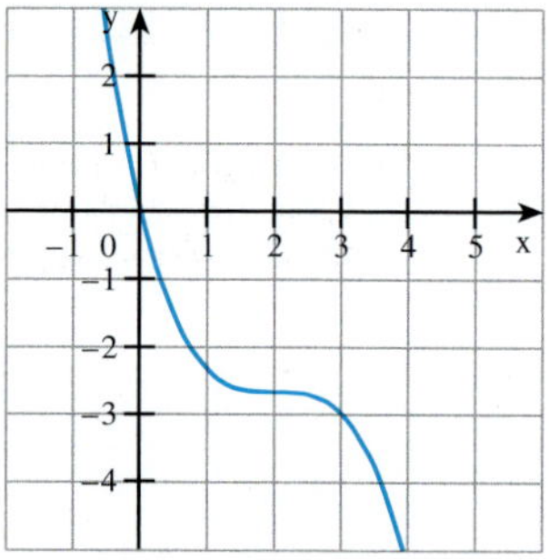

Seite 51

4. g) Ableitungen: $f'(x) = \frac{1}{2}x^2 - \frac{7}{4}x - 1$, $f''(x) = x - \frac{7}{4}$, $f'''(x) = 1$
keine Symmetrie zur y-Achse oder zum Ursprung
$N_{1/2}(\frac{21 \pm 5\sqrt{33}}{8} \mid 0)$, $N_3(0 \mid 0)$, $T(4 \mid -\frac{22}{3})$, $H(-\frac{1}{2} \mid \frac{25}{96})$, $W(\frac{7}{4} \mid \frac{-679}{192})$

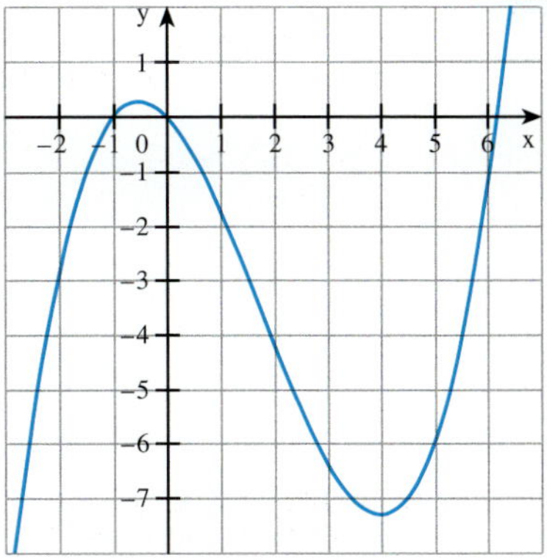

h) Ableitungen: $f'(x) = x^3 - 4x$, $f''(x) = 3x^2 - 4$, $f'''(x) = 6x$
Symmetrie zur y-Achse
$N_1(0 \mid 0) = H$, $N_{2/3}(\pm 2\sqrt{2} \mid 0)$, $T_{1/2}(\pm 2 \mid -4)$, $W_{1/2}(\pm \frac{2}{\sqrt{3}} \mid -\frac{20}{9})$

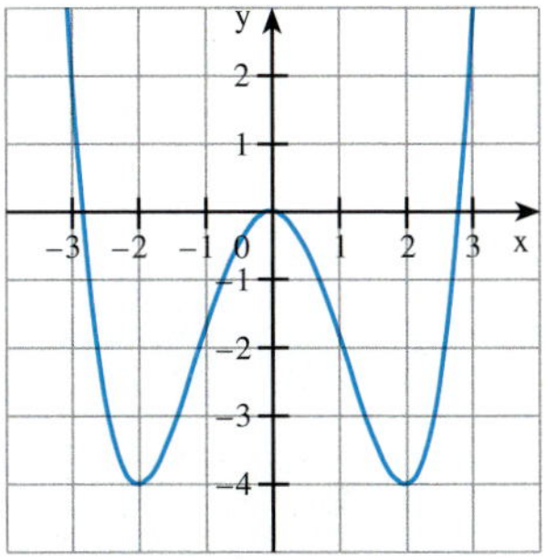

i) Ableitungen: $f'(x) = -\frac{1}{2}x^3 + 4$, $f''(x) = -\frac{3}{2}x^2$, $f'''(x) = -3x$
keine Symmetrie zur y-Achse oder zum Ursprung
$N_1(0 \mid 0)$, $N_2(-\sqrt[3]{32} \mid 0)$, $H(2 \mid 6)$, keine Wendepunkte

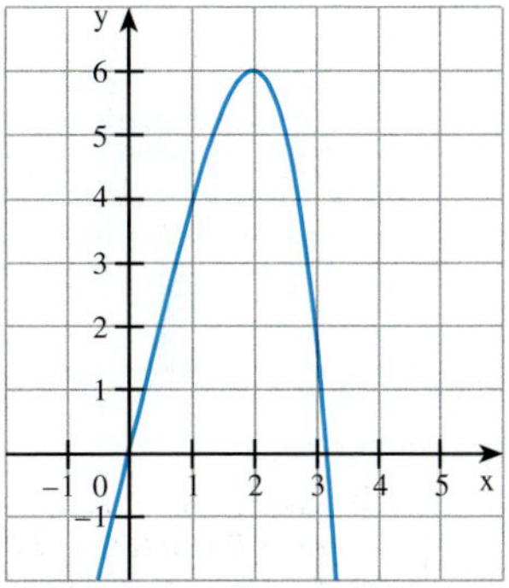

j) Ableitungen: $f'(x) = -x^3 + 3x$, $f''(x) = -3x^2 + 3$, $f'''(x) = -6x$
Symmetrie zur y-Achse
$N_{1/2}(\pm\sqrt{\sqrt{14} + 3} \mid 0)$, $S(0 \mid \frac{5}{4})$, $T(0 \mid \frac{5}{4})$, $H_{1/2}(\pm\sqrt{3} \mid \frac{7}{2})$, $W_{1/2}(\pm 1 \mid \frac{5}{2})$

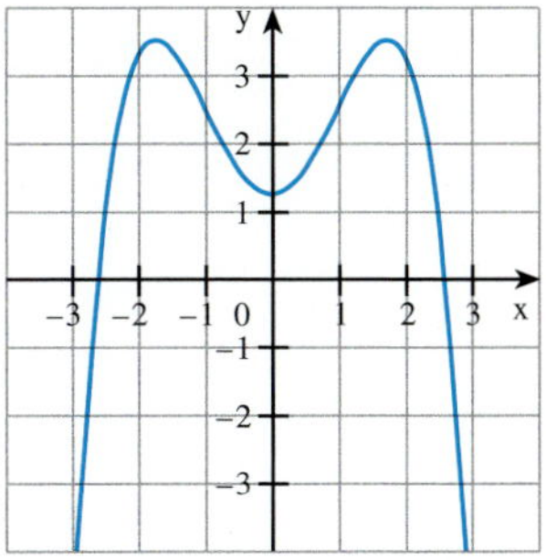

Seite 51

4. k) Ableitungen: $f'(x) = -\frac{1}{8}x^4 + 2$, $f''(x) = -\frac{1}{2}x^3$, $f'''(x) = -\frac{3}{2}x^2$
Symmetrie zum Ursprung
$N_{1/2}(\pm 2\sqrt[4]{5} \mid 0)$, $N_3(0 \mid 0) = W$, $T(-2 \mid -\frac{16}{5})$, $H(2 \mid \frac{16}{5})$

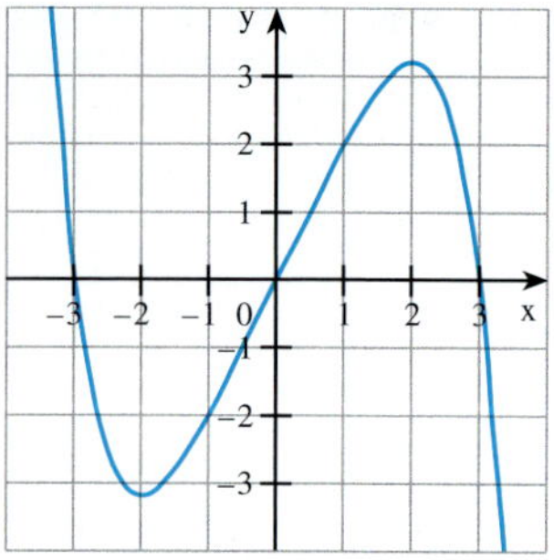

l) Ableitungen: $f'(x) = \frac{1}{4}x^4 - x^3$, $f''(x) = x^3 - 3x^2$, $f'''(x) = 3x^2 - 6x$
keine Symmetrie zur y-Achse oder zum Ursprung
$N_1(0 \mid 0) = H$, $N_2(5 \mid 0)$, $T(4 \mid -\frac{64}{5})$, $W(3 \mid -\frac{81}{10})$

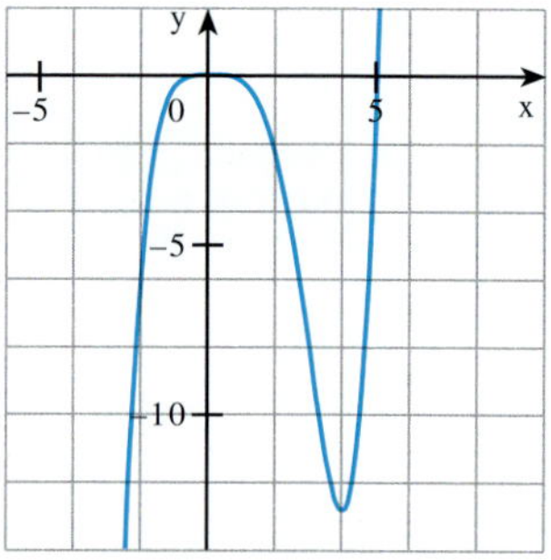

5. $f'(x) = -\frac{1}{2}x$
$m_{t_1} = f'(-4) = 2$
$m_{n_1} = -\frac{1}{2}$
$t_1:\ y = 2(x+4)$
$n_1:\ y = -\frac{1}{2}(x+4)$
t_1 schneidet y-Achse in $P(0 \mid 8)$
n_1 schneidet y-Achse in $Q(0 \mid -2)$
Wegen der Symmetrie zur y-Achse setzt sich die Fläche des Drachens aus 2 rechtwinkligen Dreiecken zusammen.
$A = 2 \cdot \frac{1}{2} \cdot 10 \cdot 4 = 40$
$V = \frac{1}{3}\pi \cdot 4^2 \cdot 8 + \frac{1}{3}\pi \cdot 4^2 \cdot 2 = \frac{160}{3}\pi$

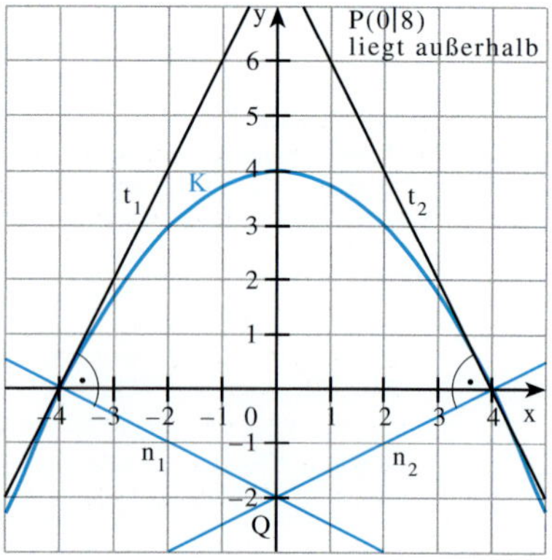

Seite 51

6. $f'(x) = \frac{3}{4}(x - 2)(x - 6)$

$f''(x) = \frac{3}{2}x - 6$, W(4 | 4), $m_t = -3$

t: $y - 4 = -3(x - 4)$

t schneidet die x-Achse in $P(\frac{16}{3} \mid 0)$ und die y-Achse in $Q(0 \mid 16)$

$V_x = \frac{1}{3}\pi \cdot 16^2 \cdot \frac{16}{3} = \frac{4096}{9}\pi$

$V_y = \frac{1}{3}\pi(\frac{16}{3})^2 \cdot 16 = \frac{4096}{27}\pi$

Aus $V_y = \frac{1}{3}V_x$ folgt, dass V_y um $66\frac{2}{3}\%$ kleiner ist.

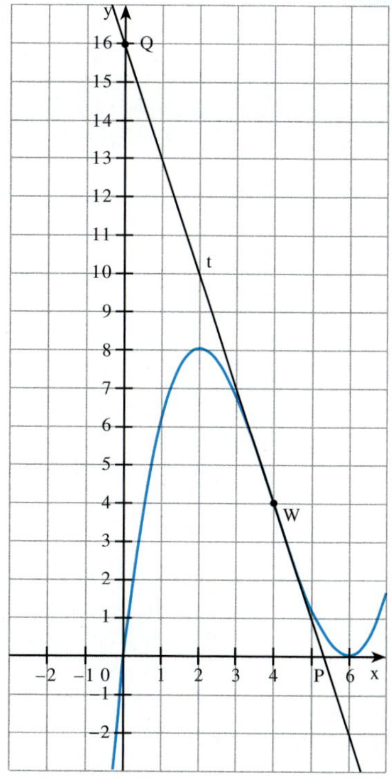

7. b) $mx = \frac{1}{6}x^3 - x^2 \Leftrightarrow x \cdot (\frac{1}{6}x^2 - x - m) = 0$

$\Leftrightarrow x = 0 \vee x^2 - 6x - 6m = 0$

Für die Diskriminante D von $x^2 - 6x - 6m$ gilt: $D = 9 + 6m$.
Es ist

$D < 0$ für $m < -\frac{3}{2}$

$D = 0$ für $m = -\frac{3}{2}$

$D > 0$ für $m > -\frac{3}{2}$

Damit gibt es für $m \in]-\infty; -\frac{3}{2}[$ einen, für $m = -\frac{3}{2}$ und $m = 0$ zwei, für $m \in]-\frac{3}{2}; \infty[\setminus\{0\}$ drei gemeinsame Punkte.

c) Da K zum Wendepunkt $W(2 \mid -\frac{8}{3})$ symmetrisch ist, schneidet die Gerade (OW) die gleichlangen Strecken HW und WT aus.

a)/(c)

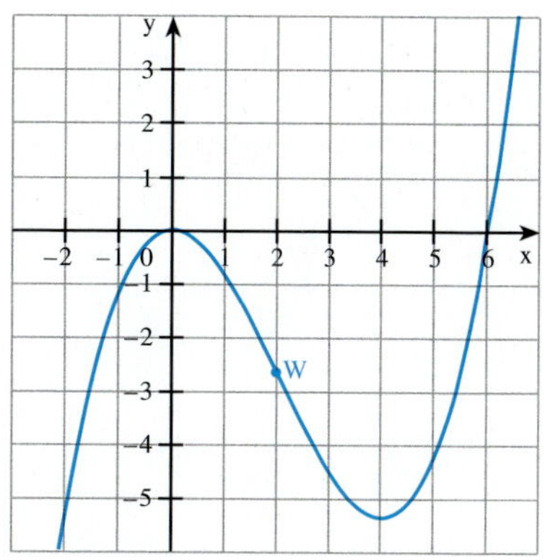

8. $f'(x) = -\frac{3}{4}x^2 + 3x$, $f''(x) = -\frac{3}{2}x + 3$, $f'(x) = \frac{9}{4} \Leftrightarrow x^2 - 4x + 3 = 0$

$\Leftrightarrow x = 3 \vee x = 1$

$P_1(3 \mid \frac{27}{4})$, $P_2(1 \mid \frac{5}{4})$

$T(0 \mid 0)$, $H(4 \mid 8)$

t_1: $y = \frac{9}{4}(x - 3) + \frac{27}{4} = \frac{9}{4}x$

t_2: $y = \frac{9}{4}(x - 1) + \frac{5}{4} = \frac{9}{4}x - 1$

t_1 schneidet die x-Achse in $T(0 \mid 0)$

t_2 schneidet die x-Achse in $Q(\frac{4}{9} \mid 0)$

t_1 schneidet die Gerade $y = 8$ in $R(\frac{32}{9} \mid 8)$

Umfang $u = 2(\overline{TQ} + \overline{TR}) = \frac{16}{9}\sqrt{97} + \frac{8}{9} \approx 18{,}4$

Flächeninhalt $A = 8 \cdot \overline{TQ} = \frac{32}{9}$

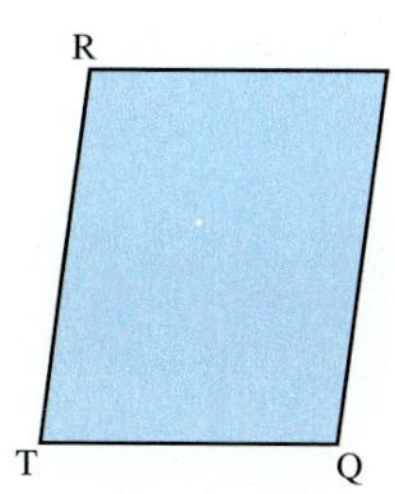

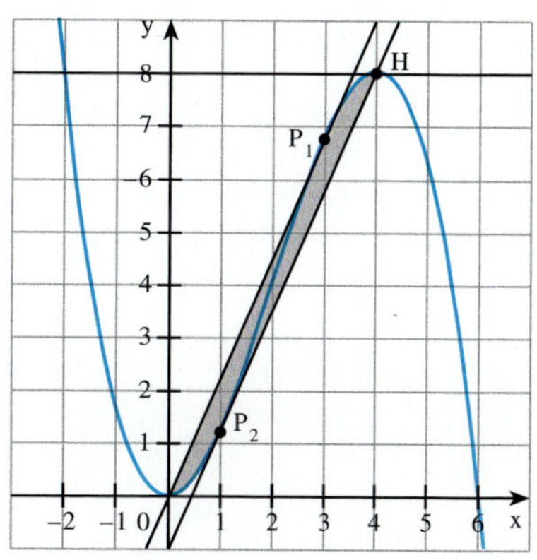

Seite 51

9. $f'(x) = 2x(3x + 2)$,
$f''(x) = 12x + 4, \quad f'''(x) = 12$

a) $T(0 \mid -2), \; H(-\frac{2}{3} \mid -\frac{46}{27}), \; W(-\frac{1}{3} \mid -\frac{50}{27})$
$x_N \approx 0{,}75$ mittels Newton-Verfahren

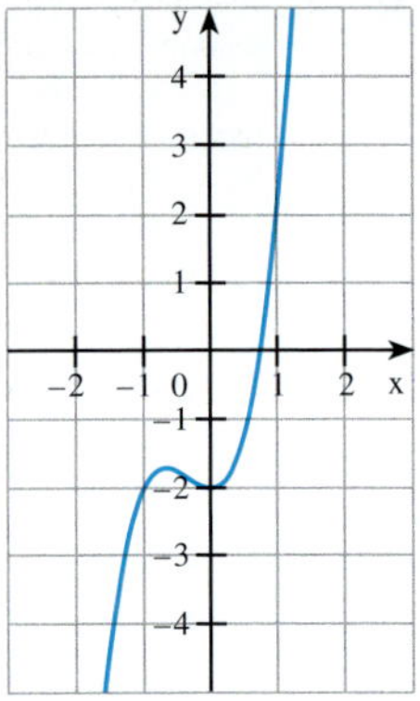

b) Tangentengleichung
t: $y = f'(a)(x - a) + f(a)$
$O(0 \mid 0) \in t$ liefert
$a \cdot f'(a) = f(a)$
$a(6a^2 + 4a) = 2a^3 + 2a^2 - 2 \Leftrightarrow 4a^3 + 2a^2 + 2 = 0 \Leftrightarrow 2a^3 + a^2 + 1 = 0$
$a_1 = -1$; Polynomdivision: $(2a^3 + a^2 + 1) : (a + 1) = 2a^2 - a + 1$

$$\begin{array}{l} 2a^3 + 2a^2 \\ \hline -a^2 + 1 \\ -a^2 - a \\ \hline a + 1 \\ a + 1 \\ \hline \end{array}$$

weitere Lösungen existieren nicht

Die Tangente t durch $A(-1 \mid -2)$ verläuft durch den Ursprung.

c) $f'(x) = 2 \Leftrightarrow 6x^2 + 4x - 2 = 0 \Leftrightarrow x^2 + \frac{2}{3}x - \frac{1}{3} = 0 \Leftrightarrow x = -1 \lor x = \frac{1}{3}$
$A(-1 \mid -2), \; B(\frac{1}{3} \mid \frac{-46}{27})$
Tangente t_A in A: $y = 2x$; Normale n_B in B: $y = -\frac{1}{2}x - \frac{83}{54}$
$t_A \cap u_B = \{C\} \quad C(-\frac{83}{135} \mid -\frac{166}{135})$
Flächeninhalt $I = \overline{AC} \cdot \overline{BC} = \frac{52}{135}\sqrt{5} \cdot \frac{64}{135}\sqrt{5} = \frac{3328}{3645} \approx 0{,}91$

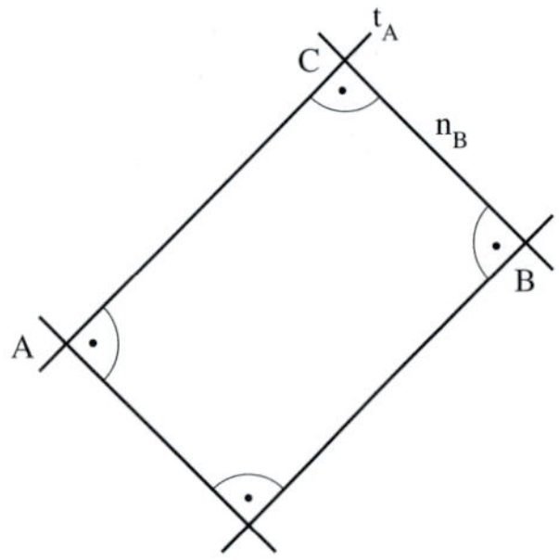

10. Ableitungen: $f_t'(x) = \frac{2}{t}x - 2, \quad f_t'' = (x) = \frac{2}{t}$

a) keine Symmetrie zur y-Achse oder zum Ursprung
$S(0 \mid 2t), \; T(t \mid t)$ für $t > 0$ bzw. $H(t \mid t)$ für $t < 0$

b) K_t ist für $t > 0$ links-, für $t < 0$ rechtsgekrümmt

c) Die Extrempunkte aller K_t liegen auf der 1. Winkelhalbierenden.

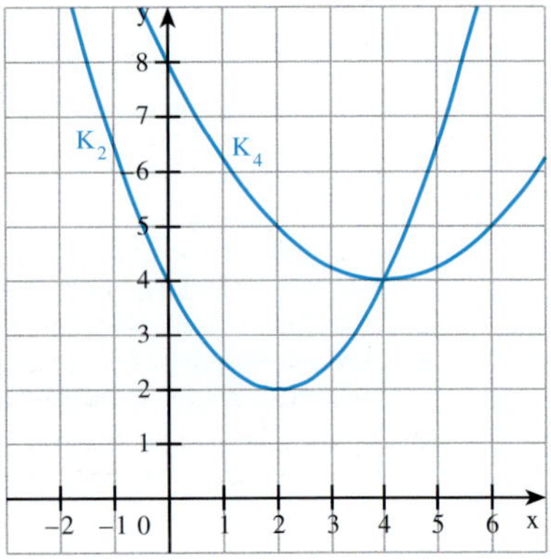

Seite 52

11. Ableitungen: $f_t'(x) = 6tx^2 - 8x + \frac{2}{t}, \quad f_t''(x) = 12tx - 8, \quad f_t'''(x) = 12t$

a) $N_1(0 \mid 0), \; N_2(\frac{1}{t} \mid 0) = T, \; H(\frac{1}{3t} \mid \frac{8}{27t^2}), \; W(\frac{2}{3t} \mid \frac{4}{27t^2})$

b) $f'(\frac{2}{3t}) = -\frac{2}{3t}$; alle Wendetangenten haben damit die Form $y = -\frac{2}{3t}x + \frac{16}{27t^2}$, können also nicht durch den Ursprung verlaufen.

c) $x = \frac{2}{3t} \Leftrightarrow t = \frac{2}{3x}, \; y = \frac{4}{27t^2} \Rightarrow y = \frac{4}{27(\frac{2}{3x})^2}$
$\Rightarrow$ Die Wendepunkte liegen auf der Kurve mit der Gleichung $y = \frac{1}{3}x^2$

d) Es muss gelten: $f_{t_1}'(0) \cdot f_{t_2}'(0) = -1$
$\Leftrightarrow \frac{2}{t_1} \cdot \frac{2}{t_2} = -1 \Leftrightarrow t_1 t_2 = -4$

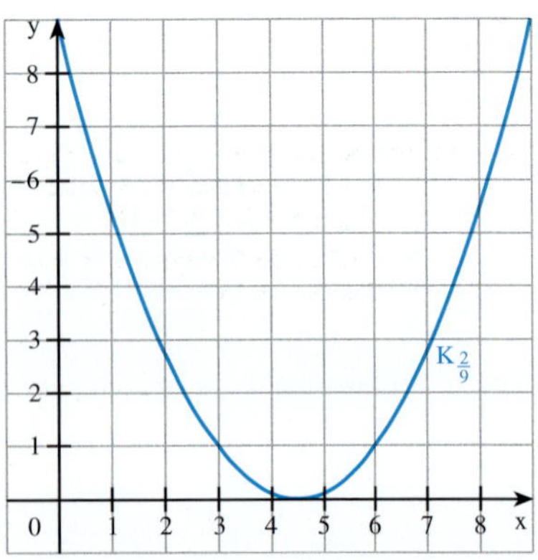

Seite 52

12. Ableitungen: $f_t'(x) = \frac{t}{2}(x^2 + 8x + 12)$, $f_t''(x) = t(x+4)$, $f_t'''(x) = t$

a) keine Symmetrie zur y-Achse oder zum Ursprung
$N_1(0 \mid 0)$, $N_2(-6 \mid 0) = H$, $T_t(-2 \mid -\frac{16}{3}t)$, $W_t(-4 \mid -\frac{8}{3}t)$

b) $f_t'(-4) = -2t$, w_t: $y = -2t(x+4) - \frac{8}{3}t$
$w_{t_1} \cap w_{t_2} \Leftrightarrow -2t_1(x+4) - \frac{8}{3}t_1 = -2t_2(x+4) - \frac{8}{3}t_2$
$\Leftrightarrow 2(t_2 - t_1)x = 8(t_1 - t_2) + \frac{8}{3}(t_1 - t_2) \Leftrightarrow x = -\frac{16}{3} \Rightarrow P(-\frac{16}{3} \mid 0)$

c) $|\overline{OW_t}|^2 = |\overline{DT_t}|^2 \Leftrightarrow 16 + \frac{64}{9}t^2 = 4 + \frac{256}{9}t^2 \Leftrightarrow t = \frac{3}{4}$, da $T \in \mathbb{R}^+$.
Die Ansätze $|\overline{T_tW_t}|^2 = |\overline{OW_t}|^2$ und $|\overline{T_tW_t}|^2 = |\overline{OT_t}|^2$ führen zu keinen weiteren Lösungen.

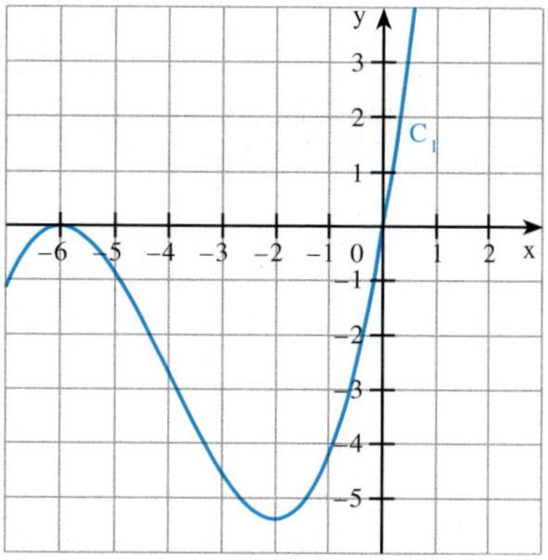

d) $f_{1/3}(x) = \frac{1}{18}x^3 + \frac{2}{3}x^2 + 2x$, $f_{1/3}'(x) = \frac{1}{6}x^2 + \frac{4}{3}x + 2$
$f_{1/3}'(0) = 2$
$f_{1/3}'(x) = 2 \Leftrightarrow \frac{1}{6}x(x+8) = 0 \Leftrightarrow x = 0 \vee x = -8 \Rightarrow P_1(-8 \mid -\frac{16}{9})$
$f_{1/3}'(x) = -\frac{1}{2} \Leftrightarrow \frac{1}{6}x^2 + \frac{4}{3}x + \frac{5}{2} = 0 \Leftrightarrow x^2 + 8x + 15 = 0$
$\Leftrightarrow x = -3 \vee x = -5 \Rightarrow P_2(-3 \mid -\frac{3}{2})$, $P_3(-5 \mid -\frac{5}{18})$

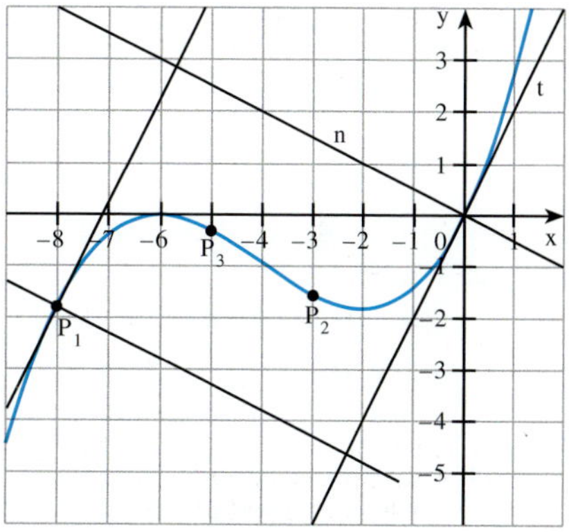

13. Ableitungen: $g_t'(x) = \frac{3}{8}t^2x^2 + \frac{9}{8}tx + \frac{9}{16}$, $g_t''(x) = \frac{3}{4}t^2x + \frac{9}{8}t$, $g_t'''(x) = \frac{3}{4}t^2$

a) $N_1(0 \mid 0)$, $N_2(6 \mid 0)$, $N_3(3 \mid 0) = W$, $H(3 - \sqrt{3} \mid \frac{3}{16}\sqrt{3})$,
$T(3 + \sqrt{3} \mid -\frac{3}{16}\sqrt{3})$

b) $W_t(-\frac{3}{2t} \mid 0) \Rightarrow$ Alle Wendepunkte liegen auf der x-Achse.
$g_t'(-\frac{3}{2t}) = -\frac{9}{32}$ unabhängig von $t \Rightarrow$ sämtliche Wendetangenten haben die Steigung $-\frac{9}{32}$ und sind damit parallel.

c) $g_t(0) = 0$ und $g_t'(0) = \frac{9}{16}$ unabhängig von $t \Rightarrow$
Alle K_t berühren sich im Ursprung.

d) $g_{t_1}(x) = g_{t_2}(x) \Leftrightarrow x = 0 \vee x = \frac{-9}{2(t_1+t_2)}$
Für $t_1 = -t_2$ gibt es nur einen gemeinsamen Punkt.

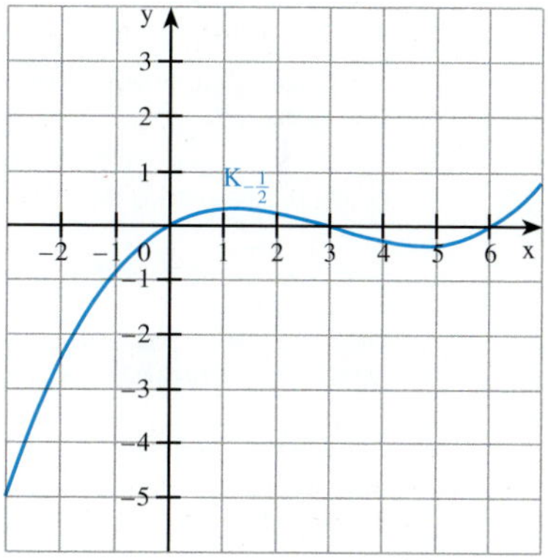

14. Ableitungen: $f_t'(x) = \frac{x^3}{t} - tx$, $f_t''(x) = \frac{3}{t}x^2 - t$, $f_t'''(x) = \frac{6}{t}x$

a) K_t ist symmetrisch zur y-Achse, da f_t gerade ist.
$N_{1/2}(\pm 2t \mid 0)$, $S(0 \mid -2t^3) = H$, $T_{1/2}(\pm t \mid -\frac{9}{4}t^3)$, $W_{1/2}(\pm\frac{\sqrt{3}}{3}t \mid -\frac{77}{36}t^3)$

b) Ortslinie der Hochpunkte: $x = 0$
Ortslinie der Tiefpunkte: $y = -\frac{9}{4}x^3$ und $y = \frac{9}{4}x^3$

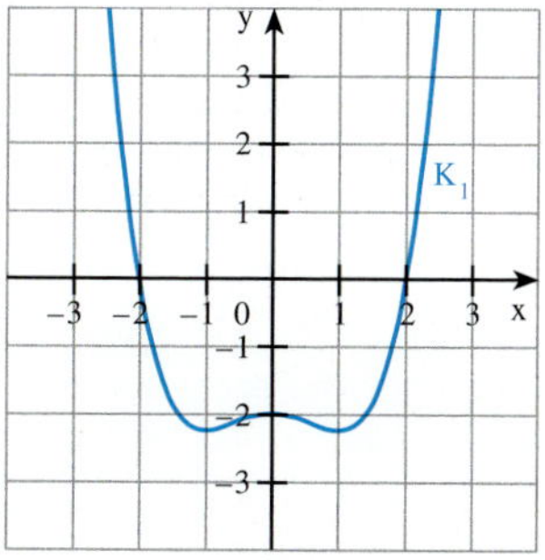

14. c) Flächeninhalt des Trapezes für $A(u \mid f_1(u))$, $B(-u \mid f_1(u))$, $0 < u < 2$.

$I(u) = \frac{1}{2}(4 + 2u) \cdot (-f_1(u))$

$= -(2 + u)(\frac{1}{4}u^4 - \frac{1}{2}u^2 - 2)$

$= -\frac{1}{4}u^5 - \frac{1}{2}u^4 + \frac{1}{2}u^3 + u^2 + 2u + 4$

(vgl. Schaubild)

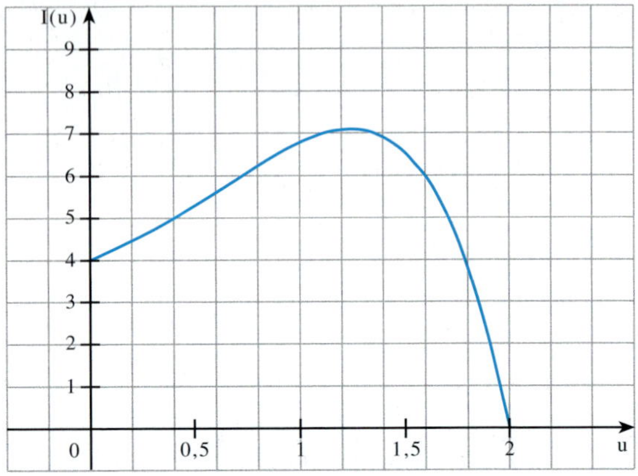

$I'(u) = -\frac{5}{4}u^4 - 2u^3 + \frac{3}{2}u^2 + 2u + 2$

$I''(u) = -5u^3 - 6u^2 + 3u + 2$

Da $I'(1) \cdot I'(2) = -54 < 0$, besitzt I' in $]1; 2[$ eine Nullstelle.

Mit $h(u) = I'(u)$ und $h'(u) = I''(u)$ ergibt der Ansatz für das Newton-Verfahren

$u_0 = 1{,}5,\ u_{n+1} = u_n - \frac{-\frac{5}{4}u_n^4 - 2u_n^3 + \frac{3}{2}u_n^2 + 2u_n + 2}{-5u_n - 6u_n^2 + 3u_n + 2}$

$\Rightarrow u \approx 1{,}24$

Wegen $I''(1{,}24) < 0$,

$\lim\limits_{u \to 2-} I(u) = 0 < \lim\limits_{u \to 0+} I(u) = 4 < I(1{,}24) = 7{,}06$

ist der Flächeninhalt für $u \approx 1{,}24$ absolut maximal.

Wähle $x_A \approx 1{,}24$ und $x_B \approx -1{,}24$.

d) Tangente von K_1 in $P(a \mid f(a))$

$t\colon\ y = f_1(a) + f_1'(a) \cdot (x - a)$

$t\colon\ y = \frac{1}{4}a^4 - \frac{1}{2}a^2 - 2 + (a^3 - a)(x - a)$

$t\colon\ y = (a^3 - a)\,x - \frac{3}{4}a^4 + \frac{1}{2}a^2 - 2$

Betrachte $k(a) = -\frac{3}{4}a^4 + \frac{1}{2}a^2 - 2, \quad a \in \mathbb{R}$

$k'(a) = -3a^3 + a, \quad k''(a) = -9a^2 + 1$

$k'(a) = 0 \Leftrightarrow a(-3a^2 + 1) = 0 \Leftrightarrow a = 0 \vee a = \frac{1}{\sqrt{3}} \vee a = -\frac{1}{\sqrt{3}}$

Da $k''(\pm\frac{1}{\sqrt{3}}) = -2 < 0$, $k''(0) = 1 > 0$, $k(a) \to -\infty$ für $a \to \pm\infty$,

sind die Tangenten in $P_{1/2}(\pm\frac{1}{\sqrt{3}} \mid \frac{77}{108\sqrt{3}})$ diejenigen mit dem größten y-Achsenabschnitt. Es sind die Wendetangenten.

e) $f_t'(\frac{\sqrt{3}}{3}t) \cdot f_t'(-\frac{\sqrt{3}}{3}t) = -1 \Leftrightarrow -\frac{2}{9}\sqrt{3}\,t^2 \cdot \frac{2}{9}\sqrt{3}\,t^2 = -1 \Leftrightarrow t^4 = \frac{27}{4} \Leftrightarrow t = \sqrt[4]{\frac{27}{4}} \vee (t = -\sqrt[4]{\frac{27}{4}})$

Für $t = \sqrt[4]{\frac{27}{4}}$ schneiden sich die Wendetangenten orthogonal.

15. Ableitungen: $f_a'(x) = 5x^4 - a$, $f_a''(x) = 20x^3$, $f_a'''(x) = 60x^2$

a) Symmetrie zum Ursprung, da f_a ungerade ist.

$N_1(0 \mid 0) = W$, $N_{2/3}(\pm\sqrt[4]{a} \mid 0)$, $T(\sqrt[4]{\frac{a}{5}} \mid -\frac{4}{5}a\sqrt[4]{\frac{a}{5}})$, $H(-\sqrt[4]{\frac{a}{5}} \mid \frac{4}{5}a\sqrt[4]{\frac{a}{5}})$,

da $f_a(\sqrt[4]{\frac{a}{5}}) = \sqrt[4]{\frac{a}{5}} \cdot \frac{a}{5} - \sqrt[4]{\frac{a}{5}}\,a = -\frac{4}{5}a\sqrt[4]{\frac{a}{5}}$

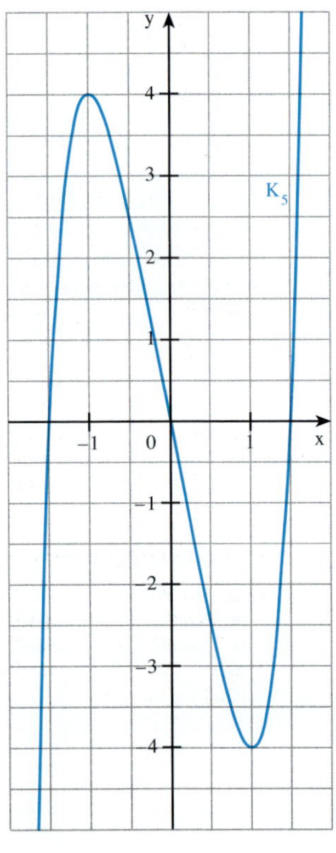

b) Aus Symmetriegründen untersucht man etwa die Nullstellen 0; $\sqrt[4]{a}$ und die Extremstelle $\sqrt[4]{\frac{a}{5}}$:

$\frac{0 + \sqrt[4]{a}}{2} = \sqrt[4]{\frac{a}{5}} \Leftrightarrow \frac{1}{2}\sqrt[4]{a} = \sqrt[4]{\frac{a}{5}} \overset{a>0}{\Leftrightarrow} a = 16 \cdot \frac{a}{5} \Leftrightarrow a = 0.$

Es gibt keinen positiven Wert von a, so dass f_a die geforderte Eigenschaft besitzt.

c) $f_5(x) = -mx$

$\Leftrightarrow x^5 - 5x = -mx \Leftrightarrow x(x^4 + (m - 5)) = 0$

$\Leftrightarrow x = 0 \vee x^4 = 5 - m$

Für $m \geq 5$ gibt es genau einen Schnittpunkt,

für $m < 5$ drei verschiedene Schnittpunkte.

5.2 Bestimmung ganzrationaler Funktionen

Seite 53

1. **a)** $g(x) = ax^3 + bx^2 + cx + d$
b) $f(x) = ax^4 + bx^2 + d$
c) $g(x) = ax^5 + bx^3 + cx$
d) $f(-1) = 2$
e) $g(0) = 0$
f) $f'(3) = 0 \wedge f(3) = 5$
g) $f''(2) = 0 \wedge f(2) = -2$
h) $g(0) = 0 \wedge g'(0) = 0 \wedge g''(0) = 0$
i) $f'(-1) = 3 \wedge f(-1) = 5$
j) $g(-4) = 1 \wedge g'(-4) = \frac{0-1}{1+4} = -\frac{1}{5}$
k) $g(-2) = 6 \wedge -\frac{1}{g'(-2)} = \frac{6-3}{-2-0} = -\frac{3}{2}$
l) $f(-4) = 4 \wedge f'(-4) = 2$
m) $g''(7) = 0 \wedge g'(7) = \frac{2}{7} \wedge g(7) = y_w = \frac{2}{7} \cdot 7 - 1 = 1$
n) $f'(2) = 0 \wedge f(2) = 5$
o) $g'(-3) = -\frac{3}{2} \wedge g(-3) = -1$
p) $f(-3) = g(-3) = 4 \wedge f'(-3) = g'(-3)$
q) $f(-1) = g(-1) = 2 \wedge f'(-1) \cdot g'(-1) = -1$
r) $f(0) = g(0)$
s) $f'(2) = g'(2)$

2. **a)**
$$\left.\begin{array}{lll} f(-2) = 1 & \Rightarrow & 4a - 2b + c = 1 \\ f(1) = 2 & \Rightarrow & a + b + c = 2 \\ f(7) = -10 & \Rightarrow & 49a + 7b + c = -10 \end{array}\right\} \Rightarrow p:\quad y = -\frac{7}{27}x^2 + \frac{2}{27}x + \frac{59}{27}$$

b) Scheitelgleichung p: $y = a(x - x_S)^2 + y_S$ mit Scheitel $S(x_S \mid y_S)$
$\Rightarrow p:\quad y = a(x-3)^2 - 2$
$N(1|0) \in p \Rightarrow 0 = 4a - 2 \Leftrightarrow a = \frac{1}{2}$
p: $y = \frac{1}{2}(x-3)^2 - 2$ oder p: $y = \frac{1}{2}x^2 - 3x + \frac{5}{2}$

c)
$$\left.\begin{array}{lll} f(0) = 0 & \Rightarrow & c = 0 \\ f'(0) = -1 & \Rightarrow & b = -1 \\ f(2) = 3 & \Rightarrow & 4a + 2b + c = 3 \end{array}\right\} \Rightarrow p: y = \frac{5}{4}x^2 - x$$

Seite 54

3. K hat den Hochpunkt $H(2 \mid 4)$ und den Wendepunkt $W(4 \mid 2)$
$g'(x) = \frac{3}{8}x^2 - 3x + \frac{9}{2}$, $g''(x) = \frac{3}{4}x - 3$, $g'(4) = -\frac{3}{2}$
$$\left.\begin{array}{lll} f(2) = 4 & \Rightarrow & 4a + 2b + c = 4 \\ f(4) = 2 & \Rightarrow & 16a + 4b + c = 2 \\ f'(4) = \frac{2}{3} & \Rightarrow & 8a + b = \frac{2}{3} \end{array}\right\} \Rightarrow f(x) = \frac{5}{6}x^2 - 6x + \frac{38}{3}$$

4. $f(x) = ax^3 + bx^2 + cx + d$, $f'(x) = 3ax^2 + 2bx + c$, $f''(x) = 6ax + 2b$

a)
$$\left.\begin{array}{lll} f(0) = 0 & \Rightarrow & d = 0 \\ f(-1) = -4 & \Rightarrow & -a + b - c + d = -4 \\ f(1) = 2 & \Rightarrow & a + b + c + d = 2 \\ f(2) = 8 & \Rightarrow & 8a + 4b + 2c + d = 8 \end{array}\right\} \Rightarrow f(x) = x^3 - x^2 + 2x$$

b)
$$\left.\begin{array}{lll} f(0) = -3 & \Rightarrow & d = -3 \\ f'(0) = 0 & \Rightarrow & c = 0 \\ f(2) = -3 & \Rightarrow & 8a + 4b + 2c + d = -3 \\ f'(2) = 2 & \Rightarrow & 12a + 4b + c = 2 \end{array}\right\} \Rightarrow f(x) = \frac{1}{2}x^3 - x^2 - 3$$

c)
$$\left.\begin{array}{lll} f(6) = -2 & \Rightarrow & 216a + 36b + 6c + d = -2 \\ f'(6) = 0 & \Rightarrow & 108a + 12b + c = 0 \\ f''(4) = 0 & \Rightarrow & 24a + 2b = 0 \\ f'(4) = -3 & \Rightarrow & 48a + 8b + c = -3 \end{array}\right\} \Rightarrow f(x) = \frac{1}{4}x^3 - 3x^2 + 9x - 2$$

5. $f(x) = ax^4 + bx^3 + cx^2 + dx + e$, $f'(x) = 4ax^3 + 3bx^2 + 2cx + d$, $f''(x) = 12ax^2 + 6bx + 2c$

a)
$$\left.\begin{array}{lll} f(3) = 6 & \Rightarrow & 81a + 27b + 9c + 3d + e = 6 \\ f(4) = 0 & \Rightarrow & 256a + 64b + 16c + 4d + e = 0 \\ f(0) = 0 & \Rightarrow & e = 0 \\ f'(0) = 0 & \Rightarrow & d = 0 \\ f''(0) = 0 & \Rightarrow & 2c = 0 \end{array}\right\} \Rightarrow f(x) = -\frac{2}{9}x^4 + \frac{8}{9}x^3$$

b) $f(x) = ax^4 + bx^2 + c$, da f gerade ist
$$\left.\begin{array}{lll} f(-2) = 0 & \Rightarrow & 16a + 4b + c = 0 \\ f''(-2) = 0 & \Rightarrow & 48a + 2b = 0 \\ f'(-2) = \frac{4}{3} & \Rightarrow & -32a - 4b = \frac{4}{3} \end{array}\right\} \Rightarrow f(x) = \frac{1}{48}x^4 - \frac{1}{2}x^2 + \frac{5}{3}$$

5.3 Untersuchung gebrochenrationaler Funktionen

1. **a)** $D = \mathbb{R} \setminus \{-1\}$
b) $D = \mathbb{R} \setminus \{-2\}$
c) $D = \mathbb{R} \setminus \{\frac{1}{3}\}$
d) $D = \mathbb{R} \setminus \{0\}$
e) $D = \mathbb{R} \setminus \{1\}$
f) $D = \mathbb{R} \setminus \{0; 4\}$
g) $D = \mathbb{R} \setminus \{-3; 3\}$
h) $D = \mathbb{R} \setminus \{1 - \sqrt{5}; 1 + \sqrt{5}\}$
i) $D = \mathbb{R} \setminus \{-1; 4\}$

Seite 56 **2. a)** $f'(x) = \frac{8x+8}{x^3}$; $f''(x) = \frac{-16x+24}{x^4}$; $f'''(x) = \frac{48x+96}{x^5}$

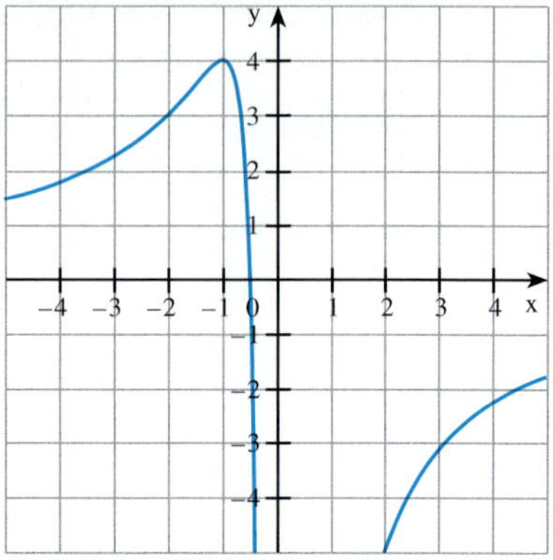

Keine Symmetrie zur y-Achse oder zum Ursprung.
$f(x) \to -\infty$ für $x \to 0 \Rightarrow x = 0$ ist die Gleichung der vertikalen Asymptote.
$\lim\limits_{|x|\to\infty} f(x) = 0 \Rightarrow y = 0$ ist die Gleichung der waagerechten Asymptote.
K schneidet die x-Achse in $N(-\frac{1}{2} \mid 0)$.
Da $f'(-1) = 0 \wedge f''(-1) = -8 < 0$ folgt mit $f(-1) = 4$, dass K den Hochpunkt $H(-1 \mid 4)$ besitzt.
Da $f''(-\frac{3}{2}) = 0 \wedge f'''(-\frac{3}{2}) = -\frac{256}{81} \neq 0$ bzw. f'' an der Stelle $-\frac{3}{2}$ einen Vorzeichenwechsel von + nach − besitzt und und $f(-\frac{3}{2}) = \frac{32}{9}$, ist $W(-\frac{3}{2} \mid \frac{32}{9})$ Wendepunkt von K.

b) $f'(x) = \frac{x^2-4x}{2(x-2)^2}$; $f''(x) = \frac{4}{(x-2)^3}$;

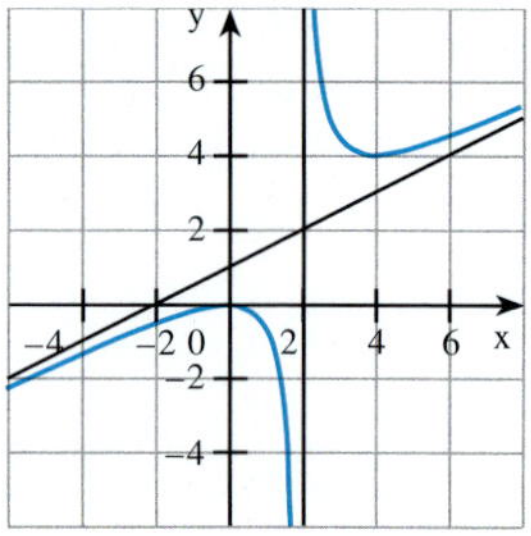

Keine Symmetrie zur y-Achse oder zum Ursprung.
Da $f(x) \to -\infty$ für $x \to 2- \wedge f(x) \to +\infty$ für $x \to 2+$, ist die Gerade mit der Gleichung $x = 2$ vertikale Asymptote.
Da $f(x) = \frac{1}{2}x + 1 + \frac{2}{x-2}$, besitzt K eine schiefe Asymptote mit der Gleichung $y = \frac{1}{2}x + 1$.
K schneidet im Ursprung die Koordinatenachsen.
Da $f'(0) = 0 \wedge f''(0) = -\frac{1}{2} < 0$ besitzt K im Ursprung $H(0 \mid 0)$ einen Hochpunkt.
Da $f'(4) = 0 \wedge f''(4) = \frac{1}{2} > 0 \wedge f(4) = 4$ besitzt K den Tiefpunkt $T(4 \mid 4)$.
Da $f''(x) \neq 0$ für alle $x \in D$, besitzt K keine Wendepunkte.

c) $f'(x) = \frac{-16x}{(x^2-4)^2}$; $f''(x) = \frac{48x^2+64}{(x^2-4)^3}$

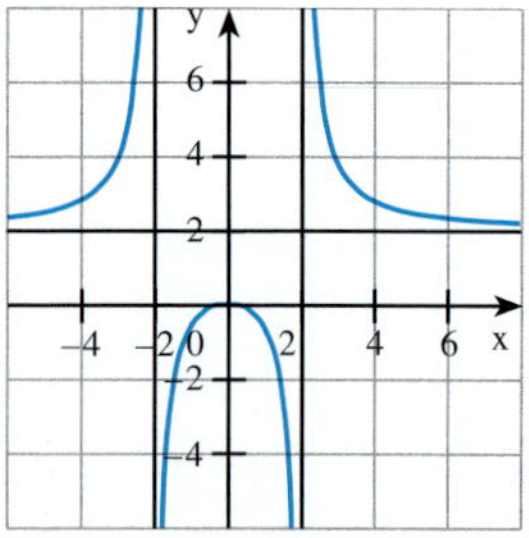

Das Schaubild ist symmetrisch zur y-Achse.
Da $f(x) \to +\infty$ für $x \to -2-$ und $f(x) \to -\infty$ für $x \to -2+$
$\Rightarrow x = -2$ ist Asymptote von K.
Da $f(x) \to -\infty$ für $x \to 2-$ und $f(x) \to +\infty$ für $x \to 2+$
$\Rightarrow x = 2$ ist Asymptote.
Da $\lim\limits_{|x|\to\infty} f(x) = 2$, besitzt K eine waagerechte Asymptote mit der Gleichung $y = 2$.
K schneidet die Koordinatenachsen im Ursprung $O(0 \mid 0)$.
Da $f'(0) = 0 \wedge f''(0) = -1 < 0$, ist der Ursprung Hochpunkt von K.
Da $f''(x) \neq 0$ für alle $x \in D$, besitzt K keine Wendepunkte.

d) $f'(x) = \frac{-x^4+27x^2}{2(x^2-9)^2}$; $f''(x) = \frac{-9x^3-243x}{(x^2-9)^3}$

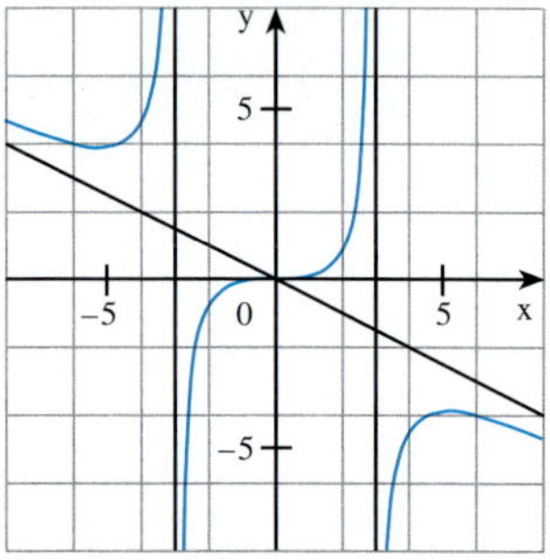

Das Schaubild ist symmetrisch zum Ursprung.
Da $f(x) \to +\infty$ für $x \to -3-$ und $f(x) \to -\infty$ für $x \to -3+$, ist $x = -3$ die Gleichung einer vertikalen Asymptoten und wegen Symmetrie ebenso $x = 3$.
Da $f(x) = -\frac{1}{2}x + \frac{9x}{-2x^2+18}$ besitzt K eine schiefe Asymptote mit der Gleichung $y = -\frac{1}{2}x$.
K verläuft durch den Ursprung $O(0 \mid 0)$.
Da $f'(0) = 0$ jedoch $f''(0) = 0$ und $f''(x) < 0$ für $x < 0$ und $f''(x) > 0$ für $x > 0$, x aus $U_0 \setminus \{0\}$, ist der Ursprung Wendepunkt.
Da $f'(3\sqrt{3}) = 0 \wedge f''(3\sqrt{3}) = -\frac{1}{4}\sqrt{3} < 0 \wedge f(3\sqrt{3}) = -\frac{9}{4}\sqrt{3}$, ist $H(3\sqrt{3} \mid -\frac{9}{4}\sqrt{3})$ Hochpunkt von K und wegen Symmetrie $T(-3\sqrt{3} \mid \frac{9}{4}\sqrt{3})$ Tiefpunkt.

Seite 56 **2. e)** $f'(x) = \frac{-2x^4-2}{x^3}$; $f''(x) = \frac{-2x^4+6}{x^4}$; $f'''(x) = -\frac{24}{x^5}$

Das Schaubild ist symmetrisch zur y-Achse.
Da $f(x) \to +\infty$ für $x \to 0$, ist $x = 0$ die Gleichung der vertikalen Asymptote von K.
Da $f(x) = -x^2 + \frac{1}{x^2}$ und $\lim\limits_{|x| \to \infty} \frac{1}{x^2} = 0$, ist $y = -x^2$ die Gleichung einer Näherungskurve von K.
K schneidet die x-Achse in $N_1(-1 \mid 0)$ und $N_2(1 \mid 0)$.
Da $f'(x) \neq 0$ für alle $x \in D$, besitzt K keine Extrempunkte.
Da $f''(\sqrt[4]{3}) = 0 \wedge f'''(\sqrt[4]{3}) = -\frac{8}{3}\sqrt[4]{27} \neq 0 \wedge f(\sqrt[4]{3}) = -\frac{2}{3}\sqrt{3}$ ist $W_1(\sqrt[4]{3} \mid -\frac{2}{3}\sqrt{3})$ Wendepunkt von K. Wegen Symmetrie ist $W_2(-\sqrt[4]{3} \mid -\frac{2}{3}\sqrt{3})$ ein weiterer Wendepunkt von K.

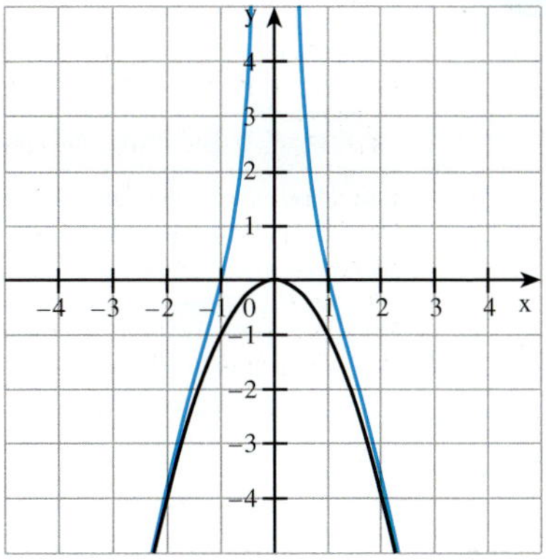

f) $f'(x) = \frac{1}{2}x - \frac{4}{x^2}$; $f''(x) = \frac{1}{2} + \frac{8}{x^3}$; $f'''(x) = -\frac{24}{x^4}$

K besitzt keine Symmetrie zur y-Achse oder zum Ursprung.
Da $f(x) \to -\infty$ für $x \to 0-$ und $f(x) \to +\infty$ für $x \to 0+$, ist die Gerade mit der Gleichung $x = 0$ vertikale Asymptote von K.
Da $\lim\limits_{|x| \to \infty} \frac{4}{x} = 0$, ist $y = \frac{1}{4}x^2$ die Gleichung der Näherungskurve von K.
K schneidet die x-Achse in $N(-2\sqrt[3]{2} \mid 0)$.
Da $f'(2) = 0 \wedge f''(2) = \frac{3}{2} > 0 \wedge f(2) = 3$, ist $T(2 \mid 3)$ Tiefpunkt von K.
Da $f''(-2\sqrt[3]{2}) = 0 \wedge f'''(-2\sqrt[3]{2}) = -\frac{3}{8}\sqrt[3]{4} \neq 0$, ist $N = W(-2\sqrt[3]{2} \mid 0)$ Wendepunkt von K.

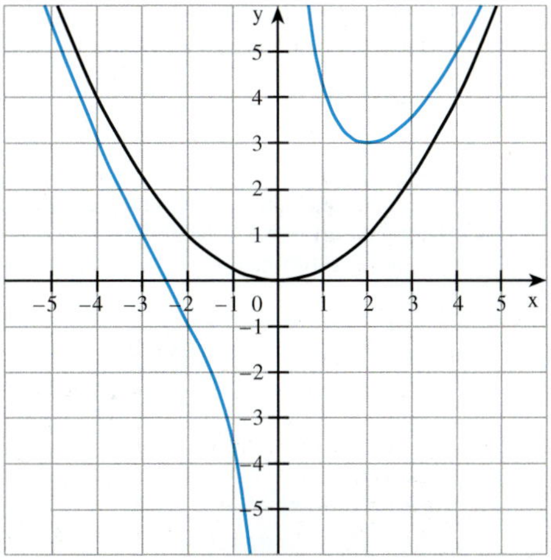

g) $f'(x) = \frac{-12x+24}{(x+1)^3}$; $f''(x) = \frac{24x-84}{(x+1)^4}$

K ist weder symmetrisch zur y-Achse, noch zum Ursprung.
Da $f(x) \to -\infty$ für $x \to -1$, ist $x = -1$ die Gleichung der vertikalen Asymptote.
Da $\lim\limits_{|x| \to \infty} f(x) = -2$, ist $y = -2$ waagerechte Asymptote von K.
K schneidet die x-Achse in $N(2 \mid 0)$.
Da $f'(2) = 0 \wedge f''(2) = -\frac{4}{5} < 0$, ist $N = H(2 \mid 0)$ ein Hochpunkt von K.
Da $f''(\frac{7}{2}) = 0 \wedge f'''(\frac{7}{2}) = \frac{128}{2187}$ bzw. $f''(x) < 0$ für $x < \frac{7}{2}$ und $f''(x) > 0$ für $x > \frac{7}{2}$ weiterhin $f(\frac{7}{2}) = -\frac{2}{9}$, ist $W(\frac{7}{2} \mid -\frac{2}{9})$ Wendepunkt von K.

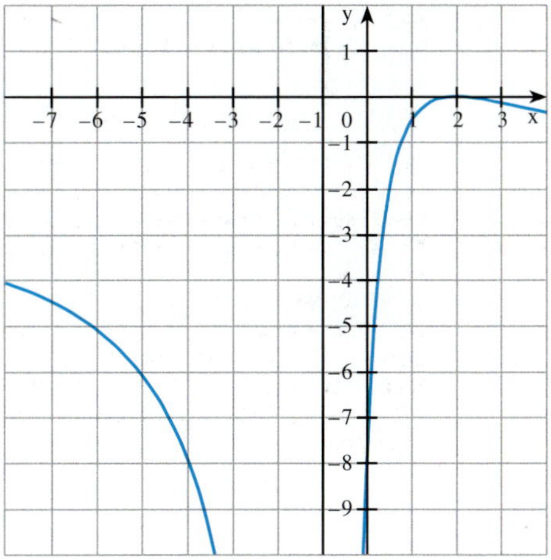

Seite 56 **2. h)** $f'(x) = \frac{12x^2 - 24}{(x^2+2)^2}$; $f''(x) = \frac{-24x^3 + 144x}{(x^2+2)^3}$

K ist symmetrisch zum Ursprung.

Da $\lim\limits_{|x| \to \infty} f(x) = 0$, ist $y = 0$ die Gleichung der waagerechten Asymptote.

Die Kurve K verläuft durch den Ursprung $O(0 \mid 0)$.

Da $f'(\sqrt{2}) = 0 \wedge f''(\sqrt{2}) = \frac{3}{2}\sqrt{2} > 0 \wedge f(\sqrt{2}) = -3\sqrt{2}$, besitzt K im Punkt $T(\sqrt{2} \mid -3\sqrt{2})$ einen Tiefpunkt und wegen Symmetrie in $H(-\sqrt{2} \mid 3\sqrt{2})$ einen Hochpunkt.

Da $f''(0) = 0 \wedge f''$ einen Vorzeichenwechsel von $-$ nach $+$ besitzt, ist der Ursprung Wendepunkt von K.

Da weiterhin $f''(\sqrt{6}) = 0 \wedge f''$ einen Vorzeichenwechsel von $+$ nach $-$ besitzt und $f(\sqrt{6}) = -\frac{3}{2}\sqrt{6}$, ist $W_2(\sqrt{6} \mid -\frac{3}{2}\sqrt{6})$ Wendepunkt von K und wegen Symmetrie ebenso $W_3(-\sqrt{6} \mid \frac{3}{2}\sqrt{6})$.

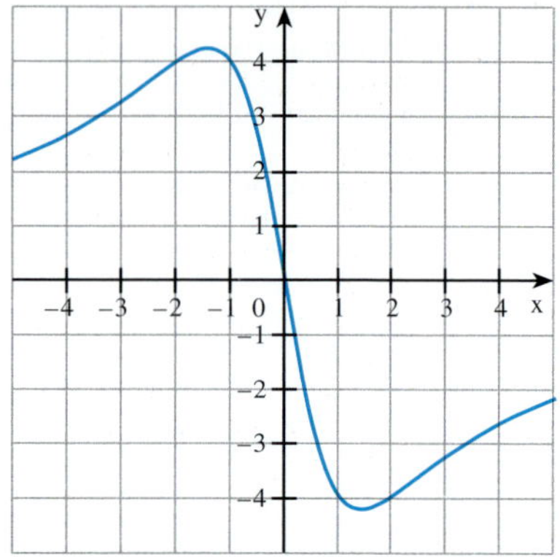

i) $f(x) = \frac{2x}{x-2}$; $f'(x) = -\frac{4}{(x-2)^2}$; $f''(x) = \frac{8}{(x-2)^3}$

K ist weder symmetrisch zur y-Achse, noch zum Ursprung.

Da $f(x) \to -\infty$ für $x \to 2-$ und $f(x) \to +\infty$ für $x \to 2+$, besitzt K eine vertikale Asymptote mit der Gleichung $x = 2$.

Da $\lim\limits_{|x| \to \infty} f(x) = 2$, besitzt K eine waagerechte Asymptote mit der Gleichung $y = 2$.

K schneidet die Koordinatenachsen in $N(0 \mid 0)$.

Da $f''(x) \neq 0$ und $f'''(x) \neq 0$ für alle $x \in D$, besitzt K weder Hoch-, Tief- noch Wendepunkte.

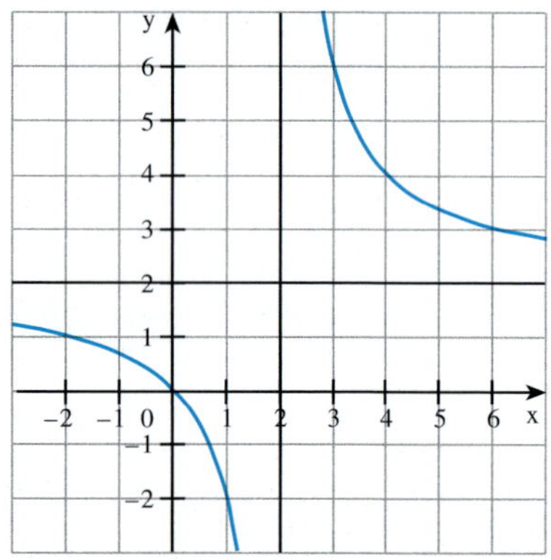

j) $f(x) = \frac{x^2 + 2x + 4}{2(x+2)}$; $f'(x) = \frac{x^2 + 4x}{2(x+2)^2}$; $f''(x) = \frac{4}{(x+2)^3}$

K ist weder symmetrisch zur y-Achse, noch zum Ursprung.

Da $\lim\limits_{|x| \to \infty} f(x) = \frac{3}{2}$ besitzt f an der Stelle 2 eine stetig hebbare Definitionslücke.

Da $f(x) \to -\infty$ für $x \to -2-$ und $f(x) \to +\infty$ für $x \to -2+$, besitzt K eine vertikale Asymptote mit der Gleichung $x = -2$.

Da $f(x) = \frac{x}{2} + \frac{2}{x+2}$ und $\lim\limits_{|x| \to \infty} \frac{2}{x+2} = 0$, besitzt K eine schiefe Asymptote mit der Gleichung $y = \frac{1}{2}x$.

K besitzt keine Schnittpunkte mit der x-Achse.

K schneidet die y-Achse in $S(0 \mid 1)$.

Da $f'(0) = 0 \wedge f''(0) = \frac{1}{2} > 0$, ist $S = T(0 \mid 1)$ Tiefpunkt von K.

Da $f'(-4) = 0 \wedge f''(-4) = -\frac{1}{2} < 0 \wedge f(-4) = -3$ ist $H(-4 \mid -3)$ ein Hochpunkt von K.

Da $f''(x) \neq 0$ für alle $x \in D$, besitzt K keine Wendepunkte.

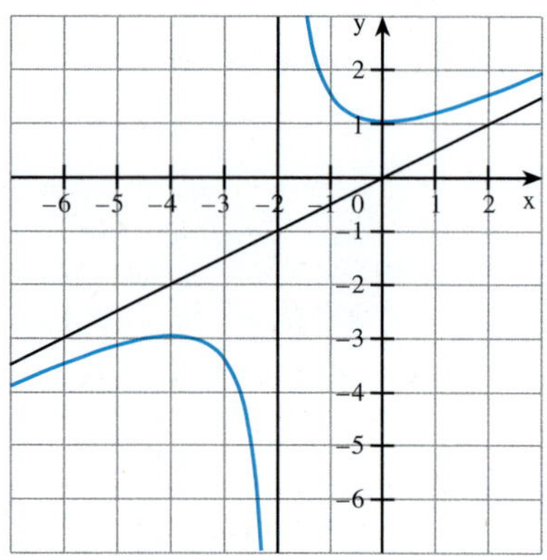

Seite 56

3. a) $f'(x) = \frac{x^2+4x+8}{(x+2)^2}$, $f''(x) = \frac{-8}{(x+2)^3}$

Da $f(x) \to +\infty$ für $x \to -2-$ und $f(x) \to -\infty$ für $x \to -2+$, besitzt K eine vertikale Asymptote mit der Gleichung $x = -2$. Da $f(x) = x + 2 - \frac{4}{x+2}$ und $\lim\limits_{|x| \to \infty} \left(-\frac{4}{x+2}\right) = 0$, besitzt K eine schiefe Asymptote mit der Gleichung $y = x + 2$.

K schneidet die x-Achse in $N_1(-4 \mid 0)$ und $N_2(0 \mid 0)$.

Da $f'(x) \neq 0$ und $f''(x) \neq 0$ für alle $x \in D$, besitzt K weder Extrem-, noch Wendepunkte.

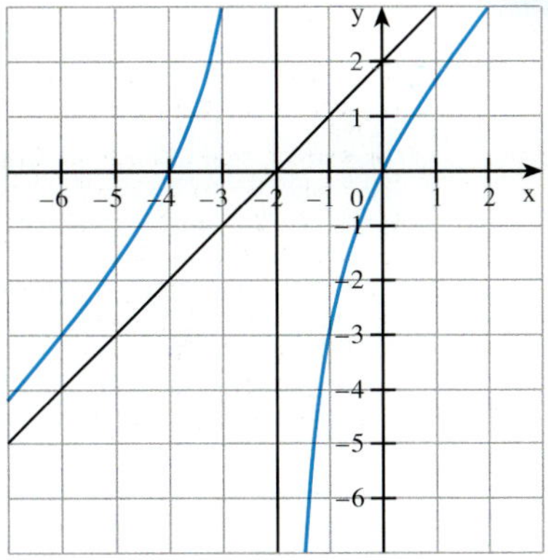

b) Die Kurvennormale n in O besitzt die Steigung $m = -\frac{1}{f'(0)} = -\frac{1}{2}$ und damit die Gleichung $y = -\frac{1}{2}x$. Die Kurvennormale in O schneidet die Asymptote mit der Gleichung $y = x + 2$ in $S_1\left(-\frac{4}{3} \mid \frac{2}{3}\right)$ und die Asymptote mit der Gleichung $x = -2$ in $S_2(-2 \mid 1)$. Die beiden Asymptoten von K schneiden sich in $S_3(-2 \mid 0)$. Mit S_2S_3 als Grundseite des Dreiecks $S_1S_2S_3$ gilt

$A = \frac{1}{2} \cdot (1 - 0) \cdot \left(-\frac{4}{3} - (-2)\right) = \frac{1}{3}$ FE.

4. Die Punkte besitzen die Koordinaten $P(a \mid f(a))$, $Q(a \mid 2)$, $R(-a \mid 2)$ und $S(-a \mid f(-a))$, da K symmetrisch zur y-Achse ist und die Gerade mit der Gleichung $y = 2$ als horizontale Asymptote besitzt.

Für den Umfang des Rechtecks gilt, da $f(-a) = f(a)$:

$U(a) = 2[a - (-a)] + 2 \cdot [2 - f(a)]$

$\quad = 4a + \frac{4}{a^2}, \quad a > 0$

$U'(a) = 4 - \frac{8}{a^3}$; $\quad U''(a) = \frac{24}{a^4}$

Da $U'(a) = 0 \Leftrightarrow a = \sqrt[3]{2}$, $U''(\sqrt[3]{2}) = 6 \cdot \sqrt[3]{4} > 0$ und $U(a) \to \infty$ für $a \to 0$ bzw. $a \to \infty$, wird für $a = \sqrt[3]{2}$ der Umfang des Rechtecks minimal. Damit sind $P(\sqrt[3]{2} \mid 2 - \sqrt[3]{2})$, $Q(\sqrt[3]{2} \mid 2)$, $R(-\sqrt[3]{2} \mid 2)$ und $S(-\sqrt[3]{2} \mid 2 - \sqrt[3]{2})$ die gesuchten Punkte.

5. a) $f'(x) = \frac{8x}{(x^2-4)^2}$, $\quad f''(x) = \frac{-24x^2 - 32}{(x^2-4)^3}$

K ist symmetrisch zur y-Achse.

Da $f(x) \to -\infty$ für $x \to -2-$ und $f(x) \to +\infty$ für $x \to -2+$ und weiterhin $f(x) \to +\infty$ für $x \to 2-$ und $f(x) \to -\infty$ für $x \to 2+$, besitzt K vertikale Asymptoten mit den Gleichungen $x = -2$ und $x = 2$. Da $\lim\limits_{|x| \to \infty} f(x) = -1$, ist die Gerade mit der Gleichung $y = -1$ waagerechte Asymptote. Da $f'(0) = 0 \wedge f''(0) = \frac{1}{2} \wedge f(0) = 0$, ist $O(0 \mid 0)$ Tiefpunkt von K. Da $f''(x) \neq 0$ für alle $x \in D$, besitzt K keine Wendepunkte.

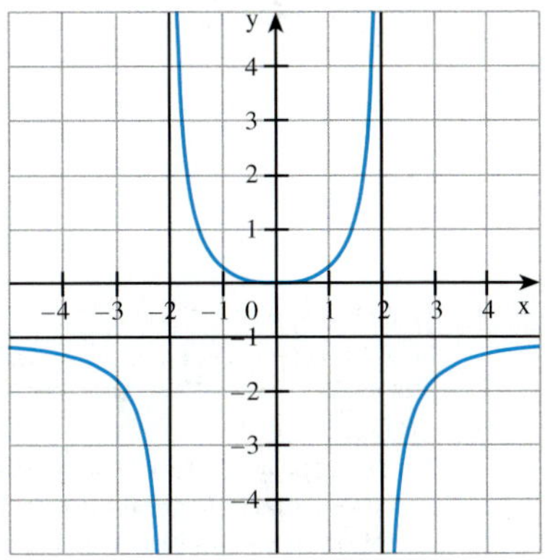

b) Man erhält für

$a > 0$ keine Tangente

$a = 0$ genau eine Tangente

$-1 \leq a < 0$ zwei Tangenten

$a < -1$ vier Tangenten an K.

Eine Tangente berührt K im Punkt $B(b \mid f(b))$, wenn gilt:

$\frac{f(b) - (-6)}{b} = f'(b) \Leftrightarrow 5b^4 - 52b^2 + 96 = 0 \Leftrightarrow b = \pm 2\sqrt{2} \vee b = \pm\frac{2}{5}\sqrt{15}$

Mit $f(\pm 2\sqrt{2}) = -2$ und $f(\pm\frac{2}{5}\sqrt{15}) = \frac{3}{2}$ lauten die Koordinaten der Berührpunkte

$B_1(-2\sqrt{2} \mid -2)$, $\quad B_2(-\frac{2}{5}\sqrt{15} \mid \frac{3}{2})$, $\quad B_3(\frac{2}{5}\sqrt{15} \mid \frac{3}{2})$ und $B_4(2\sqrt{2} \mid -2)$.

c) Für den Inhalt des Dreiecks gilt

$A(u) = \frac{1}{2}(u - 0) \cdot (0 - f(u)) = \frac{u^3}{2(u^2-4)}$, $\quad u > 2$

$A'(u) = \frac{u^4 - 12u^2}{2(u^2-4)^2}$, $\quad A'(u) = 0 \Leftrightarrow (u = 0) \vee (u = -2\sqrt{3}) \vee u = 2\sqrt{3}$

Da A′ an der Stelle $2\sqrt{3}$ das Vorzeichen von − nach + wechselt, $A(2\sqrt{3}) = \frac{3}{2}\sqrt{3}$ und $A(u) \to \infty$ für $u \to 2+$ bzw. $u \to \infty$, wird für $P(2\sqrt{3} \mid 0)$ der Flächeninhalt des Dreiecks minimal und beträgt $\frac{3}{2}\sqrt{3}$ FE.

Seite 57

6. a) Eine Autoschlange legt bei einer Geschwindigkeit v (in km/h) in einer Stunde eine Strecke $s = 1000v$ (in m) zurück. Die Anzahl der Fahrzeuge, die eine Stelle passieren können hängt von deren „Abstand" ab. Dieser ergibt sich aus dem Anhalteweg $d(v)$ und der mittleren Fahrzeuglänge l (jeweils in m). Damit gilt

$f(v) = \frac{1000v}{\frac{3v}{10} + \left(\frac{v}{10}\right)^2 + 4} = \frac{1000v}{0{,}01v^2 + 0{,}3v + 4}$, $\quad v > 0$

b) $f(130) = 613$; $\quad f(100) = 746$; $\quad f(80) = 870$

c) $f(v) = 1192 \Leftrightarrow 11{,}92v^2 - 642{,}4v + 4768 = 0 \Leftrightarrow v = 9 \vee v = 45$

Bei einer Geschwindigkeit von 9 km/h bzw. 45 km/h beträgt der Verkehrsfluss 1192 Fahrzeuge pro Stunde.

d) $f'(v) = \frac{-10v^2 + 4000}{(0{,}01v^2 + 0{,}3v + 4)^2}$

Da $f'(20) = 0$ und f' an der Stelle 20 einen Vorzeichenwechsel von + nach − besitzt und $f(v) \to 0$ für $v \to 0$ bzw. für wachsende Geschwindigkeiten, ist der Verkehrsfluss bei einer Geschwindigkeit von 20 km/h maximal und beträgt $f(v) = 1429$ Fahrzeuge.

Seite 58 **5.4 Bestimmung gebrochen rationaler Funktionen**

1. a) Die Gerade mit der Gleichung $x = 2$ ist Asymptote $\Rightarrow 2 + c = 0 \Leftrightarrow c = -2$.
Mittels Polynomdivision erhält man $f(x) = ax + 2a + b + \frac{4a+2b}{x-2}$.
Da $\lim\limits_{|x|\to\infty} \frac{4a+2b}{x-2} = 0 \Rightarrow$ Die Gerade mit der Gleichung $y = ax + 2a + b$ ist Asymptote.
Ein Koeffizientenvergleich mit $y = x - 1$ liefert $a = 1$ und $2 + b = -1 \Leftrightarrow b = -3$.

b) Da $\lim\limits_{|x|\to\infty} \frac{2}{x+c} = 0$, ist die Gerade mit der Gleichung $y = ax + b$ Asymptote zum Schaubild von f.
Der Koeffizientenvergleich mit $y = \frac{1}{2}x + 1$ liefert $a = \frac{1}{2}$ und $b = 1$.
Ist $x = -1$ vertikale Asymptote zum Schaubild von f, so besitzt f an der Stelle -1 eine Polstelle.
Aus $-1 + c = 0$ folgt $c = 1$.

c) Da die Gerade mit der Gleichung $x = 0$ vertikale Asymptote zum Schaubild von f ist, ist 0 Polstelle von f und damit $d = 0$.
Die Polynomdivision (mit $d = 0$) liefert $f(x) = ax + b + \frac{c}{x}$.
Da $\lim\limits_{|x|\to\infty} \frac{c}{x} = 0$, ist $y = ax + b$ Gleichung der Asymptote zum Schaubild von f.
Der Koeffizientenvergleich mit $y = 2$ liefert $a = 0$ und $b = 2$.
Verläuft das Schaubild von f durch $N(2\,|\,0)$, so gilt $f(2) = 0 \Leftrightarrow 2 + \frac{c}{2} = 0 \Leftrightarrow c = -4$.

2. a) $f(x) = 1 - \frac{1}{x+1},\quad x \in \mathbb{R} \setminus \{-1\}$
b) $f(x) = 1 + \frac{1}{x^2},\quad x \in \mathbb{R} \setminus \{0\}$
c) $f(x) = x + \frac{1}{x},\quad x \in \mathbb{R} \setminus \{0\}$
d) $f(x) = x - \frac{1}{x-1},\quad x \in \mathbb{R} \setminus \{1\}$
e) $f(x) = 1 - \frac{1}{(x-1)^2},\quad x \in \mathbb{R} \setminus \{1\}$
f) $f(x) = -\frac{1}{2}x + \frac{1}{(x-1)^2},\quad x \in \mathbb{R} \setminus \{1\}$
g) $f(x) = x^2 + \frac{1}{x},\quad x \in \mathbb{R} \setminus \{0\}$
h) $f(x) = x^2 + \frac{1}{x^2},\quad x \in \mathbb{R} \setminus \{0\}$
i) $f(x) = \frac{x}{(x-1)(x+1)},\quad x \in \mathbb{R} \setminus \{-1; 1\}$
j) $f(x) = \frac{x^2}{(x-1)(x+1)},\quad x \in \mathbb{R} \setminus \{-1; 1\}$
k) $f(x) = \frac{x^2}{(x-1)^2(x+1)^2},\quad x \in \mathbb{R} \setminus \{-1; 1\}$
l) $f(x) = \frac{1}{2}x + \frac{1}{(x-1)(x+1)},\quad x \in \mathbb{R} \setminus \{-1; 1\}$

Seite 59 **3. a)** $f(x) = -x + 2 + \frac{1}{x},\quad x \in \mathbb{R} \setminus \{0\};\quad g(x) = -x + 2 - \frac{1}{x^2},\quad x \in \mathbb{R} \setminus \{0\}$
b) $f(x) = 3 + \frac{1}{x+2},\quad x \in \mathbb{R} \setminus \{-2\};\quad g(x) = 3 - \frac{1}{(x+2)^2},\quad x \in \mathbb{R} \setminus \{-2\}$
c) $f(x) = \frac{-2x^2}{x^2+1},\quad x \in \mathbb{R};\quad g(x) = -2 + \frac{1}{x^4+3},\quad x \in \mathbb{R}$
d) $f(x) = 2x + \frac{1}{(x+3)(x-1)},\quad x \in \mathbb{R} \setminus \{-3; 1\};\quad g(x) = 2x - \frac{1}{(x+3)(x-1)^2},\quad x \in \mathbb{R} \setminus \{-3; 1\}$
e) $f(x) = -\frac{1}{4}x^2 + \frac{1}{x+2},\quad x \in \mathbb{R} \setminus \{-2\};\quad g(x) = -\frac{1}{4}x^2 - \frac{2}{(x+2)^2},\quad x \in \mathbb{R} \setminus \{-2\}$

4. Für $x^2 - x + t = 0$ liefert die Lösungsformel für quadratische Gleichungen
$x_{1/2} = \frac{1}{2} \pm \sqrt{\frac{1}{4} - t}$
Für $\frac{1}{4} - t > 0 \Leftrightarrow t < \frac{1}{4}$ erhalten wir 2 Lösungen
Für $\frac{1}{4} - t = 0 \Leftrightarrow t = \frac{1}{4}$ erhalten wir 1 Lösung
Für $\frac{1}{4} - t < 0 \Leftrightarrow t > \frac{1}{4}$ erhalten wir keine Lösung
Da eine Nullstelle des Nenners, die nicht gleichzeitig eine Nullstelle des Zählers ist, eine Polstelle von f_t ist, besitzt das Schaubild von f_t für $t < \frac{1}{4}$ zwei vertikale, für $t = \frac{1}{4}$ eine vertikale und für $t > \frac{1}{4}$ keine vertikale Asymptote(n).

5. Für $x^2 + tx + 4 = 0$ liefert die Lösungsformel für quadratische Gleichungen
$x_{1/2} = -\frac{t}{2} \pm \sqrt{\frac{t^2}{4} - 4}$
Für $\frac{t^2}{4} - 4 > 0 \Leftrightarrow t < -4 \lor t > 4$ besitzt die Gleichung zwei Lösungen.
Für $\frac{t^2}{4} - 4 = 0 \Leftrightarrow t = -4 \lor t = 4$ besitzt die Gleichung eine Lösung.
Für $\frac{t^2}{4} - 4 < 0 \Leftrightarrow -4 < t < 4$ besitzt die Gleichung keine Lösung.
Da Nullstellen des Nenners, die nicht gleichzeitig Nullstellen des Zählers sind, Polstellen von f_t sind, ist zu untersuchen für welche t die Nullstelle -2 des Zählers auch Nullstelle des Nenners ist.
Aus $4 - 2t + 4 = 0$ folgt $t = 4$. Eine Untersuchung von f_4 liefert
$f_4(x) = \frac{x+2}{x^2+4x+4} = \frac{1}{x+2},\quad x \in \mathbb{R} \setminus \{-2\}$.
Für $t < -4$ bzw. $t > 4$ besitzt das Schaubild f_t zwei vertikale Asymptoten.
Für $t = -4$ oder $t = 4$ besitzt das Schaubild von f_t eine vertikale Asymptote.
Für $-4 < t < 4$ besitzt das Schaubild von f_t keine vertikalen Asymptoten.

6. Für die Diskriminante D der Gleichung $x^2 - 2tx + t^2 + 1 = 0$ gilt
$D = t^2 - (t^2 + 1) = -1 < 0$.
Damit hat der Nenner keine Nullstellen, also f_t keine Polstellen.

Seite 59 **7.** Da $f_t(x) = \frac{1}{2}tx + \frac{1}{2}t^2 + \frac{t^3}{2(x-t)}$ und $\lim\limits_{|x| \to \infty} \frac{t^3}{2(x-t)} = 0$ sind $x = t$ und $y = \frac{1}{2}tx + \frac{1}{2}t^2$ Asymptoten von K_t.
Durch Einsetzungsverfahren erhält man $y = \frac{1}{2}x^2 + \frac{1}{2}x^2 = x^2$ als Ortskurve aller Schnittpunkte der Asymptoten.

5.5 Untersuchung von Exponentialfunktionen

1. a) Spiegelung an der x-Achse.

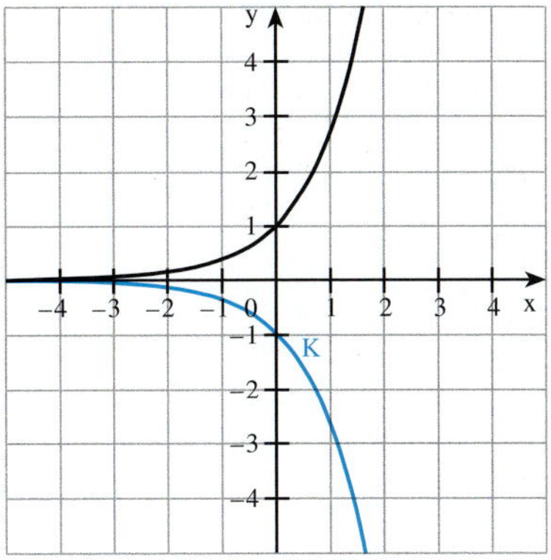

b) Spiegelung an der y-Achse.

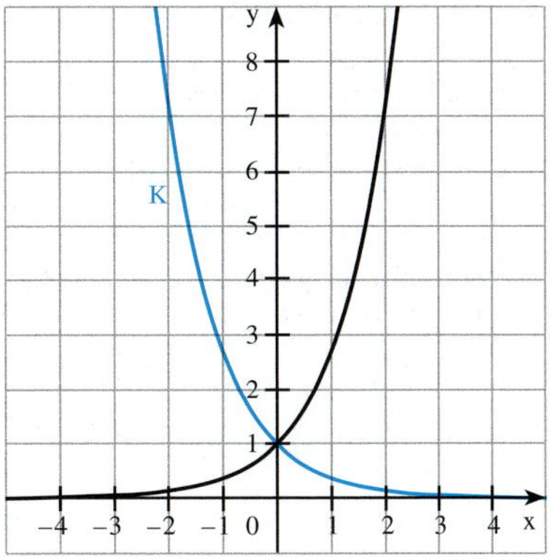

c) Verschiebung um 2 Einheiten nach unten.

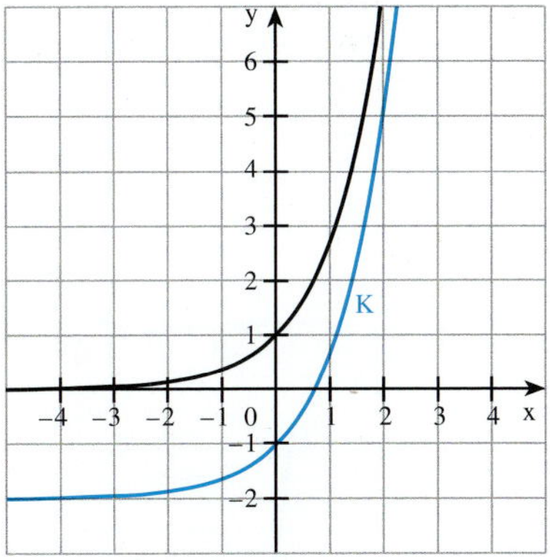

d) Verschiebung um 3 Einheiten nach rechts.

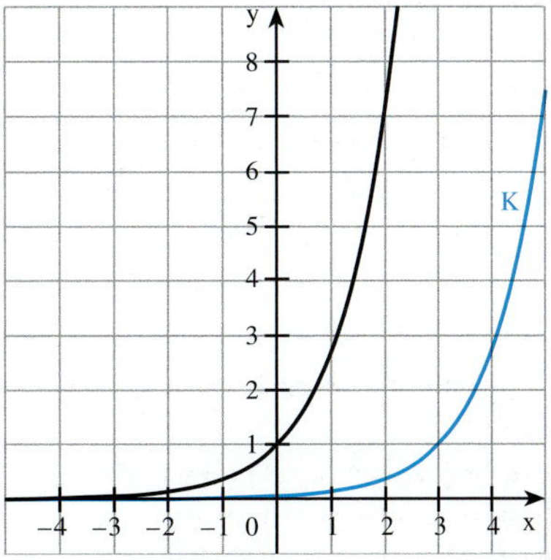

e) Streckung mit Faktor $\frac{1}{2}$ in y-Richtung.

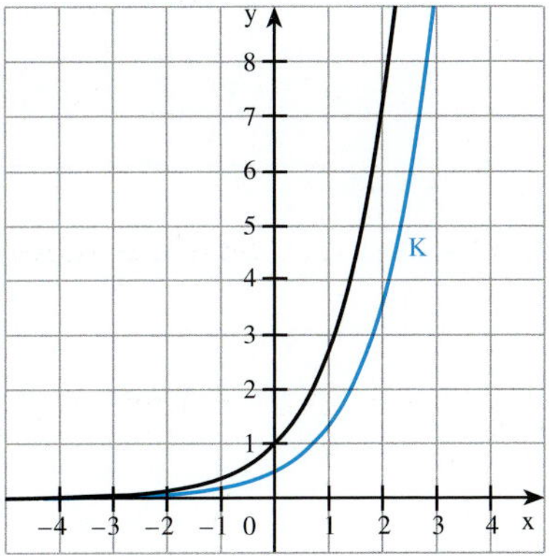

f) Streckung mit Faktor 2 in x-Richtung.

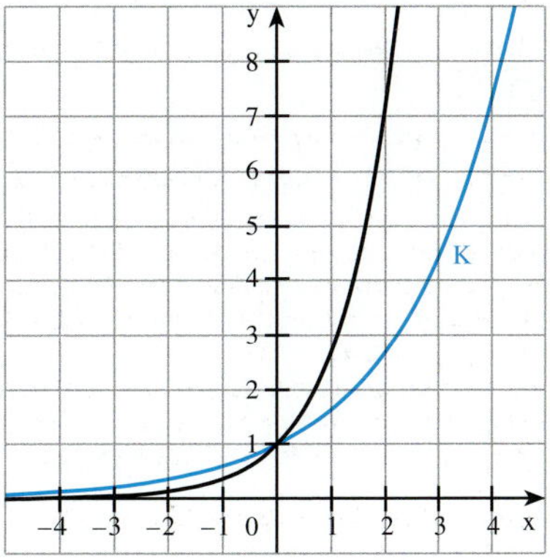

Seite 59 **1. g)** Streckung mit Faktor 3 in y- und $\frac{3}{2}$ in x-Richtung, gefolgt von Spiegelungen sowohl an der x- als auch an der y-Achse.

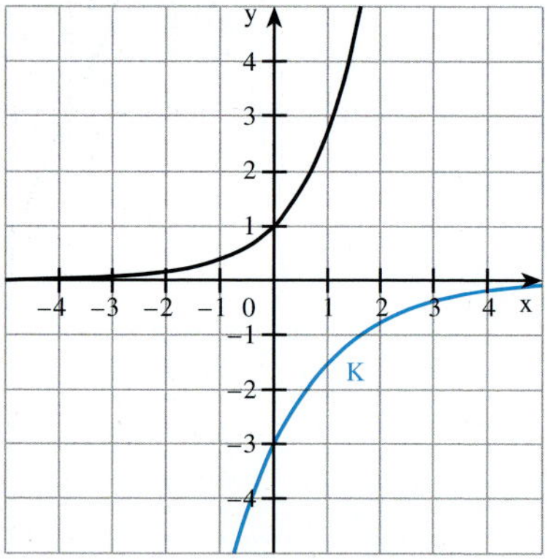

h) Verschiebung um 2 nach links, Spiegelung an der y-Achse und Verschiebung um 1 nach oben.

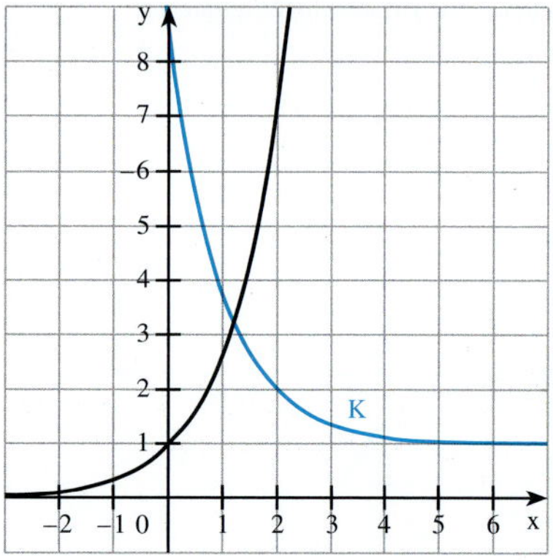

2. $f(x) = ae^{kx}$, $f'(x) = ake^{kx} = kf(x)$.

Seite 61 **3. a)** Ableitungen:
$f'(x) = (x+2)\,e^x$, $f''(x) = (x+3)\,e^x$, $N(-1\mid 0)$, $T(-2\mid -\frac{1}{e^2})$, $W(-3\mid -\frac{2}{e^3})$
x-Achse ist Asymptote

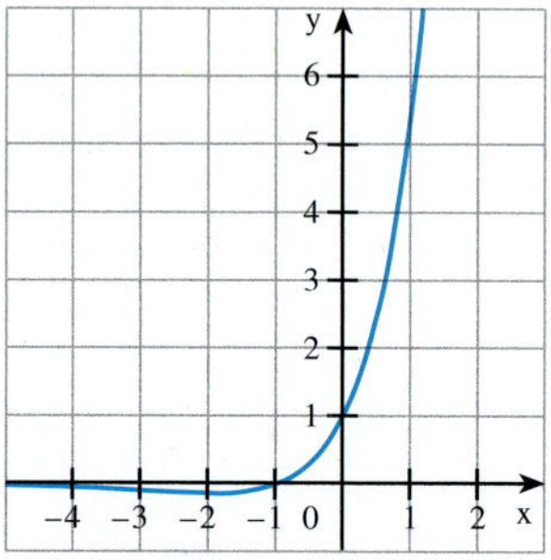

b) Ableitungen:
$f'(x) = 1 - e^{-x}$, $f''(x) = e^{-x}$, $N(0\mid 0)$, Asymptote a: $y = x - 1$

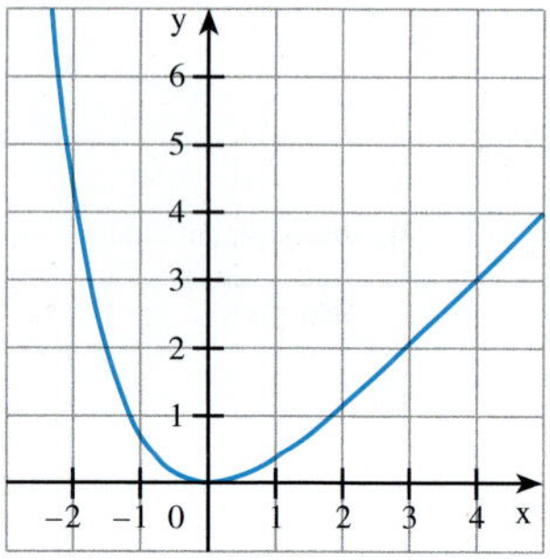

c) Ableitungen:
$f'(x) = e^x - e^{-x}$, $f''(x) = e^x + e^{-x}$, $S(0\mid 2)$, $T(0\mid 2)$, Symmetrie zur y-Achse

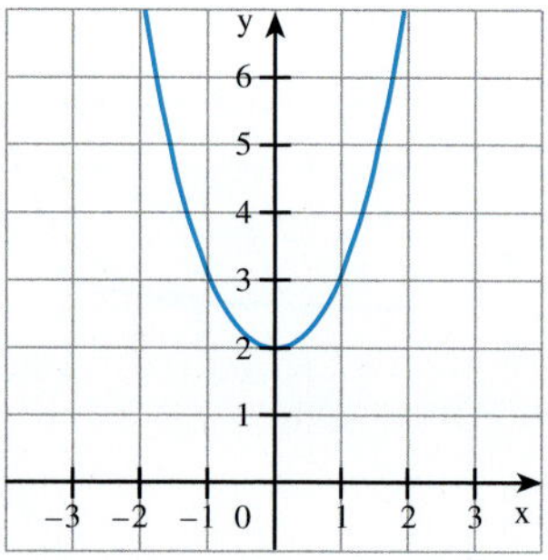

Seite 61 **3. d)** Ableitungen:
$f'(x = -e^{-x} - e^{x}$, $f''(x) = e^{-x} - e^{x}$, $N(0\,|\,0) = W$, Symmetrie zu O

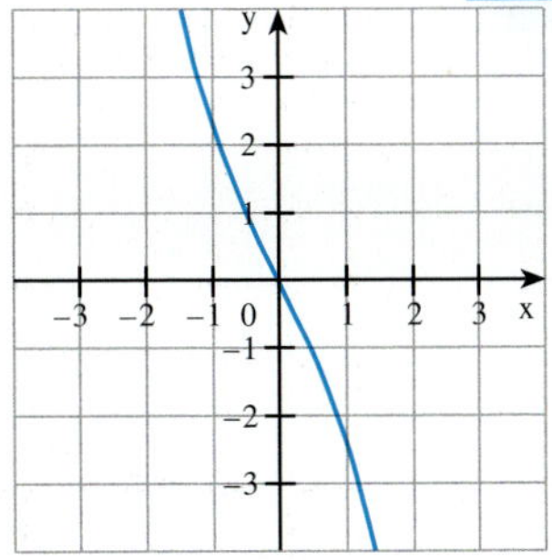

e) Ableitungen:
$f'(x) = e^{x}(2e^{x} - 1)$, $f''(x) = e^{x}(4e^{x} - 1)$, $N(0\,|\,0)$, $T(-\ln 2\,|\,-\frac{1}{4})$,
$W(-\ln 4\,|\,-\frac{3}{16})$, x-Achse ist Asymptote

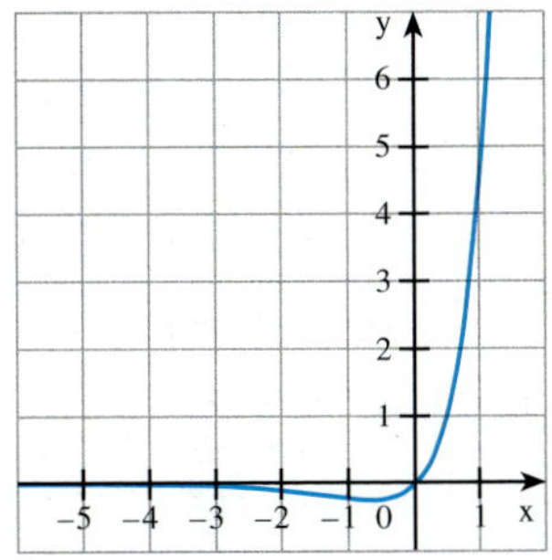

f) Ableitungen:
$f'(x) = e^{1-x}$, $f''(x) = -e^{1-x}$, $N(0\,|\,0)$, Asymptote a: $y = e$

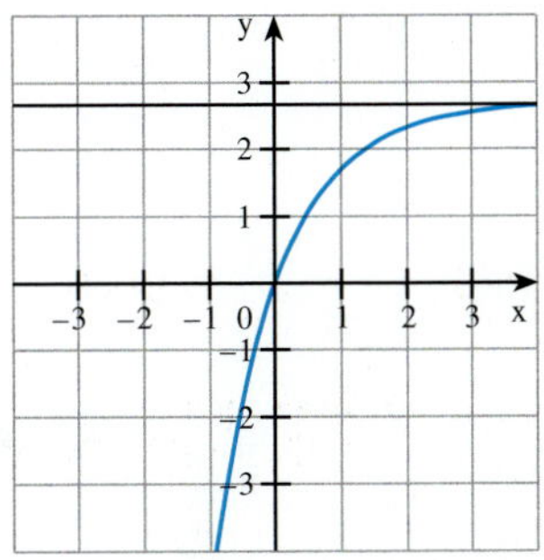

g) Ableitungen:
$f'(x) = 2e^{2x} - e^{x}$, $f''(x) = 4e^{2x} - e^{x}$, $f'''(x) = 8e^{2x} - e^{x}$,
$N(\ln 2\,|\,0)$, $S(0\,|\,-2)$, $T(-\ln 2\,|\,-\frac{9}{4})$, $W(-\ln 4\,|\,-\frac{35}{16})$, $y = -2$ ist Asymptote

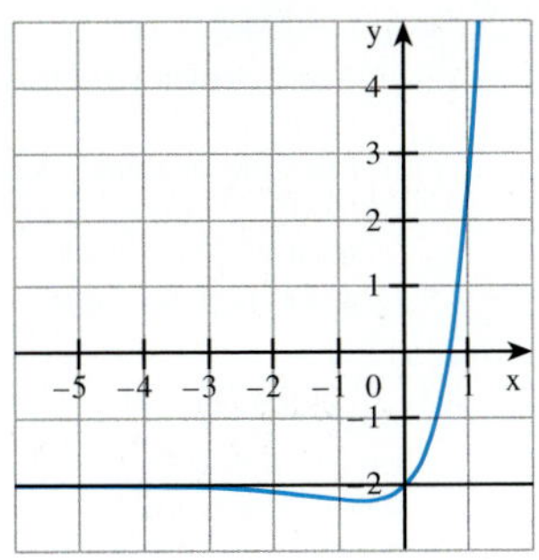

Seite 61

3. h) Ableitungen:
$f'(x) = e^x + e^{1-x}$, $f''(x) = e^x - e^{1-x}$, $N(\frac{1}{2} \mid 0) = W$, $S(0 \mid 1 - e)$

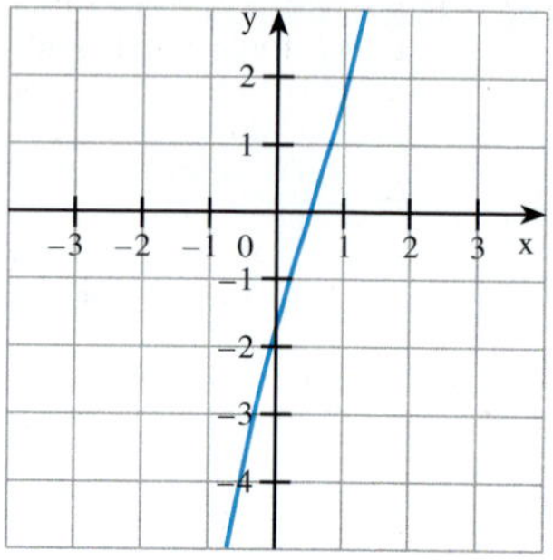

i) Ableitungen:
$f'(x) = e + e^{-x}$, $f''(x) = -e^{-x}$, $N(0 \mid 0)$, Asymptote a: $y = ex + 1$

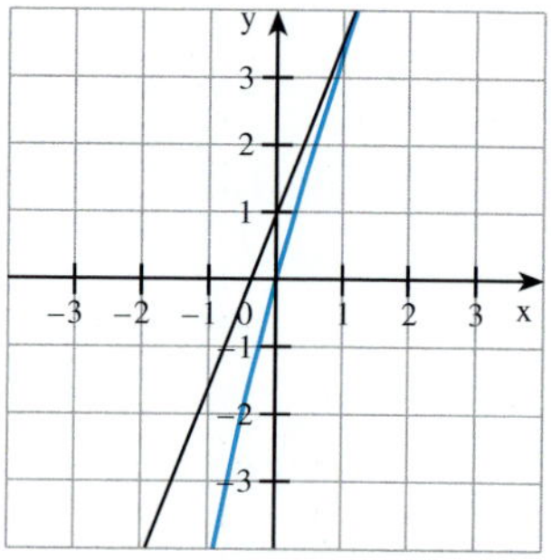

j) Ableitungen:
$f'(x) = x(2 + \frac{1}{2}x)\, e^{\frac{1}{2}x}$, $f''(x) = (\frac{1}{4}x^2 + 2x + 2)\, e^{\frac{1}{2}x}$, $N(0 \mid 0) = T$,
$H(-4 \mid \frac{16}{e^2})$, $W_1(-4 + 2\sqrt{2} \mid (-4 + 2\sqrt{2})^2\, e^{-2+\sqrt{2}})$,
$W_2(-4 - 2\sqrt{2} \mid (-4 - 2\sqrt{2})^2\, e^{-2-\sqrt{2}})$, x-Achse ist Asymptote

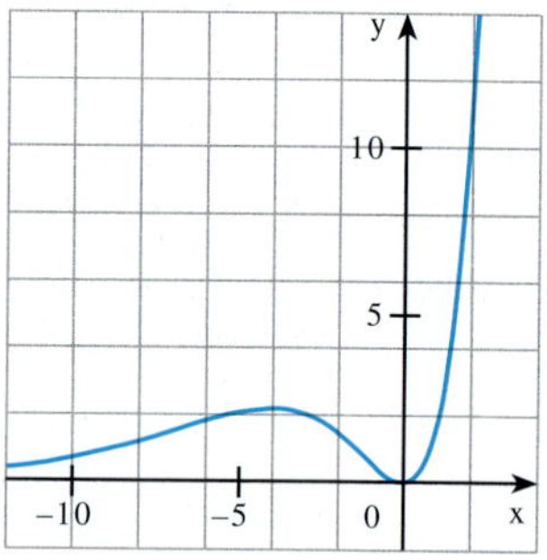

4. a) $f(-1) \cdot f(0) = (1 - \frac{1}{e}) \cdot (-1) = \frac{1}{e} - 1 < 0$, $f'(x) = 2x - e^x$
Ansatz Newton-Verfahren $x_0 = -0{,}5$, $x_{n+1} = x_n - \frac{x_n^2 - e^{x_n}}{2x_n - e^{x_n}}$
liefert $a \approx -0{,}70$.

b) f ist streng monoton fallend, denn $f'(x) < 0$ für alle $x \in \mathbb{R}$. Der Nachweis gelingt über das absolute Maximum von f':
$f''(x) = 2 - e^x = 0 \Leftrightarrow x = \ln 2$, $f'''(\ln 2) = -2 < 0$,
somit ist $f'(\ln 2) = 2 \ln 2 - 2 < 0$ das absolute (negative!) Maximum von f'.

c) Aus b) folgt die maximale Tangentensteigung mit $2 \ln 2 - 2$.

5. $d(P, 0) = \sqrt{(e^x)^2 + x^2}$
Betrachte h mit $h(x) = e^{2x} + x^2$, $x \in \mathbb{R}$, $h'(x) = 2\,e^{2x} + 2x$, $h''(x) = 4\,e^{2x} + 2 > 0$.
Da $h'(-1) \cdot h'(0) = (\frac{2}{e^2} - 2) \cdot (2) < 0$ und h' auf $\mathbb{R}$ streng monoton wächst, besitzt h auf $]-1; 0[$ genau ein relatives Minimum. Es ist sogar absolut, denn $h(x) \to \infty$ für $|x| \to \infty$.
Ansatz Newton-Verfahren: $x_0 = -0{,}5$, $x_{n+1} = x_n - \frac{h'(x_n)}{h''(x_n)}$, $a \approx -0{,}426$

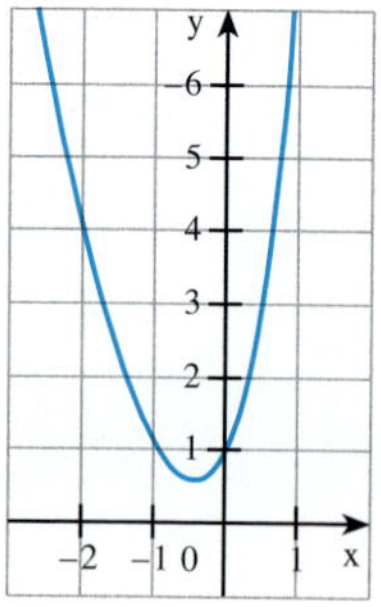

Seite 61

6. $P(u \mid e^{-u})$ ist beliebiger Punkt der Kurve mit der Gleichung $y = e^{-x}$; $f(x) = e^{-x}$, $f'(x) = -e^{-x}$

t: $y = f(u) + f'(u)\,(x - u)$

t: $y = e^{-u} - e^{-u}(x - u)$; aus $y = 0 \Rightarrow x = u + 1$

u: $y = f(u) - \frac{1}{f'(u)}\,(x - u)$

u: $y = e^{-u} + e^{u}(x - u)$; aus $y = 0 \Rightarrow x = u - e^{-2u}$

Streckenlänge $s(u) = u + 1 - (u - e^{-2u}) = 1 + e^{-2u}$, $u \in \mathbb{R}$

$s'(u) = -2e^{-2u} < 0$ für alle $u \in \mathbb{R}$.

$\Rightarrow$ s fällt also streng monoton, P kann nicht so gewählt werden, dass die Streckenlänge extremal wird.

7. a) $f(x) = (x - 1)\,e^{-x}$, $f'(x) = (2 - x)\,e^{-x}$, $f''(x) = (x - 3)\,e^{-x}$.

Extremstelle: 2, Nullstelle: 1, Wendestelle: 3

$\Rightarrow 2 = \frac{1+3}{2}$

b)

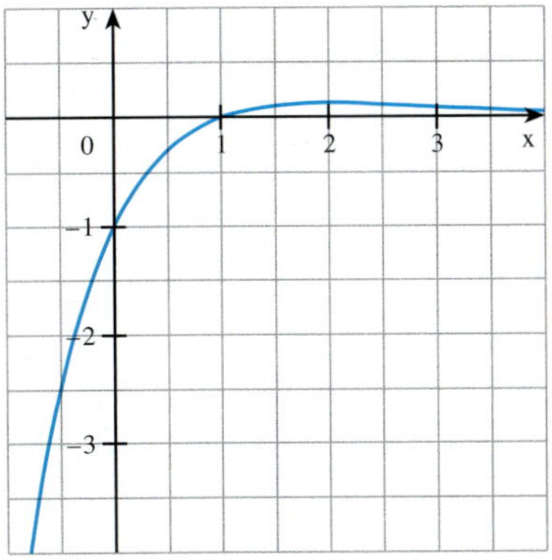

Es kommen nur die Tangenten im Punkt $P(1 \mid 0)$ und $W(3 \mid \frac{2}{e^3})$ in Betracht.

$f'(1) = \frac{1}{e}$

t_p: $y = \frac{1}{e}(x - 1)$

t_p: $y = \frac{1}{e}x - \frac{1}{e}$

$f'(3) = -\frac{1}{e^3}$

t_w: $y = -\frac{1}{e^3}(x - 3) + \frac{2}{e^3}$

t_w: $y = -\frac{1}{e^3}x + \frac{5}{e^3}$

Da $\frac{1}{e} > \frac{5}{e^3}$ ist t_p die gesuchte Tangente.

8. a) $e^x = 2 - x \Leftrightarrow e^x + x - 2 = 0$

Betrachte die Funktion h mit $h(x) = e^x + x - 2$, $x \in \mathbb{R}$. Da $h(0) \cdot h(1) = -1 \cdot (e - 1) < 0$, besitzt h auf $]0; 1[$ mindestens eine Nullstelle. Wegen $h'(x) = e^x + 1 > 0$ für alle $x \in \mathbb{R}$ ist h streng monoton wachsend. Es gibt also nur eine Nullstelle.

Ansatz Newton-Verfahren $x_0 = 0{,}5$ $x_{n+1} = x_n - \frac{h(x_n)}{h'(x_n)}$ liefert $x_s \approx 0{,}44$.

9. a) $f_a(x) = g_a(x) \Leftrightarrow e^{ax} = ae^{-ax} \Leftrightarrow e^{2ax} = a \Leftrightarrow 2ax = \ln a \Leftrightarrow x = \frac{\ln a}{2a}$

$f_a\left(\frac{\ln a}{2a}\right) = e^{\frac{\ln a}{2}} = \sqrt{a}$, $S\left(\frac{\ln a}{2a} \mid \sqrt{a}\right)$

$f'_a(x) = a\,e^{ax}$, $g'_a(x) = -a^2\,e^{-ax}$

$f'_a\left(\frac{\ln a}{2a}\right) \cdot g'_a\left(\frac{\ln a}{2a}\right) = -1 \Leftrightarrow a\,e^{\frac{\ln a}{2}} \cdot \left(-a^2\,e^{-\frac{\ln a}{2}}\right) = -1 \Leftrightarrow a\sqrt{a} \cdot a^2 \cdot \frac{1}{\sqrt{a}} = 1 \Leftrightarrow a^3 = 1 \Leftrightarrow a = 1$

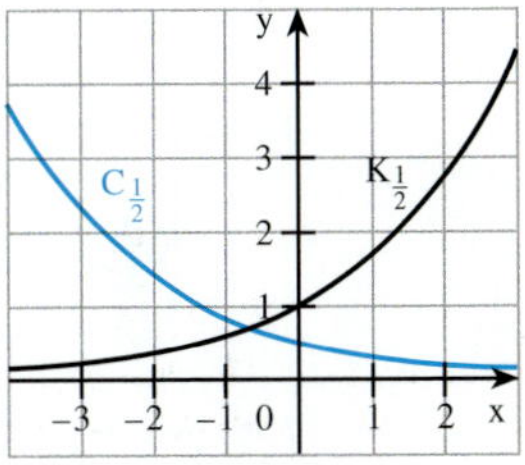

b) $P_a(1 \mid e^a)$

t_a: $y = a\,e^a(x - 1) + e^a$, t_a: $y = a\,e^a x + (1 - a)\,e^a$

$y = 0 \Leftrightarrow x = \frac{a-1}{a}$

$A(a) = \frac{1}{2} \cdot \frac{a-1}{a} \cdot |1 - a|\,e^a = \frac{(a-1)^2}{2a}e^a$

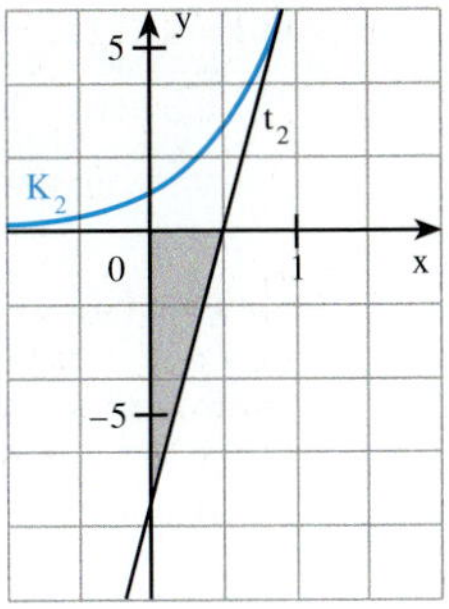

c) $V_x(a) = \frac{1}{3}\pi(a - 1)^2\,e^{2a} \cdot \frac{a-1}{a} = \frac{1}{3}\pi\frac{(a-1)^3}{a}e^{2a}$

$V_y(a) = \frac{1}{3}\pi\left(\frac{a-1}{a}\right)^2 \cdot (a - 1)\,e^a = \frac{1}{3}\pi\frac{(a-1)^3}{a}e^a \Rightarrow V_x(a) = e^a \cdot V_y(a)$.

Da $e^a > 1$ für alle $a > 1$ ist $V_x(a) > V_y(a)$.

5.6 Bestimmung von Exponentialfunktionen

1. a) Ein exponentielles Wachstum wird durch die Funktion f mit $f(t) = c \cdot e^{k \cdot t}$, $t \in \mathbb{R}$ beschrieben.
Mit $t = 0 \mathrel{\widehat{=}}$ Jahr 1991 und f(t) in Mill. Einwohnern:
$f(0) = 944 \Leftrightarrow c \cdot e^0 = 944 \Leftrightarrow c = 944$
Bei einer Geburtenziffer von 3% und einer Sterbeziffer von 1,1% beträgt der Wachstumsfaktor der Bevölkerung
$100\% + 3\% - 1{,}1\% = 101{,}9\% = 1{,}019$ pro Jahr.
$e^k = 1{,}019 \Leftrightarrow k = \ln 1{,}019 \approx 0{,}0188$
$\Rightarrow f(t) = 944 \cdot e^{0{,}0188t}$

t	−16	−6	4	14	24	34	44	54
Jahr	1975	1985	1995	2005	2015	2025	2035	2045
f(t)	698,8	843,3	1017,3	1228,2	1482,3	1788,8	2158,8	2605,4

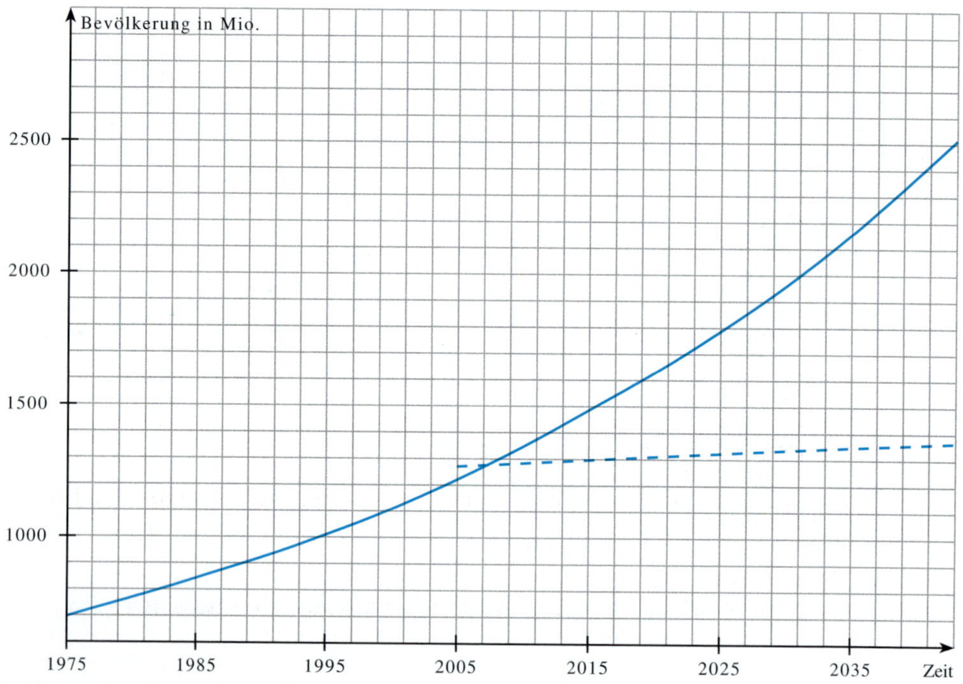

$e^{0{,}0188 \cdot t} = 2 \Leftrightarrow 0{,}0188 \cdot t = \ln 2 \Leftrightarrow t \approx 36{,}9$
In einem Zeitraum von 37 Jahren würde jeweils eine Verdoppelung der Bevölkerung Indiens stattfinden, d. h. im Jahr 2028 wäre Indiens Bevölkerung doppelt so groß wie 1991.
$f(t) = 1000 \Leftrightarrow 944 \cdot e^{0{,}0188t} = 1000 \Leftrightarrow t \approx 3$
Nach dem Modell hatte Indien im Jahr 1994 1 Milliarde Einwohner.

b) $t = -44 \mathrel{\widehat{=}}$ Jahr 1947
$f(-44) = 412{,}8$. Die Abweichung liegt bei etwa 20,7%.
$f'(t) = 17{,}75 \cdot e^{0{,}0188t} = 19 \Rightarrow t \approx 3{,}6$
Im Jahr 1995 beträgt der Zuwachs der Bevölkerung über 19 Mio. Einwohner pro Jahr.

c) Mit $t = 0 \mathrel{\widehat{=}}$ Jahr 2005 erhalten wir aus
$\lim\limits_{t \to \infty} (c - a \cdot e^{-k \cdot t}) = c = 1500$
$g(0) = 1228 \Leftrightarrow 1500 - a = 1228 \Leftrightarrow a = 272$
$g(10) = 1260 \Leftrightarrow 1500 - 272 \cdot e^{-10K} = 1260$
$\Leftrightarrow -272 \cdot e^{-10K} = -240 \Leftrightarrow e^{-10K} = 0{,}882$
$\Leftrightarrow K = 0{,}0125$
$\Rightarrow g(t) = 1500 - 272 \cdot e^{-0{,}0125t}, t > 0$

t	0	10	20	30	40
Jahr	2005	2015	2025	2035	2045
g(t)	1228	1260	1288	1313	1335

Seite 62 **2. a)** Wegen $f(0) = c$, ist c der Anfangsbestand an Rb87-Atomen.
Da f die Anzahl der unzerfallenen Rb87-Atome zum Zeitpunkt t angibt, ist
$f(10^{11}) = c \cdot e^{-k \cdot 10^{11}} = \frac{1}{4} \cdot c \Leftrightarrow k = \frac{\ln 4}{10^{11}} \approx 1{,}326 \cdot 10^{-11}$
$e^{-1{,}386 \cdot 10^{-11} \cdot t_H} = \frac{1}{2} \Leftrightarrow t_H = 5 \cdot 10^{10}$

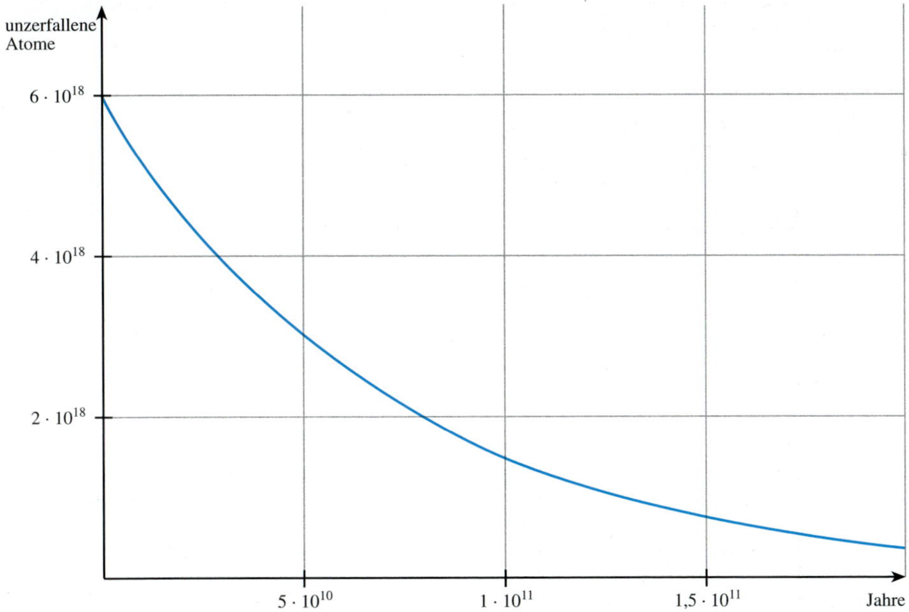

b) Da die Rb87-Atome zu Sr87-Atomen zerfallen gilt
$g(t) = c - f(t) = 6 \cdot 10^{18}(1 - e^{-1{,}386 \cdot 10^{-11} \cdot t})$

c) Sind 3% der ursprünglich vorhandenen Rb87-Atome zerfallen, so sind noch 97% der Rb-Atome unzerfallen,
$e^{-1{,}386 \cdot 10^{-11} \cdot t} = 0{,}97 \Leftrightarrow t = 2{,}2 \cdot 10^9$
Die Gesteinsprobe ist ca. 2,2 Milliarden Jahre alt.

d) $\frac{f(2{,}5 \cdot 10^9)}{g(2{,}5 \cdot 10^9)} = \frac{5{,}796 \cdot 10^{18}}{0{,}204 \cdot 10^{18}} = 28{,}36$
Nach 2,5 Mrd. Jahren beträgt das Verhältnis von Rb87-Atomen zu radiogenen Sr87-Atomen 28,36 : 1.

Seite 63

6 Integralrechnung

6.1 Flächeninhaltsfunktion

1. a) $F_2(x) = 3(x - 2), \quad x \in [2; 4]$

$F_2'(x) = 3, \quad x \in [2; 4]$

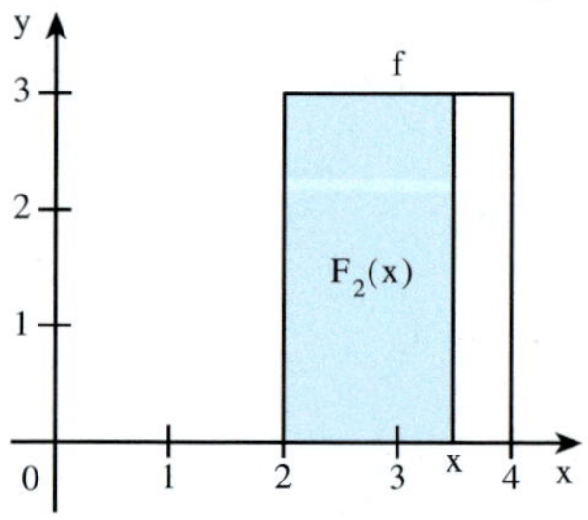

b) $F_{-3}(x) = 2(x + 3), \quad x \in [-3; 1]$

$F_{-3}'(x) = 2, \quad x \in [-3; 1]$

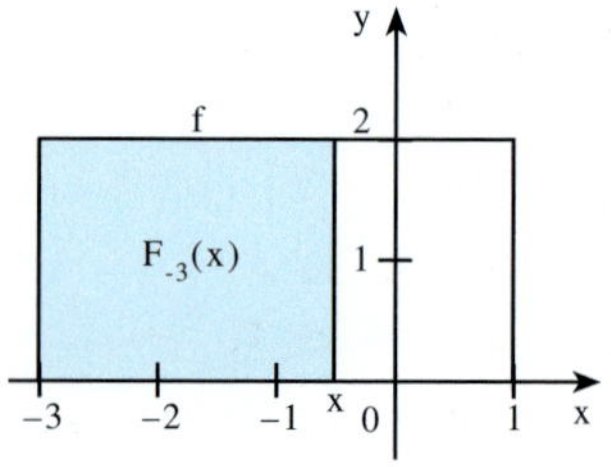

c) $F_0(x) = \frac{f(0) + f(x)}{2} \cdot x$

$= \frac{1 + 2x + 1}{2} \cdot x$

$= x^2 + x, \quad x \in [0; 2]$

$F_0'(x) = 2x + 1, \quad x \in [0; 2]$

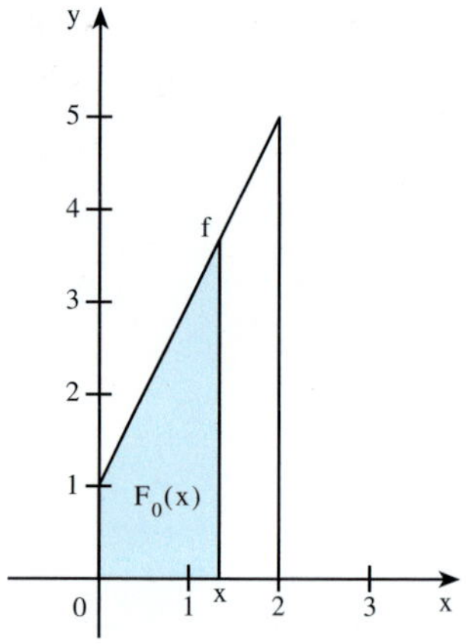

Seite 63

2. a) n = 2: $F_0(x) \approx -\frac{5}{16}x^3 + 4x \quad F_0'(x) \approx -\frac{15}{16}x^2 + 4$

n = 4: $F_0(x) \approx -\frac{21}{64}x^3 + 4x \quad F_0'(x) \approx -\frac{63}{64}x^2 + 4$

b) n = 2: $F_0(x) \approx -\frac{5}{16}x^3 + 2x^2 \quad F_0'(x) \approx -\frac{15}{16}x^2 + 4x$

n = 4: $F_0(x) \approx -\frac{21}{64}x^3 + 2x^2 \quad F_0'(x) \approx -\frac{63}{64}x^2 + 4x$

c) n = 2: $F_0(x) \approx \frac{7}{32}x^4 \quad F_0'(x) \approx \frac{7}{8}x^3$

n = 4: $F_0(x) \approx \frac{31}{128}x^4 \quad F_0'(x) \approx \frac{31}{32}x^3$

Vermutung: $F_0'(x) = f(x)$

Seite 64 **6.2 Stammfunktion**

1. a) $F(x) = -3x + c, \quad x \in \mathbb{R}$

b) $F(x) = \frac{1}{4}x^2 + 2x + c, \quad x \in \mathbb{R}$

c) $F(x) = \frac{3}{2}x^2 - x + c, \quad x \in \mathbb{R}$

d) $F(x) = \frac{2}{3}x^3 + c, \quad x \in \mathbb{R}$

e) $F(x) = -\frac{1}{6}x^3 + c, \quad x \in \mathbb{R}$

f) $F(x) = \frac{1}{3}x^3 - 2x^2 - 12x + c, \quad x \in \mathbb{R}$

g) $F(x) = \frac{1}{4}x^3 - \frac{5}{2}x^2 - 8x + c, \quad x \in \mathbb{R}$

h) $F(x) = -\frac{1}{4}x^3 + \frac{1}{6}x^2 + c, \quad x \in \mathbb{R}$

i) $f(x) = \frac{1}{2}(x^2 - 9x + 14)$
$F(x) = \frac{1}{2}(\frac{1}{3}x^3 - \frac{9}{2}x^2 + 14x + c), \quad x \in \mathbb{R}$

j) $F(x) = -x^4 + c, \quad x \in \mathbb{R}$

k) $F(x) = \frac{1}{2}x^4 + \frac{1}{3}x^3 + 4x + c, \quad x \in \mathbb{R}$

l) $F(x) = -\frac{1}{4}x^4 + \frac{1}{2}x^2 + c, \quad x \in \mathbb{R}$

m) $F(x) = -\frac{1}{32}x^4 + x + c, \quad x \in \mathbb{R}$

n) $f(x) = \frac{1}{4}(x^3 - 4x^2 + 4x)$
$F(x) = \frac{1}{4}(\frac{1}{4}x^4 - \frac{4}{3}x^3 + 2x^2 + c), \quad x \in \mathbb{R}$

o) $f(x) = -\frac{1}{2}(x^3 + 3x^2 - 4)$
$F(x) = -\frac{1}{2}(\frac{1}{4}x^4 + x^3 - 4x + c), \quad x \in \mathbb{R}$

p) $F(x) = -\frac{1}{8}x^5 + x + c, \quad x \in \mathbb{R}$

q) $F(x) = \frac{2}{15}x^5 + \frac{1}{8}x^4 + c, \quad x \in \mathbb{R}$

r) $f(x) = \frac{1}{8}x^4 - x^2 + 2$
$F(x) = \frac{1}{40}x^5 - \frac{1}{3}x^3 + 2x + c, \quad x \in \mathbb{R}$

s) $F(x) = -\frac{1}{12}x^6 + \frac{3}{5}x^5 + c, \quad x \in \mathbb{R}$

t) $F(x) = \frac{1}{18}x^6 - \frac{2}{5}x^5 + \frac{3}{4}x^4 + c, \quad x \in \mathbb{R}$

u) $f(x) = \frac{1}{6}(x^5 + 4x^4 + 4x^3)$
$F(x) = \frac{1}{6}(\frac{1}{6}x^6 + \frac{4}{5}x^5 + x^4 + c), \quad x \in \mathbb{R}$

v) $f(x) = \frac{1}{4}x^5 + \frac{1}{2}x^4 - \frac{11}{4}x^3 - 3x^2 + 9x$
$F(x) = \frac{1}{24}x^6 + \frac{1}{10}x^5 - \frac{11}{16}x^4 - x^3 + \frac{9}{2}x^2 + c, \quad x \in \mathbb{R}$

w) $F(x) = -\frac{1}{60}(8 - 2x)^6 + c, \quad x \in \mathbb{R}$

x) $F(x) = -\frac{6}{49}(1 - x)^7 + c, \quad x \in \mathbb{R}$

2. a) $F(x) = 3x^2 - 9x, \quad x \in \mathbb{R}$

b) $F(x) = \frac{1}{6}x^2 + \frac{2}{3}x, \quad x \in \mathbb{R}$

c) $F(x) = x^3 + 2x^2 + \frac{4}{3}x, \quad x \in \mathbb{R}$

d) $F(x) = -(1 - 2x)^3, \quad x \in \mathbb{R}$

e) $F(x) = \frac{3}{4}(x - 1)^4, \quad x \in \mathbb{R}$

f) $F(x) = \frac{3}{4}(\frac{1}{3}x - 1)^4, \quad x \in \mathbb{R}$

Seite 65

3. a) $F_t(x) = x^2 - tx, \quad x \in \mathbb{R}$

b) $F_t(x) = \frac{1}{6}tx^3 + \frac{t}{2}x^2 + 3tx, \quad x \in \mathbb{R}$

c) $F_t(x) = \frac{1}{4t}x^4 - \frac{1}{2}t^2x^2, \quad x \in \mathbb{R}$

d) $F_t(x) = -\frac{1}{2t}x^4 + \frac{1}{3}x^3, \quad x \in \mathbb{R}$

e) $F_t(x) = -\frac{1}{3t}(x - 2t)^3, \quad x \in \mathbb{R}$

f) $F_t(x) = \frac{1}{6}(\frac{1}{3}x^3 + \frac{t}{2}x^2 - 6t^2x)$

g) $F_t(x) = \frac{1}{20}x^5 - \frac{4}{3}t^2x^3, \quad x \in \mathbb{R}$

h) $F_t(x) = \frac{1}{8t^2}x^6 - \frac{2}{15t}x^5, \quad x \in \mathbb{R}$

4. a) $F(x) = -\frac{6}{x}, \quad x \in \mathbb{R} \setminus \{0\}$

b) $F(x) = -2x - \frac{3}{x}, \quad x \in \mathbb{R} \setminus \{0\}$

c) $F(x) = \frac{1}{2}x - \frac{2}{3x}, \quad x \in \mathbb{R} \setminus \{0\}$

d) $F(x) = -\frac{3}{16x^2}, \quad x \in \mathbb{R} \setminus \{0\}$

e) $F(x) = 3x + \frac{1}{5x^2}, \quad x \in \mathbb{R} \setminus \{0\}$

f) $F(x) = -\frac{1}{8x} + \frac{1}{16x^2}, \quad x \in \mathbb{R} \setminus \{0\}$

g) $F(x) = -\frac{4}{x-2}, \quad x \in \mathbb{R} \setminus \{2\}$

h) $F(x) = \frac{2}{3(x+1)}, \quad x \in \mathbb{R} \setminus \{-1\}$

i) $F(x) = \frac{3}{2}x - \frac{1}{(2x-1)^2}, \quad x \in \mathbb{R} \setminus \{\frac{1}{2}\}$

j) $F(x) = \frac{1}{4}x^2 + x - \frac{6}{5-x}, \quad x \in \mathbb{R} \setminus \{5\}$

k) $F(x) = x + \frac{1}{x-1}, \quad x \in \mathbb{R} \setminus \{1\}$

l) $F(x) = -\frac{1}{2}x^2 + \frac{1}{2(2x+1)}, \quad x \in \mathbb{R} \setminus \{-\frac{1}{2}\}$

m) $F(x) = -\frac{3}{4(2x-1)^2}, \quad x \in \mathbb{R} \setminus \{\frac{1}{2}\}$

n) $F(x) = -\frac{2}{3(1-x)^3}, \quad x \in \mathbb{R} \setminus \{1\}$

5. a) $F(x) = 3e^x, \quad x \in \mathbb{R}$

b) $F(x) = 2x - e^x, \quad x \in \mathbb{R}$

c) $F(x) = \frac{e^x}{2} - ex, \quad x \in \mathbb{R}$

d) $F(x) = \frac{1}{2}x^2 + e^x, \quad x \in \mathbb{R}$

e) $F(x) = \frac{1}{2}e^{-x}, \quad x \in \mathbb{R}$

f) $F(x) = x + e^{-x}, \quad x \in \mathbb{R}$

g) $F(x) = \frac{1}{3}x^2 + e^{-x}, \quad x \in \mathbb{R}$

h) $F(x) = \frac{1}{2}x^2 - x - e^{-x}, \quad x \in \mathbb{R}$

i) $F(x) = 4 \cdot e^{\frac{1}{2}x}, \quad x \in \mathbb{R}$

j) $F(x) = 2x + e^{1-x}, \quad x \in \mathbb{R}$

k) $F(x) = \frac{1}{2}e^{x+1}, \quad x \in \mathbb{R}$

l) $F(x) = e^{2x-1}, \quad x \in \mathbb{R}$

m) $F(x) = 4x + \frac{1}{2}e^{-x+2}, \quad x \in \mathbb{R}$

n) $F(x) = \frac{1}{3}x^3 + e^{2-x}, \quad x \in \mathbb{R}$

o) $F(x) = \frac{1}{2}x^2 + \frac{1}{2}x - \frac{1}{2}e^{-2x+3}, \quad x \in \mathbb{R}$

p) $F(x) = \frac{1}{2}ex^2 + 3e^{\frac{1}{3}x+1}, \quad x \in \mathbb{R}$

6. a) $F(x) = -2\cos x \pm 1, \quad x \in \mathbb{R}$

b) $F(x) = x - \sin x \pm 1, \quad x \in \mathbb{R}$

c) $F(x) = 2x + \frac{1}{2}\cos x \pm 1, \quad x \in \mathbb{R}$

d) $F(x) = \frac{1}{2}x^2 + \cos x \pm 1, \quad x \in \mathbb{R}$

e) $F(x) = -\cos 2x \pm 1, \quad x \in \mathbb{R}$

f) $F(x) = \sin \frac{1}{2}x \pm 1, \quad x \in \mathbb{R}$

g) $F(x) = 2\sin x + \cos x \pm 1, \quad x \in \mathbb{R}$

h) $F(x) = -\frac{1}{2}\cos(3x - 1) \pm 1, \quad x \in \mathbb{R}$

7. a) $F(x) = \frac{1}{3}x^3 - \frac{1}{2}x^2 - \frac{5}{6}, \quad x \in \mathbb{R}$

b) $F(x) = \frac{1}{6}(2x - 1)^3 - \frac{7}{6}, \quad x \in \mathbb{R}$

c) $F(x) = -\frac{2}{x} + 1, \quad x \in \mathbb{R} \setminus \{0\}$

d) $F(x) = 3x^2 - x + \frac{3}{2(5-x)^2} - \frac{99}{32}, \quad x \in \mathbb{R}$

e) $F(x) = -2e^{-x} + \frac{2}{e} - 1, \quad x \in \mathbb{R}$

f) $F(x) = x^2 - e^{x-1} - 1, \quad x \in \mathbb{R}$

g) $F(x) = -\frac{2}{\pi}\cos(\frac{\pi}{2}x) - 1, \quad x \in \mathbb{R}$

h) $F(x) = \frac{2}{\pi^2}\sin(\pi x) - 1, \quad x \in \mathbb{R}$

Seite 66

8. Es gilt stets $F'(x) = f(x)$.

Seite 66

6.3 Integralfunktion

1. a) $\frac{15}{2}$; $A = |[\frac{x^2}{2} + x]_{-2}^{-1}| + |[\frac{x^2}{2} + x]_{-1}^{3}| = \frac{17}{2}$

b) $\frac{16}{3}$; $A = \frac{16}{3}$

c) $-\frac{32}{3}$; $A = \frac{32}{3}$

d) $-\frac{20}{3}$; $A = \frac{20}{3}$

e) $-\frac{9}{4}$; $A = |[\frac{x^4}{4} - 2x^2]_{-1}^{0}| + |[\frac{x^4}{4} - 2x^2]_{0}^{2}| = \frac{23}{4}$

f) $\frac{64}{5}$; $A = \frac{64}{5}$

g) $-\frac{16}{3}$; $A = \frac{157}{6}$

h) $-\frac{9}{2}$; $A = |[\frac{1}{6}x^6 - x^4]_{-1}^{0}| + |[\frac{1}{6}x^6 - x^4]_{0}^{2}| = \frac{37}{6}$

i) $\frac{22}{3}$; $A = \frac{22}{3}$

j) $\frac{65}{24}$; $A = |[\frac{1}{2}x^2 + \frac{1}{x}]_{0,5}^{1}| + |[\frac{1}{2}x^2 + \frac{1}{x}]_{1}^{3}| = \frac{95}{24}$

k) $-\frac{e^2}{2} + e - \frac{1}{e} + \frac{1}{2e^2}$; $A = |[e^x - \frac{1}{2}e^{2x}]_{-1}^{0}| + |[e^x - \frac{1}{2}e^{2x}]_{0}^{1}|$
$= \frac{e^2}{2} - e + 1 - \frac{1}{e} + \frac{1}{2e^2}$

l) $\frac{1}{e^3} - \frac{1}{e} + 2e^2$; $A = \frac{1}{e^3} - \frac{1}{e} + 2e^2$

Seite 67

2. a) $F_1(x) = \frac{1}{3}x^3 - \frac{1}{3}$, $x \in \mathbb{R}$

b) $F_0(x) = \frac{1}{4}x^4 - \frac{4}{3}x^3$, $x \in \mathbb{R}$

c) $F_4(x) = \frac{2}{3}x^{\frac{3}{2}} - \frac{16}{3}$, $x \in \mathbb{R}_0^+$

d) $F_3(x) = -\frac{4}{x} + \frac{4}{3}$, $x \in \mathbb{R}^+$

e) $F_1(x) = \frac{x^2}{4} + \frac{1}{2x} - \frac{3}{4}$, $x \in \mathbb{R}^+$

f) $F_{-1}(x) = -e^{1-x} + e^2$, $x \in \mathbb{R}$

g) $F_0(x) = e^x - e^{-x}$, $x \in \mathbb{R}$

h) $F_e(x) = \frac{x^2}{2e} - \frac{1}{6}x^3 + \frac{1}{6}e^3 - \frac{e}{2}$, $x \in \mathbb{R}$

3. a) folgt aus der Definition:
$F_a'(x) = (F(x) - F(a))' = F'(x) - [F(a)]' = f(x)$

b) $F_a(a) = 0$. Damit ist a Nullstelle von F_a.

c) Zu f mit $f(x) = x^3$, $x \in \mathbb{R}$ ist F mit $F(x) = \frac{1}{4}x^4 + 1$ eine Stammfunktion ohne Nullstelle, mithin keine Integralfunktion.

4. a) $F(x) = x^4 + c$ **b)** Für $c \leq 0$ ist F Integralfunktion bezüglich den Stellen $\pm \sqrt[4]{-c}$.

5.

a) 2	**d)** $\frac{20}{3}$	**g)** 0	**j)** $\frac{1}{2}$	**m)** $\frac{1}{2} \cdot (\frac{1}{e} - \frac{1}{e^9})$	**p)** $e \cdot \ln 2 - \frac{3}{8}e$
b) $\frac{3}{4}$	**e)** -36	**h)** $\frac{3}{5}$	**k)** $-\frac{95}{192}$	**n)** $\frac{1}{e} - \frac{1}{2}$	**q)** $\frac{1}{2}e^2 + 4e - \frac{1}{2}$
c) $\frac{9}{4}$	**f)** $\frac{4}{15}$	**i)** $\frac{5}{32}$	**l)** $\frac{31}{2}$	**o)** $\frac{1}{2}e^4 - e^2 + \frac{1}{2}$	**r)** $\frac{1}{2}e - \frac{1}{2e} + 1$

6. a) $A = \int_{-2}^{2} (\frac{1}{4} \cdot x^4)\,dx = \frac{16}{5}$

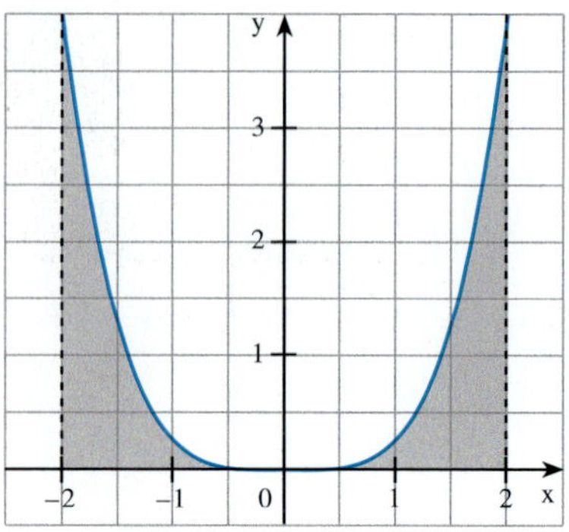

b) $\int_{-1}^{0} (x \cdot (x-2))\,dx = \frac{4}{3}$, $\int_{0}^{2} (x \cdot (x-2))\,dx = -\frac{4}{3}$, $\int_{2}^{3} (x \cdot (x-2))\,dx = \frac{4}{3}$
$A = \frac{4}{3} + \frac{4}{3} + \frac{4}{3} = 4$

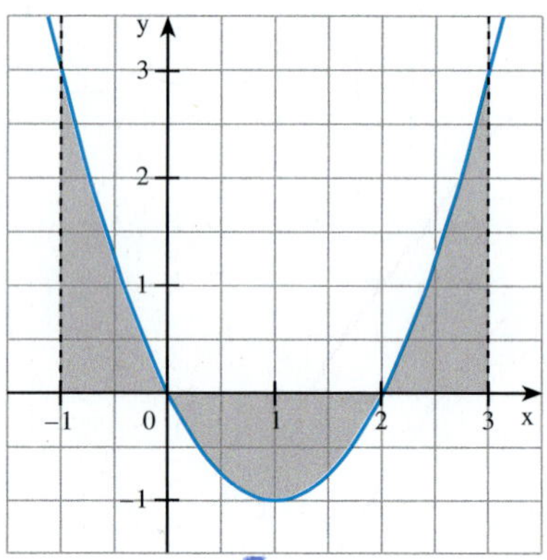

c) $\int_{-1}^{0} (x^3 - x)\,dx = \frac{1}{4}$
$\int_{0}^{1} (x^3 - x)\,dx = -\frac{1}{4}$
$A = \frac{1}{4} + \frac{1}{4} = \frac{1}{2}$

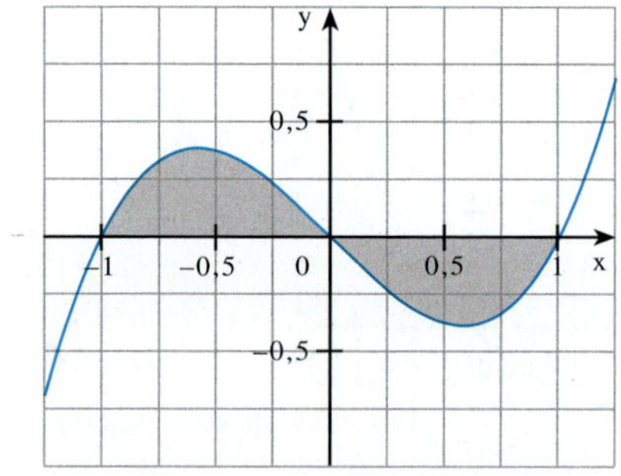

Seite 67 **6. d)** $A = -\int\limits_{-1}^{1} (x^3 - 3)\,dx = 6$

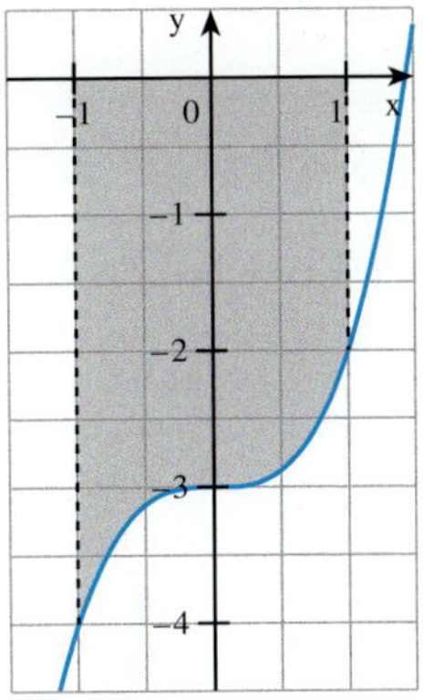

e) $A = \int\limits_{-3}^{0} (-(x+1)^2 + 5)\,dx = 12$

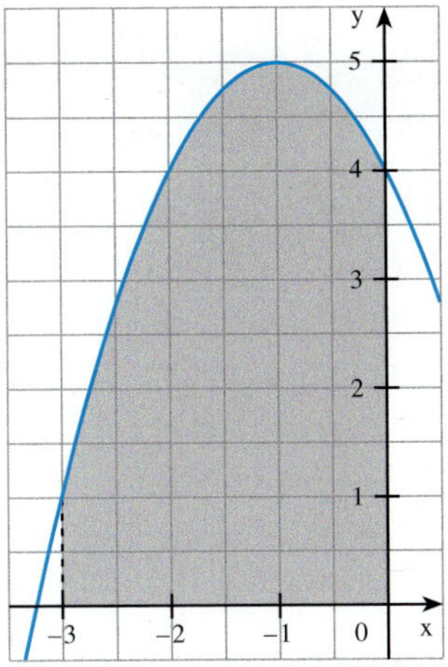

f) $A = -\int\limits_{1}^{2} (3x-6)^7\,dx = \frac{2187}{8}$

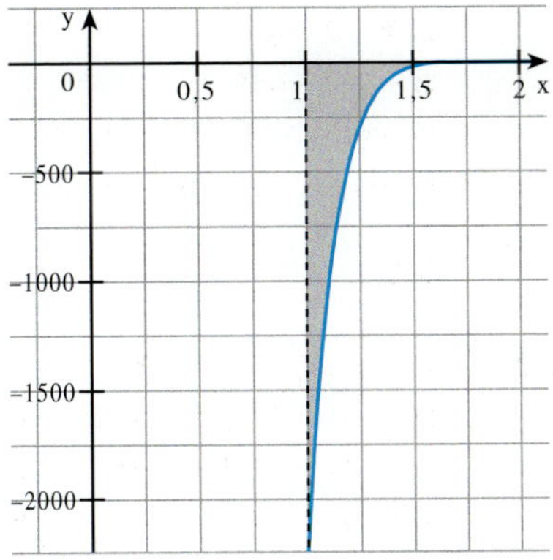

g) $A = -\int\limits_{-3}^{-1} \frac{6}{x^3}\,dx = \frac{8}{3}$

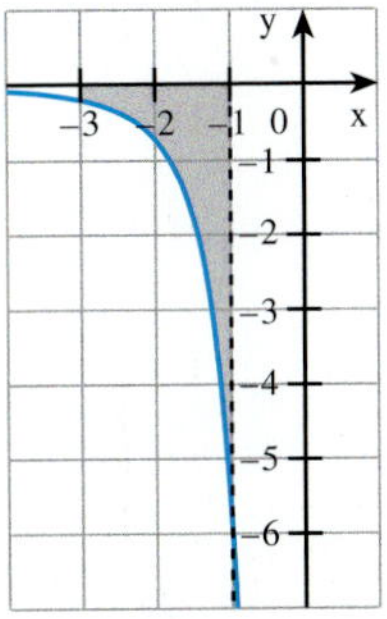

h) $A = -\int\limits_{-1}^{-0,5} -\frac{1}{x^2})\,dx = \frac{1}{2}$

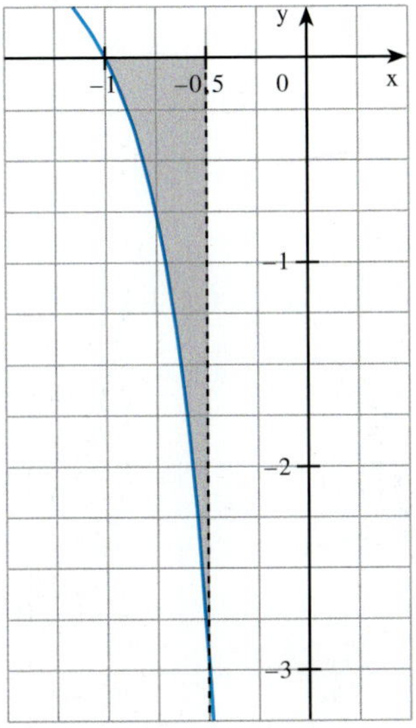

i) $A = \int\limits_{2}^{3} \frac{4}{(4x-1)^2}\,dx = \frac{4}{77}$

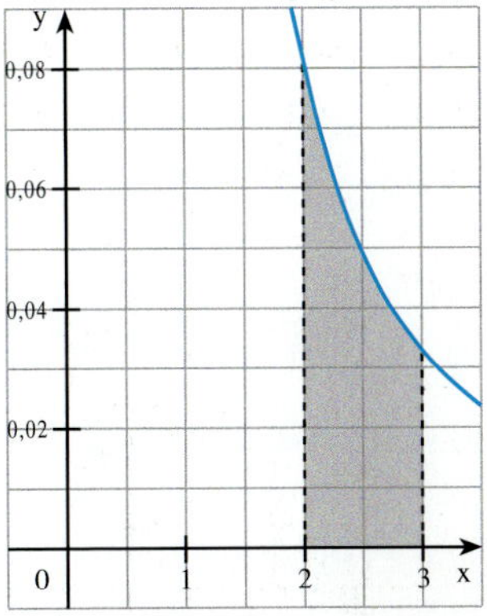

j) $\int\limits_{-1}^{0} (e^x - 1)\,dx = -\frac{1}{e}$ $\int\limits_{0}^{1} (e^x - 1)\,dx = e - 2$ $A = \frac{1}{e} + e - 2$

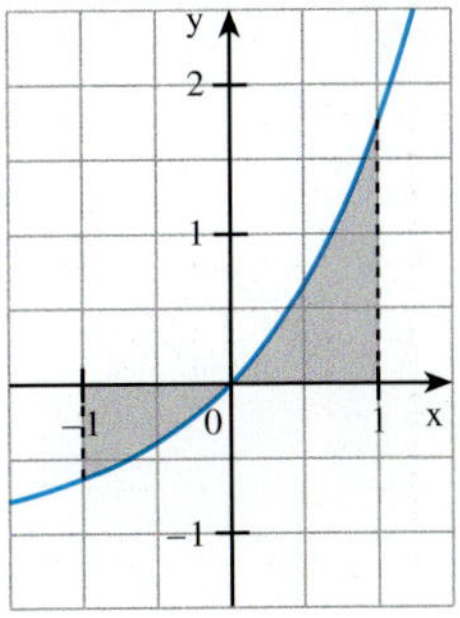

k) $A = \int\limits_{1}^{2} e^{2-x}\,dx = e - 1$

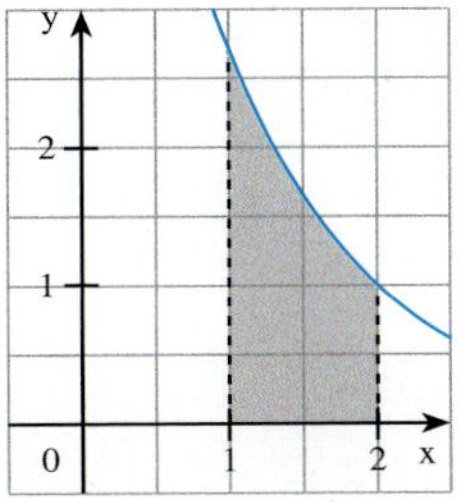

Seite 68

7. a) Wegen Symmetrie zur y-Achse ist

$$A = 2\int_0^2 f(x)\,dx = 2[-\tfrac{1}{6}x^3 + 2x]_0^2 = \tfrac{16}{3}$$

b) $A = \left|\int_{-2}^{3} f(x)\,dx\right| = |[\tfrac{1}{3}x^3 - \tfrac{1}{2}x^2 - 6x]_{-2}^{3}| = \tfrac{125}{6}$

c) $A = \left|\int_{2-\sqrt{10}}^{2+\sqrt{10}} f(x)\,dx\right| = |[-\tfrac{1}{3}x^3 + 2x^2 + 6x]_{2-\sqrt{10}}^{2+\sqrt{10}}| = \tfrac{40}{3}\sqrt{10} \approx 42{,}16$

d) Wegen Symmetrie zu O ist

$$A = 2\left|\int_0^{\sqrt{6}} f(x)\,dx\right| = |[\tfrac{1}{4}x^4 - 3x^2]_0^{\sqrt{6}}| = 18$$

e) $A = \int_0^3 f(x)\,dx = [\tfrac{1}{4}x^4 - 2x^3 + \tfrac{9}{2}x^2]_0^3 = \tfrac{27}{4}$

f) Wegen Symetrie zur y-Achse ist

$$A = 2\int_0^2 f(x)\,dx = 2[-\tfrac{1}{20}x^5 + 4x]_0^2 = \tfrac{64}{5}$$

g) Wegen Symmetrie zur y-Achse ist

$$A = 2\int_0^2 f(x)\,dx = 2[\tfrac{1}{40}x^5 - \tfrac{1}{3}x^3 + 2x]_0^2 = \tfrac{64}{15}$$

h) Wegen Symmetrie zur y-Achse ist

$$A = 2\int_1^2 f(x)\,dx = 2[-\tfrac{1}{3}x^3 + 5x + \tfrac{4}{x}]_1^2 = \tfrac{4}{3}$$

6.4 Fläche zwischen zwei Kurven

1. a) $A = \int_0^2 (g(x) - f(x))\,dx = [x^2 - \tfrac{x^3}{3}]_0^2 = \tfrac{4}{3}$

b) $A = \int_{-1}^{1} (f(x) - g(x))\,dx = [-\tfrac{x^3}{6} + x]_{-1}^{1} = \tfrac{5}{3}$

c) $A = \int_1^2 f(x) - g(x)\,dx = [\tfrac{x^3}{3} + x^2 - 3x]_1^2 = \tfrac{7}{3}$

d) $A = \int_{-2}^{1} (g(x) - f(x))\,dx = [-\tfrac{x^4}{4} - \tfrac{x^3}{3} + 2x]_{-2}^{1} = \tfrac{27}{4}$

e) $A = \int_{\frac{1}{2}}^{2} (f(x) - g(x))\,dx = [-\tfrac{x^2}{2} - \tfrac{8}{x}]_{\frac{1}{2}}^{2} = \tfrac{81}{8}$

f) $A = \int_{-1}^{1} (g(x) - f(x))\,dx = [\tfrac{1}{2}e^{2x-1} + \tfrac{x^3}{3}]_{-1}^{1} = \tfrac{e}{2} - \tfrac{e^{-3}}{2} + \tfrac{2}{3}$

g) $A = \int_1^3 (f(x) - g(x))\,dx = [e^{-x} + 2x - \tfrac{1}{x}]_1^3 = \tfrac{14}{3} - e^{-1} + e^{-3}$

h) $A = \int_0^2 g(x) - f(x)\,dx = [e^{1+x} + e^{1-x}]_0^2 = e^3 - 2e + e^{-1}$

2. a) $A = \int_{-2}^{-1} (g(x) - f(x))\,dx + \int_{-1}^{0} (f(x) - g(x))\,dx = \tfrac{1}{8} + \tfrac{1}{8} = \tfrac{1}{4}$

b) $A = \int_0^2 (f(x) - g(x))\,dx = \tfrac{4}{3}$

c) $A = \int_0^3 (g(x) - f(x))\,dx = \tfrac{9}{4}$

d) $A = \int_0^{\frac{\pi}{4}} (g(x) - f(x))\,dx + \int_{\frac{\pi}{4}}^{\frac{5}{4}\pi} (f(x) - g(x))\,dx + \int_{\frac{5}{4}\pi}^{2\pi} (g(x) - f(x))\,dx = \sqrt{2} - 1 + 2\sqrt{2} + \sqrt{2} + 1 = 4\sqrt{2}$

e) $A = \int_{0,5}^{2} (f(x) - g(x))\,dx = \tfrac{27}{16}$

Seite 69

3. a) $A = \int_0^2 (g(x) - f(x))\,dx = \int_0^2 (x^2 - 4x + 4)\,dx = [\tfrac{x^3}{3} - 2x^2 + 4x]_0^2 = \tfrac{8}{3}$

b) $A = \int_0^2 (g(x) - f(x))\,dx = \int_0^2 (\tfrac{1}{4}(x-4)^2 - 1)\,dx = [\tfrac{1}{12}(x-4)^3 - x]_0^2 = \tfrac{8}{3}$

c) $A = \int_{-2}^{0} (g(x) - f(x))\,dx = \int_{-2}^{0} (x^3 + 8)\,dx = [\tfrac{x^4}{4} + 8x]_{-2}^{0} = 12$

d) $A = \int_0^1 (f(x) - g(x))\,dx = \int_0^1 2(x-1)^2\,dx = 2[\tfrac{1}{3}(x-1)^2]_0^1 = \tfrac{2}{3}$

e) $A = \int_0^2 (g(x) - f(x))\,dx = \int_0^2 (e - e^{\frac{1}{2}x})\,dx = [ex - 2e^{\frac{1}{2}x}]_0^2 = 2$

4. a) $A = \int_{-2}^{1} g(x)\,dx + \int_1^2 f(x)\,dx = \tfrac{9}{2} + \tfrac{5}{3} = \tfrac{37}{6}$

b) $A = \int_0^2 f(x)\,dx + \int_2^4 g(x)\,dx = 1 + 2 = 3$

c) $A = 2\int_0^1 g(x)\,dx + 2\int_1^2 f(x)\,dx = 2 + 2 = 4$

Seite 69 **5. a)** $A = \int_1^2 (h(x) - f(x))\,dx + \int_2^3 (h(x) - g(x))\,dx + \int_3^{4,5} (h(x) - f(x))\,dx = \frac{17}{12} + \frac{31}{12} + \frac{45}{16} = 6\frac{13}{16}$

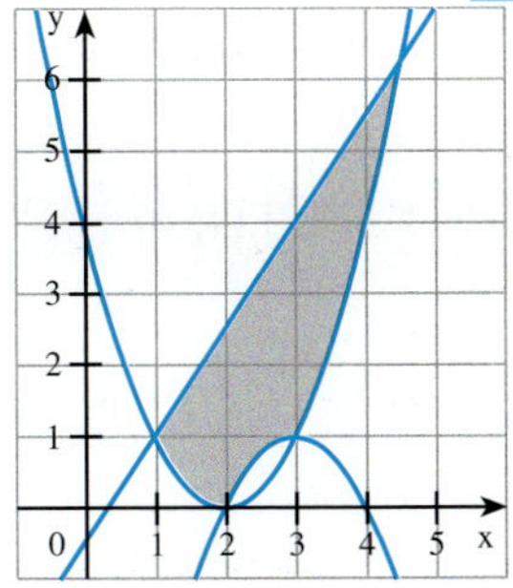

b) $A = \int_0^1 (f(x) - g(x))\,dx + \int_1^2 (h(x) - g(x))\,dx$
$= (\frac{e^2}{2} + e^{-1} - \frac{3}{2}) + (\frac{e^2}{4} - e^{-1} + \frac{3}{4}e^{-2}) = \frac{3}{4}e^2 - \frac{3}{2} + \frac{3}{4}e^{-2}$

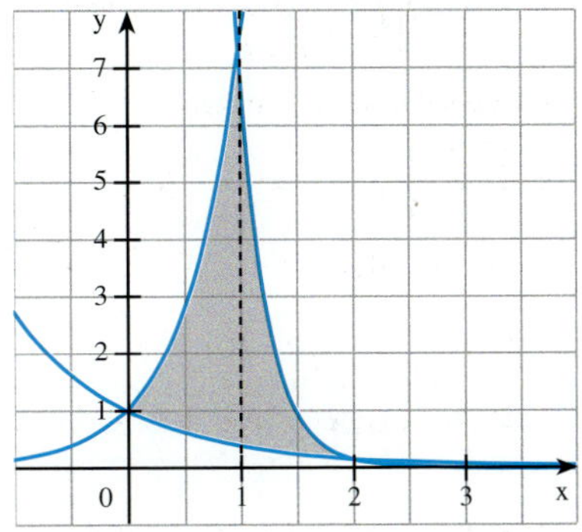

6.5 Uneigentliche Integrale

1. a) $\frac{3}{2}$

b) $\frac{5}{2}$

c) $\int_u^2 (-\frac{1}{x^3})\,dx = \frac{1}{8} - \frac{1}{2u^2} \to -\infty$ für $u \to 0+$

d) 6

e) $\int_u^2 \frac{4}{(2x+2)^2}\,dx \to \infty$ für $u \to -1+$

f) 4

g) $-\frac{5}{18}$

h) $\int_u^{16} x^{-\frac{1}{4}}\,dx = [\frac{4}{3}x^{\frac{3}{4}}]_u^{16} = \frac{4}{3} \cdot 8 - \frac{4}{3}u^{\frac{3}{4}}$; $\lim\limits_{u \to 0+} (\frac{32}{3} - \frac{4}{3}u^{\frac{3}{4}}) = \frac{32}{3}$

i) $\frac{1}{2}$

j) $\int_u^3 e^{3x-5}\,dx = [\frac{1}{3}e^{3x-5}]_u^3 = \frac{1}{3}e^4 - \frac{1}{3}e^{3u-5}$; $\lim\limits_{u \to -\infty} (\frac{1}{3}e^4 - \frac{1}{3}e^{3u-5}) = \frac{e^4}{3}$

k) $\frac{1}{8e}$

l) $\int_u^0 (e^{2x} - e^x)\,dx = [\frac{1}{2}e^{2x} - e^x]_u^0 = \frac{1}{2} - 1 - (\frac{1}{2}e^{2u} - e^u)$
$\lim\limits_{u \to -\infty} (-\frac{1}{2} - \frac{1}{2}e^{2u} + e^u) = -\frac{1}{2}$

Seite 70

6.6 Volumen eines Drehkörpers

1. a) $V = \pi \int_0^5 16\,dx = \pi[16x]_0^5 = 80\pi$

b) $V = \pi \int_0^4 \frac{x^2}{4}\,dx = \pi[\frac{x^3}{12}]_0^4 = \frac{16}{3}\pi$

c) $V = \pi \int_{\frac{1}{2}}^2 (\frac{4}{x^2})\,dx = \pi[-\frac{4}{x}]_{\frac{1}{2}}^2 = \pi(-2 + 8) = 6\pi$

d) $V = \pi \int_{-2}^0 (x^2 - 2x + 1)\,dx = \pi[\frac{1}{3}x^3 - x^2 + x]_{-2}^0 = \frac{26}{3}\pi$

e) $V = \pi \int_{-1}^2 (x^4 - 8x^3 + 16x^2)\,dx = \pi[\frac{x^5}{5} - 2x^4 + \frac{16}{3}x^3]_{-1}^2 = \frac{123}{5}\pi$

f) $V = \pi \int_{-2}^1 \frac{16}{(3-x)^2}\,dx = \pi[\frac{16}{3-x}]_{-2}^1 = \frac{24}{5}\pi$

g) $V = \pi \int_1^4 x\,dx = \pi[\frac{x^2}{2}]_1^4 = \frac{15}{2}\pi$

h) $V = \pi \int_2^3 (x^2 + 2 + \frac{1}{x^2})\,dx = \pi[\frac{x^3}{3} + 2x - \frac{1}{x}]_2^3 = \frac{17}{2}\pi$

i) $V = \pi \int_1^3 (1 + \frac{12}{x^2} + \frac{36}{x^4})\,dx = \pi[x - \frac{12}{x} - \frac{12}{x^3}]_1^3 = \frac{194}{9}\pi$

Seite 70

1. j) $V = \pi \int_{2}^{3} (x-2)^4\,dx = \pi[\frac{1}{5}(x-2)^5]_2^3 = \frac{1}{5}\pi$

k) $V = \pi \int_{-1}^{2} \frac{1}{4}e^{2x} = \pi[\frac{1}{2}e^{2x}]_{-1}^{2} = \frac{1}{8}(e^4 - e^{-2})\,\pi$

l) $V = \pi \int_{-2}^{2} (e^{2x} + 2 + e^{-2x})\,dx = \pi[\frac{1}{2}e^{2x} + 2x - \frac{1}{2}e^{-2x}]_{-2}^{2} = (e^4 + 8 - e^{-4})\,\pi$

m) $V = \pi \int_{-1}^{\frac{1}{2}} (e^{4x-2} - 2e^{2x-1} + 1)\,dx = \pi[\frac{1}{4}e^{4x-2} - e^{2x-1} + x]_{-1}^{\frac{1}{2}} = (e^{-3} - \frac{e^{-6}}{4} + \frac{3}{4})\,\pi$

n) $V = \pi \int_{-3}^{3} (9 - x^2)\,dx = \pi[9x - \frac{x^3}{3}]_{-3}^{3} = 36\pi$

Spezielle Drehkörper bei **a)** Zylinder **b)** Kegel **c)** Kugel.

2. a) $V = \pi \int_{-2}^{2} 4\,dx - \pi \int_{-2}^{2} \frac{1}{4}x^4\,dx = 16\pi - \frac{16}{5}\pi = \frac{64}{5}\pi$

b) $V = \pi \int_{1}^{4} x^2\,dx - \pi \int_{1}^{4} (x-2)^4\,dx = 21\pi - \frac{33}{5}\pi = \frac{72}{5}\pi$

c) $V = \pi \int_{-\sqrt{2}}^{\sqrt{2}} (16 - 8x^2 + x^4)\,dx - \pi \int_{-\sqrt{2}}^{\sqrt{2}} x^4\,dx = \frac{344}{15}\sqrt{2}\,\pi - \frac{8}{5}\sqrt{2}\,\pi = \frac{64}{3}\sqrt{2}\,\pi$

d) $V = \pi \int_{0}^{2} (4x^4)\,dx - \pi \int_{0}^{2} x^6\,dx = \frac{128}{5}\pi - \frac{128}{7}\pi = \frac{256}{35}\pi$

e) $V = \pi \int_{0}^{3} (x^4 - 8x^3 + 16x^2)\,dx - \pi \int_{0}^{3} \frac{1}{81}x^6\,dx = \frac{153}{5}\pi - \frac{27}{7}\pi = \frac{936}{35}\pi$

f) $V = \pi \int_{-2}^{0} (4x^6)\,dx - \pi \int_{-2}^{0} x^8\,dx = \frac{512}{7}\pi - \frac{512}{9}\pi = \frac{1024}{63}\pi$

g) $V = \pi \int_{1}^{4} (x^2 - 10x + 25)\,dx - \pi \int_{1}^{4} \frac{16}{x^2}\,dx = 21\pi - 12\pi = 9\pi$

Seite 71 **6.7 Ein Näherungsverfahren zur Berechnung von Integralen**

1.

	Nährungswert	exakter Wert	Abweichung in %	Hinweis
a)	$\frac{16}{3}$	$\frac{16}{3}$	0	
b)	$-\frac{20}{3}$	$-\frac{20}{3}$	0	
c)	$\frac{9}{4}$	$\frac{9}{4}$	0	
d)	5	$\frac{77}{15}$	2,60	
e)	$\frac{19}{54}$	$\frac{1}{3}$	5,56	
f)	$-\frac{502}{162} = -\frac{251}{81}$	$-\frac{23}{9}$	21,26	
g)	$-\frac{13}{6}\ln 4$	-3	0,12	$\ln 4 = 2\ln 2$
h)	$\frac{1}{3}(e^3 + 4e^2 + e) - 1$	$e^3 - e - 1$	0,52	
i)	$\frac{\ln 2}{3}(\sqrt{2} + 4 + \frac{1}{\sqrt{2}})$	$\sqrt{2}$	0,0079	$e^{\frac{1}{2}\ln 2} = \sqrt{2}$

2. a) $\int_{1}^{5} \frac{4}{x}\,dx \approx \frac{2}{3}(4 + \frac{16}{3} + \frac{4}{5}) = \frac{304}{45}$

b) $\int_{2}^{4} \frac{x}{x-1}\,dx \approx \frac{1}{3}(2 + 6 + \frac{4}{3}) = \frac{28}{9}$

c) $\int_{-2}^{2} (-\frac{2}{1+x^2})\,dx = -\int_{-2}^{2} \frac{2}{1+x^2}\,dx \approx -\frac{2}{3}(\frac{2}{5} + 8 + \frac{2}{5}) = -\frac{88}{15}$

d) $\int_{\frac{1}{2}}^{\frac{3}{2}} \frac{3}{x^2 - 2x}\,dx \approx \frac{1}{6}(-4 - 12 - 4) = -\frac{10}{3}$

e) $\int_{0}^{\ln 8} xe^{-x}\,dx \approx \frac{1}{2}\ln 2\,(4 \cdot \frac{3}{2}\ln 2 \cdot e^{-\frac{3}{2}\ln 2} + 3\ln 2 \cdot e^{-3\ln 2}) = \frac{1}{2}\ln 2(6\ln 2 \cdot 2^{-\frac{3}{2}} + 3\ln 2 \cdot 2^{-3}) = \frac{3}{2}(\ln 2)^2\,(2 \cdot 2^{-\frac{3}{2}} + 2^{-3})$
$= \frac{3}{2}(\ln 2)^2\,(\frac{1}{\sqrt{2}} + \frac{1}{8}) \approx 0{,}600$

f) $\int_{-1}^{3} e^{(x^2)}\,dx \approx \frac{2}{3}(e + 4e + e^9) = \frac{2}{3}(5e + e^9) \approx 5411$

g) $\int_{0}^{2} [(2 - x)\,e^x]\,dx \approx \frac{1}{3}(2 + 4e) \approx 4{,}29$

h) $\int_{-1}^{1} x^2e^{2x}\,dx \approx \frac{1}{3}(e^{-2} + 4 \cdot 0 + e^2) = \frac{1}{3}(e^{-2} + e^2) \approx 2{,}51$

i) $\int_{0}^{4} \frac{x}{2}\,e^{-\frac{1}{2}x}\,dx \approx \frac{2}{3}(0 + 4 \cdot e^{-1} + 2e^{-2}) = \frac{2}{3}(\frac{4}{e} + \frac{2}{e^2}) \approx 1{,}16$

Seite 71 **3. a)** $A = -\int_{-1}^{0} (x^2 + x)\, e^{-x}\, dx$

$\approx -\frac{1}{6}(0 + 4 \cdot (\frac{1}{4} - \frac{1}{2})\, e^{\frac{1}{2}} + 0) = \frac{1}{6}\sqrt{e}$

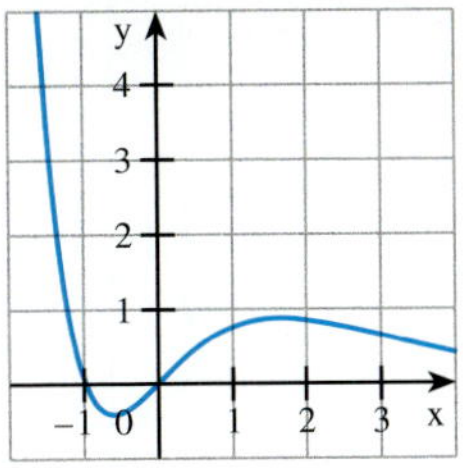

b) $A = -\int_{0}^{3} \frac{x^2 - 3x}{x+1}\, dx$

$\approx -\frac{1}{2} \cdot (0 + 4 \cdot (-\frac{9}{10}) + 0) = \frac{9}{5}$

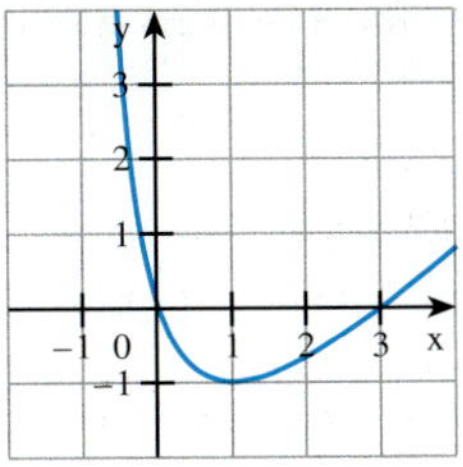

c) $A = \int_{-2}^{1} \frac{x^2 + x - 2}{x - 3}\, dx$

$\approx \frac{1}{2}\left(0 + 4 \cdot \frac{\frac{1}{4} - \frac{1}{2} - 2}{-\frac{1}{2} - 3} + 0\right) = \frac{9}{7}$

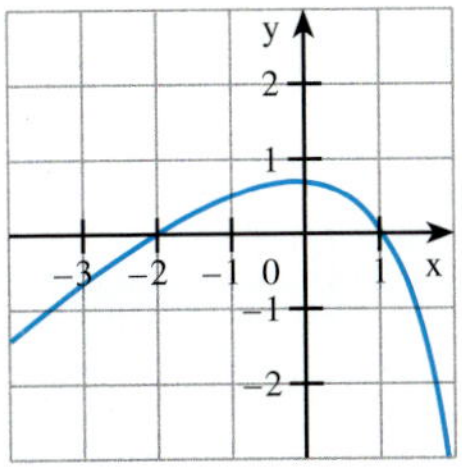

d) $A = \int_{-1}^{1} (e^{1-x^2} - 1)\, dx$

$\approx \frac{1}{3}(0 + 4 \cdot (e - 1) + 0) = \frac{4}{3}(e - 1)$

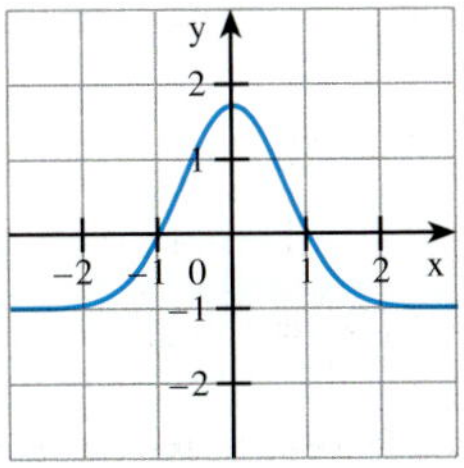

7. Aufgaben wie im Abitur

Seite 72 **1.** $f_t(x) = x^2 - \frac{1}{t}x^3$ $\quad f_t'(x) = 2x - \frac{3}{t}x^2$ $\quad f_t''(x) = 2 - \frac{6}{t}x$ $\quad f_t'''(x) = -\frac{6}{t}$

a) $N_1(0 \mid 0)$ $\quad N_2(t \mid 0)$ $\quad T(0 \mid 0)$ $\quad H(\frac{2}{3}t \mid \frac{4}{27}t^2)$ $\quad W(\frac{1}{3}t \mid \frac{2}{27}t^2)$

Ortskurve der Wendepunkte $y = \frac{2}{3}x^2$

b) $t = \frac{9}{4}\sqrt{2}$

c) $t = 3$

d) $A(t) = \frac{1}{6}t + \frac{1}{54}t^3$ $\quad A'(t) = \frac{1}{6} + \frac{1}{18}t^2$

$\Rightarrow$ A(t) wächst streng monoton. Damit ist $A(3) = 1$ das absolute Maximum des Flächeninhalts.

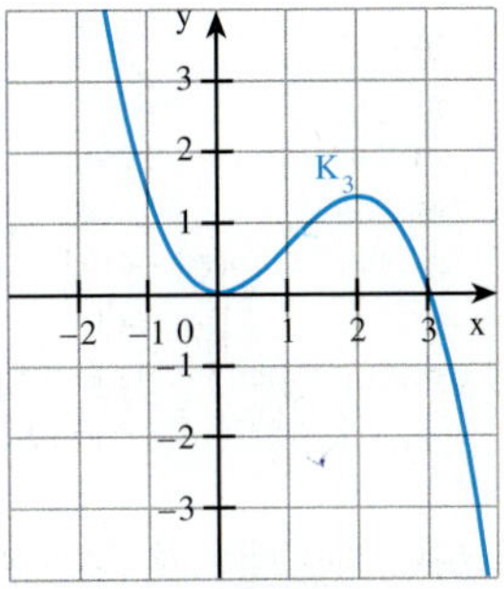

2. $f_a(x) = x^3 - ax$, $\quad f_a'(x) = 3x^2 - a$, $\quad f_a''(x) = 6x$ $\quad f_a'''(x) = 6$

a) Symmetrie zu 0, $\quad N_1(0 \mid 0)$, $\quad N_{2/3}(\pm\sqrt{a} \mid 0)$,

$T(\sqrt{\frac{a}{3}} \mid -\frac{2}{3}a\sqrt{\frac{a}{3}})$ $\quad H(-\sqrt{\frac{a}{3}} \mid \frac{2}{3}a\sqrt{\frac{a}{3}})$ $\quad W(0 \mid 0)$

Ortslinie der Extrempunkte: $y = -2x^3$

b) $A_1 = \int_{-2}^{0} f_4(x)\, dx = 4$

c) t: $y = -x + 2$ $\quad A_2 = \int_{-1}^{2} ((-x + 2) - (x^3 - 4x))\, dx = 6\frac{3}{4}$

d) Viereck ist ein Trapez

$A(u) = -\frac{9}{2}u^4 + 6u^2$, $\quad 0 < u < 1$

$A'(u) = 0$ führt auf $u = \sqrt{\frac{2}{3}}$ (andere Lösungen entfallen)

Da $\lim_{u \to 0} A(u) = 0$ und $\lim_{u \to 1} A(u) = \frac{3}{2} < 2$

ist $A(\sqrt{\frac{2}{3}}) = 2$ das absolute Maximum des Flächeninhalts.

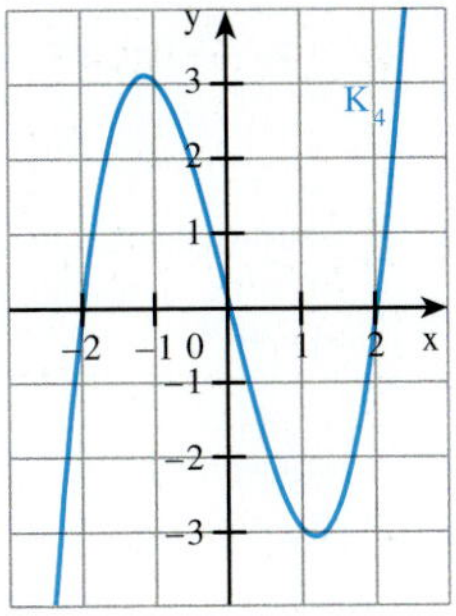

Seite 72

3. $f_t(x) = \frac{1}{3}x^3 - tx^2 = x^2(\frac{1}{3}x - t)$ $\quad f_t'(x) = x^2 - 2tx = x(x - 2t)$ $\quad f_t''(x) = 2x - 2t = 2(x - t)$ $\quad f_t'''(x) = 2$

a) $N_1(0 \mid 0)$ $\quad N_2(3t \mid 0)$ $\quad H = N_1$ $\quad T(2t \mid -\frac{4}{3}t^3)$ $\quad W(t \mid -\frac{2}{3}t^3)$

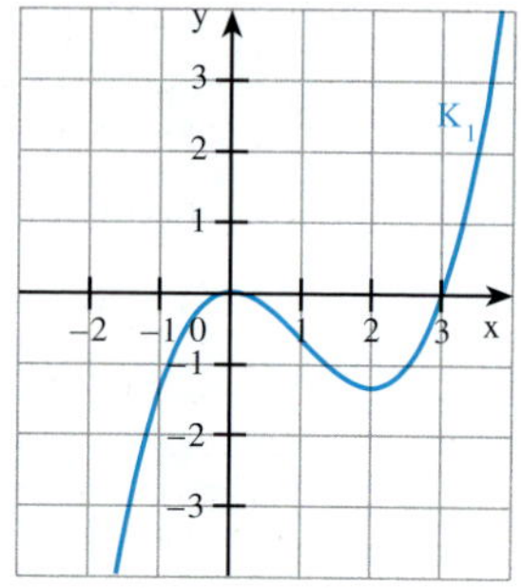

b) Viereck ist ein Trapez

$A = -\frac{1}{2}(f_t(1) + f_t(2)) = -\frac{3}{2} + \frac{5}{2}t;$ $\quad A > \frac{7}{2}$ ergibt $t > 2$.

c) Dreieck ist rechtwinklig

$I(u) = -\frac{1}{2}u \cdot f_1(u), \quad 0 < u < 3$

$\quad = -\frac{1}{6}u^4 + \frac{1}{2}u^3$

$I'(u) = -\frac{2}{3}u^3 + \frac{3}{2}u^2 \quad I''(u) = -2u^2 + 3u$

$I'(u) = 0 \Leftrightarrow u^2(-\frac{2}{3}u + \frac{3}{2}) = 0$

$u_1 = 0$ entfällt $u_2 = \frac{9}{4}$

$I''(\frac{9}{4}) = -2 \cdot \frac{81}{16} + \frac{27}{4} = -\frac{27}{8} < 0$ $\Big\}$ $I(\frac{9}{4})$ ist rel. Max.

Da $\lim\limits_{n \to 0} I(u) = \lim\limits_{n \to 3} I(u) = 0$ ist $I(\frac{9}{4})$ das absolute Maximum des Flächeninhalts.

Es ist $I(\frac{9}{4}) = \frac{729}{512} \approx 1{,}42$

d) $A(t) = -\int_0^{3t} f_t(x)\,dx = -[\frac{1}{12}x^4 - \frac{t}{3}x^3]_0^{3t} = \frac{9}{4}t^4$

$A'(t) = 9t^3 > 0$ für alle $t \in \mathbb{R}^+$

$\Rightarrow A(t)$ wächst streng monoton.

$A(t) = 1$ führt auf $t^4 = \frac{4}{9}$ $\quad t_1 = -\sqrt{\frac{2}{3}}$ entfällt; $t_2 = \sqrt{\frac{2}{3}}$

Seite 73

4. **a)** $P = y = \frac{1}{64}x^4 - \frac{1}{8}x^3 + 2x - 4$, $\quad f$ sei die zugehörige Funktion

b) $f'(x) = \frac{1}{16}x^3 - \frac{3}{8}x^2 + 2 \quad f''(x) = \frac{3}{16}x^2 - \frac{3}{4}x \quad f'''(x) = \frac{3}{8}x - \frac{3}{4}$

$T(-2 \mid -\frac{27}{4})$ $\quad W_1(0 \mid -4)$ $\quad W_2(4 \mid 0)$

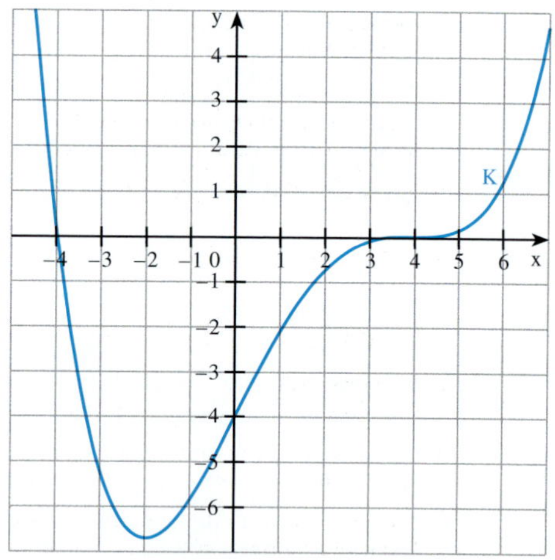

c) $A = \left| \int_{-4}^{4} f(x)\,dx \right| = \left| [\frac{1}{320}x^5 - \frac{1}{32}x^4 + x^2 - 4x]_{-4}^{4} \right| = \frac{128}{5}$

d) $A(u) = \frac{1}{2}u \cdot f(u) = \frac{1}{128}u^5 - \frac{1}{16}u^4 + u^2 - 2u, \quad -4 < u < 0$

$A'(u) = \frac{5}{128}u^4 - \frac{1}{4}u^3 + 2u - 2 = g(u) = 0$

$A''(u) = g'(u) = \frac{5}{32}u^3 - \frac{3}{4}u^2 + 2$

Da $g(-3) > 0$ und $g(-2) < 0$, liegt in $]-3; -2[$ eine Extremstelle für den Flächeninhalt.

Ansatz Newton-Verfahren mit

$u_0 = -2{,}5, \quad u_{n+1} = u_n - \frac{g(u_n)}{g'(u_n)}$

führt auf $\bar{u} \approx -2{,}760$; Da $A''(-2{,}760) < 0$ und $\lim\limits_{u \to 0} A(u) = \lim\limits_{u \to -4} A(u) = 0$, ist $A(u)$ ein absolutes Maximum des Flächeninhalts.

5. $f_t'(x) = \frac{1}{t}x^3 - tx \quad f_t''(x) = \frac{3}{t}x^2 - t \quad f_t'''(x) = \frac{6}{t}x$

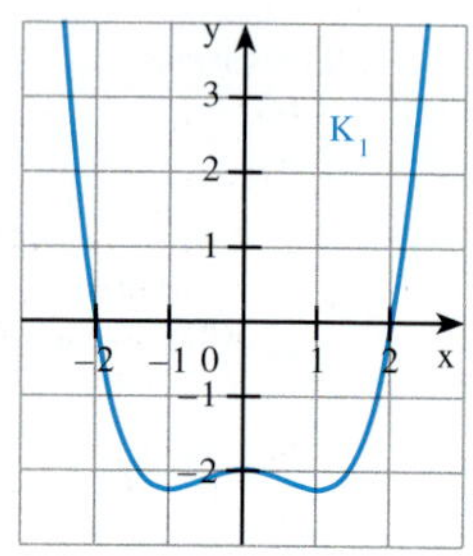

a) Symmetrie zur y-Achse, $N_{1/2}(\pm 2t \mid 0)$, $\quad S(0 \mid -2t^3) = H$

$T_{1/2}(\pm t \mid -\frac{9}{4}t^3)$ $\quad W_{1/2}(\pm \frac{t}{\sqrt{3}} \mid -\frac{77}{36}t^3)$

b) Die Abszisse sämtlicher Hochpunkte ist 0.

Ortslinie der Tiefpunkte $y = \frac{9}{4}x^3$. Der Ursprung ist kein Tiefpunkt.

c) $A(u) = -\frac{1}{2}(4 + 2u)\,f(u) = -\frac{1}{4}u^5 - \frac{1}{2}u^4 + \frac{1}{2}u^3 + u^2 + 2u + 4, \quad u \in]0; 2[$

$A'(u) = -\frac{5}{4}u^4 - 2u^3 + \frac{3}{2}u^2 + 2u + 2$

$A''(u) = -5u^3 - 6u^2 + 3u + 2$

$A'(u) = 0 \quad u_1 = -2$ entfällt; $-\frac{5}{4}u^4 - 2u^3 + \frac{3}{2}u^2 + 2u + 2$

Hilfsfunktion $h(u) = -\frac{5}{4}u^4 - 2u^3 + \frac{3}{2}u^2 + 2u + 2$

Da $h(1) > 0$ und $h(\frac{3}{2}) < 0$ liegt in $]1; \frac{3}{2}[$ eine Lösung der Gleichung; $h'(u) = -\frac{15}{4}u^2 + u + \frac{1}{2}$

Ansatz Newton-Verfahren mit

$u_0 = 1{,}25; \quad u_{n+1} = u_n - \frac{I(u_n)}{I_1'(u_n)}$ liefert $\bar{u} \approx 1{,}24$

Wegen $A''(\bar{u}) < 0$, $\quad \lim\limits_{u \to 0+} A(u) = 4$, $\quad \lim\limits_{u \to 2-} A(u) = 0$

und $A(1{,}24) \approx 7{,}056$ ist $A(1{,}24)$ das absolute Maximum des Flächeninhalts. Damit sind die Abszissen mit $\pm 1{,}24$ zu wählen.

d) $t = \sqrt[4]{\frac{27}{4}}$

Seite 73

6. $f_t(x) = -\frac{1}{4}x^4 - \frac{1}{4}tx^3 + 2x + 2t \quad f_t'(x) = -x^3 - \frac{3}{4}tx^2 + 2 \quad f_t''(x) = -3x^2 - \frac{3}{2}tx$

$f_t'''(x) = -6x - \frac{3}{2}t$

a) $f_2(x) = -\frac{1}{4}x^4 - \frac{1}{2}x^3 + 2x + 4 \quad f_2'(x) = -x^3 - \frac{3}{2}x^2 + 2 \quad f_2''(x) = -3x^2 - 3x$

$f_2'''(x) = -6x - 3$

$N_1(-2 \mid 0) \quad N_2(2 \mid 0) \quad S(0 \mid 4) \quad H(0{,}91 \mid 5{,}27)$ und Newton-Verfahren

$W_1(-1 \mid \frac{9}{4}) \quad W_2(0 \mid 4)$

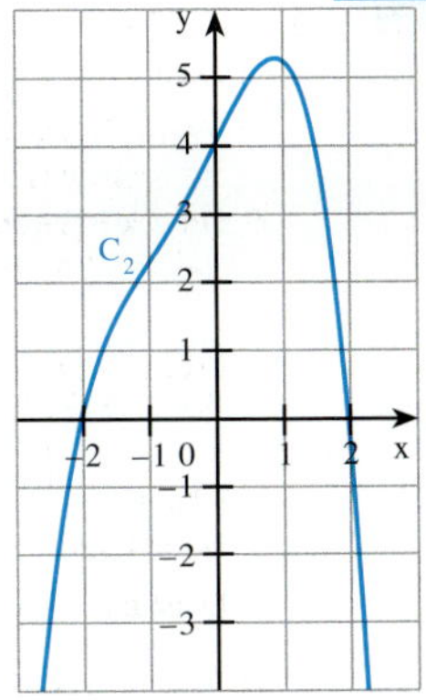

b) $A = \int_{-2}^{0} f_2(x)\,dx = [-\frac{1}{20}x^5 - \frac{1}{8}x^4 + x^2 + 4x]_{-2}^{0} = 0 - (\frac{8}{5} - 2 + 4 - 8) = \frac{22}{5}$

c) $A_1 = \int_{-t}^{0} f_t(x)\,dx = t^2 + \frac{1}{80}t^5 \quad A_2 = \int_{0}^{2} f_t(x)\,dx = 3t + \frac{12}{5}$

$A_1 = A_2$ führt auf $\frac{1}{80}t^5 + t^2 - 3t - \frac{12}{5} = 0$

Hilfsfunktion h mit $h(t) = \frac{1}{80}t^5 + t^2 - 3t - \frac{12}{5}$ besitzt wegen des Nullstellensatzes auf $[2; 3]$ mindestens eine Nullstelle, denn, $h(2) \cdot h(3) < 0$.
Damit gibt es mindestens ein $t \in [2; 3]$, für das $A_1 = A_2$.

d) $t_1: y = 2x + 4 \quad t_2: y = \frac{3}{2}x + \frac{15}{4}$ schneiden sich für $x = -\frac{1}{2}$

t_1 schneidet x-Achse für $x = -2$

t_2 schneidet x-Achse für $x = -\frac{5}{2}$

$A_3 = \frac{1}{2} \cdot \frac{1}{2} \cdot 3 = \frac{3}{4}$; $V = \frac{1}{3}\pi \cdot (3)^2 \cdot \frac{5}{2} - \frac{1}{3}\pi \cdot (3)^2 \cdot 2 = \frac{1}{3}\pi(3)^2 \cdot \frac{1}{2} = \frac{3}{2}\pi$

Seite 74

7. $f'(x) = -4\,\frac{x^2+4}{(x^2-4)^2} \quad f''(x) = \frac{8x^3+96x}{(x^2-4)^3}$

a) Symmetrie zu O, $N(0 \mid 0)$, keine Extrempunkte

$W(0 \mid 0)$ Asymptoten: $x = \pm 2, \quad y = 0$

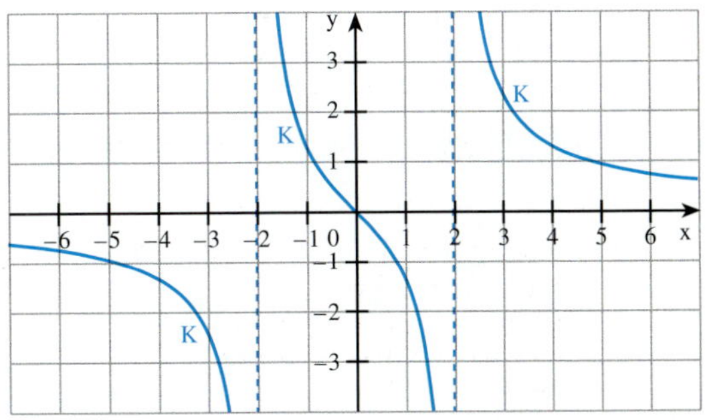

b) $A(u) = \frac{1}{2}(u-2)\,f(u) = \frac{2u}{u+2} \quad A'(u) = \frac{4}{(u+2)^2} > 0$

$\Rightarrow A(u)$ wächst streng monoton auf $]2; \infty[$

Da $\lim\limits_{u \to \infty} A(u) = 2$ und $\lim\limits_{u \to 0} A(u) = 1$ gilt $1 < A(u) < 2$.

c) $f(x) = \sqrt{3}$ liefert $(x_1 = \frac{6}{\sqrt{3}}), \quad x_2 = -\frac{2}{\sqrt{3}}$

$$I_1 = \int_{-\frac{2}{\sqrt{3}}}^{0} f(x)\,dx \approx \frac{\frac{2}{\sqrt{3}}}{6}\left(f(-\tfrac{2}{\sqrt{3}}) + 4 \cdot f(-\tfrac{1}{\sqrt{3}}) + f(0)\right)$$

$$= \frac{1}{3\sqrt{3}}\left(\frac{-\frac{8}{\sqrt{3}}}{\frac{4}{3}-4} + 4 \cdot \frac{-\frac{4}{\sqrt{3}}}{\frac{4}{3}-4} + 0\right) = \frac{9}{11}$$

Rechtecksinhalt

$I_2 = \frac{2}{\sqrt{3}} \cdot \sqrt{3} = 2$, $I = I_2 - I_1 = 2 - \frac{9}{11} = \underline{\frac{13}{11}}$

d) $f(x) = mx$ führt auf $x(mx^2 - 4 - 4m) = 0$

$x_1 = 0, \quad mx^2 = 4 + 4m, \quad x^2 = \frac{4}{m} + 4, \; x_{2/3} = \pm\sqrt{\frac{4}{m} + 4}$ existieren für $\frac{4}{m} + 4 > 0 \Leftrightarrow m < -1 \vee m > 0$

Für $m = -1$ und $m = 0$ ergibt sich nur die Lösung $x_1 = 0$

Damit gilt: 3 Schnittpunkte, wenn $m \in \mathbb{R} \setminus [-1; 0]$; 1 Schnittpunkt, wenn $m \in [-1; 0]$.

8. Ableitungen:

$f(x) = \frac{x^2+6x}{(x+3)^2} = 1 - \frac{9}{(x+3)^2} \quad f'(x) = \frac{18}{(x+3)^3}$

$f''(x) = -\frac{54}{(x+3)^4}$

a) K ist weder zu O noch zur y-Achse symmetrisch

Asymptoten: $a_1: x = -3; \quad a_2: y = 1$

Schnittpunkte mit der x-Achse $N_1(0 \mid 0)$, $N_2(-6 \mid 0)$

Extrem- und Wendepunkte existieren nicht

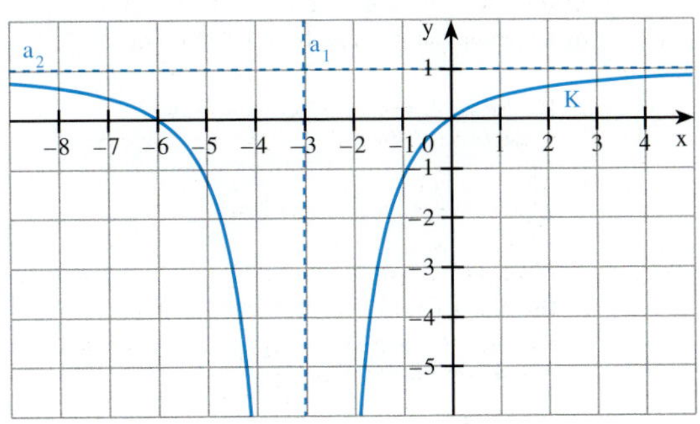

b)

$$A(t) = \int_1^t \left(1 - \left(1 - \frac{9}{(x+3)^2}\right)\right)dx = \int_1^t \frac{9}{(x+3)^2} = [-\frac{9}{x+3}]_1^t$$

$$= -\frac{9}{t+3} + \frac{9}{4}; \quad \lim_{t \to \infty} A(t) = \frac{9}{4}$$

Seite 74

8. c) Legt man die Tangenten von O an K, dann erhält man über die Berührpunkte diejenigen Werte von m, für die es genau zwei Schnittpunkte gibt.
Die Tangente in Punkt $P(a \mid f(a))$ hat die Gleichung
$t\colon y - \frac{a^2+6a}{(a+3)^2} = \frac{18}{(a+3)^3}\,(x-a)$.
$O \in t$ liefert $\frac{a^2+6a}{(a+3)^2} = \frac{18a}{(a+3)^3} \Leftrightarrow (a^2+6a)\,(a+3) = 18a \Leftrightarrow a^3 + 9a^2 = 0 \Leftrightarrow a^2(a+9) = 0 \Leftrightarrow a = 0 \vee a = -9$

$f'(0) = \frac{2}{3} = m_1 \quad f'(-9) = -\frac{1}{12} = m_2$
Somit gibt es genau drei Schnittpunkte wenn $m \in \left]-\frac{1}{12}; 0\right[\vee m \in \mathbb{R}^+ \setminus \{\frac{2}{3}\}$.

d) $B(u) = (1 - f(u)) \cdot (u+3) = \frac{9}{(u+3)^2} \cdot (u+3) = \frac{9}{u+3}$ mit $-3 < u < 0$
$B'(u) = -\frac{9}{(u+3)^2}$
Es gilt $B'(u) < 0$. Es gibt also kein u, für welches B(u) ein Extremum besitzt.

e) $V = \pi \int_0^1 (f(x))^2\,dx = \pi \int_0^1 \left(1 - \frac{9}{(x+3)^2}\right)^2 dx = \pi \int_0^1 \left(1 - \frac{18}{(x+3)^2} + \frac{81}{(x+3)^4}\right) dx = \pi \left[x + \frac{18}{4} - \frac{27}{64} - \left(\frac{18}{3} - \frac{27}{27}\right)\right] = \frac{5}{64}\pi$

9. $f(x) = 1 - x + \frac{4}{x^2} \quad f'(x) = -1 - \frac{8}{x^3} \quad f''(x) = \frac{24}{x^4}$

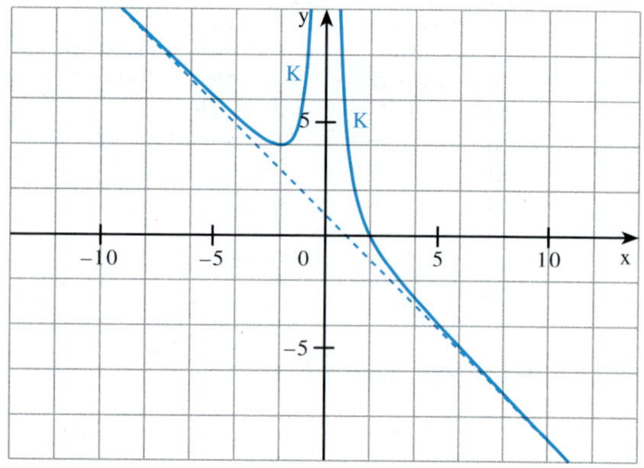

a) $N(2 \mid 0) \quad T(-2 \mid 4)$ Asymptoten: $x = 0, \quad y = 1 - x$

b) $\bar{A} = \frac{1}{2} + \lim\limits_{u \to \infty} \int_2^u \frac{u}{x^2}\,dx = \frac{1}{2} + \lim\limits_{u \to \infty} \left[-\frac{4}{u}\right]_2^u$
$= \frac{1}{2} + \lim\limits_{u \to \infty} \left(-\frac{4}{u} + 2\right) = \frac{5}{2}$

$\frac{1}{2} + \int_2^a \frac{4}{x^2}\,dx = \frac{5}{4} \Leftrightarrow \frac{1}{2} + \left[-\frac{4}{x}\right]_2^a = \frac{5}{4} \Leftrightarrow \frac{1}{2} - \frac{4}{a} + 2$
$= \frac{5}{4} \Leftrightarrow -\frac{4}{a} = -\frac{5}{4} \Leftrightarrow a = \frac{16}{5}$;
Parallele zur y-Achse mit Gleichung $x = \frac{16}{5}$

c) Aus dem Schaubild entnimmt man,
3 Lösungen für $c > 4$, 2 Lösungen für $c = 4$
(Ordinate von T)
1 Lösung für $c < 4$

$1 - x + \frac{4}{x^2} = 4 \Leftrightarrow x^2 - x^3 + 4$
$= 4x^2 \Leftrightarrow x^3 + 3x^2 - 4 = 0$
Nach a) ist −2 Lösung der Gleichung
Polynomdivision
$(x^3 + 3x^2 - 4) : (x+2) = x^2 + x - 2 = (x+2)\,(x-1)$
Aus der Produktdarstellung ergibt sich die weitere Lösung 1.

d) $V = \pi \int_2^4 f^2(x)\,dx = \pi \int_2^4 \left(x^2 - 2x - \frac{8}{x} + \frac{8}{x^2} + \frac{16}{x^4} + 1\right) dx$
$\approx \pi \cdot \frac{2}{6}\,(0 + 4 \cdot 2{,}4198 + 7{,}5625) \approx 18$

10. $f(x) = \frac{x^3-8}{4x} = \frac{x^2}{4} - \frac{2}{x} \quad f'(x) = \frac{x}{2} + \frac{2}{x^2} \quad f''(x) = \frac{1}{2} - \frac{4}{x^3} \quad f'''(x) = \frac{12}{x^4}$

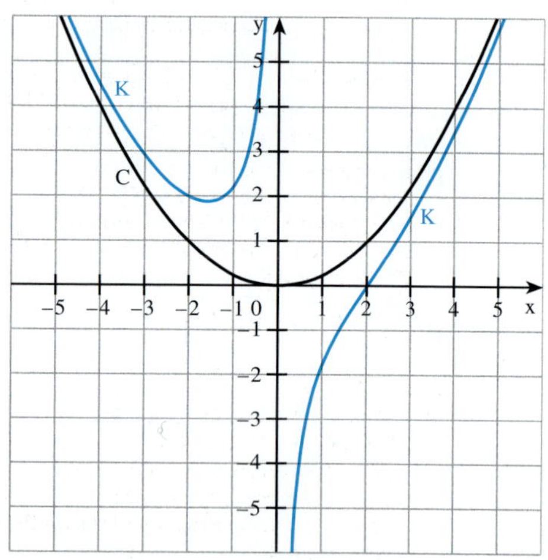

a) keine Symmetrie erkennbar $N(2 \mid 0) \quad T\left(-\sqrt[3]{4} \mid \frac{3}{\sqrt[3]{4}}\right) \quad W = N$
y-Achse ist Asymptote; $c\colon y = \frac{x^2}{4}$

b) $V(u) = \pi \int_0^u \left(\frac{x^2}{4}\right)^2 dx - \pi \int_2^u \left(\frac{x^2}{4} - \frac{2}{x}\right)^2 dx$
$= \pi \int_0^u \frac{x^4}{16}\,dx - \pi \int_0^u \left(\frac{x^4}{16} - x + \frac{4}{x^2}\right) dx$
$= \pi \left[\frac{x^5}{80}\right]_0^u - \pi \left[\frac{x^5}{80} - \frac{x^2}{2} - \frac{4}{x}\right]_2^u = \pi \left(\frac{u^5}{80} - \frac{u^5}{80} + \frac{u^2}{2} + \frac{4}{u} + \frac{2}{5} - 2 - 2\right)$
$= \pi \left(\frac{u^2}{2} + \frac{4}{u} - \frac{18}{5}\right)$; $\quad V(u) \to \infty$ für $u \to \infty$.

c) $f'(2) = \frac{3}{2} \quad n: y = -\frac{2}{3}\,(x-2)$
$A = \int_{-4}^{4/3} \left(-\frac{2}{3}x + \frac{4}{3} - \frac{x^2}{4}\right) dx = \left[-\frac{x^2}{3} + \frac{4}{3}x - \frac{x^3}{12}\right]_{-4}^{4/3} = 6\frac{26}{81}$

d) $t\colon y - f(x_B) = f'(x_B)\,(x - x_B)$ durch $P\left(\frac{7}{4} \mid \frac{1}{8}\right)$
führt auf $2x_B^4 - 7x_B^3 + x_B^2 + 32x_B - 28 = 0$
Man erkennt (evtl. mit Polynomdivision) $x_B = 1 \vee x_B = -2$
Polynomdivision liefert
$(2x_B^4 - 7x_B^3 + x_B^2 + 32x_B - 28)$
$= (x_B - 1)\,(x_B + 2)\,(2x_B^2 - 9x_B + 14)$
Da $2x_B^2 - 9x_B + 14 \neq 0$ für alle $x_B \in \mathbb{R}$, gibt es nur 2 Berührungspunkte: $B_1\left(1 \mid -\frac{7}{4}\right) \quad B_2(-2 \mid 2)$

Seite 75 **11.** $f_t(x) = \frac{4}{x^2+4x+t}$ $\quad f_t'(x) = -\frac{8x+16}{(x^2+4x+t)^2} = -8\frac{x+2}{(x^2+4x+t)^2}$

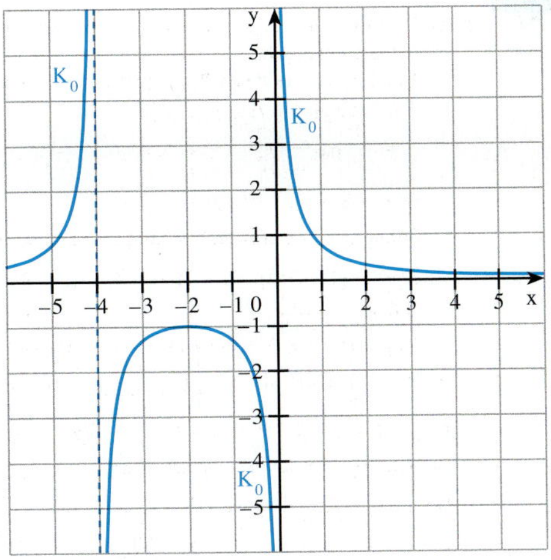

a) K_t besitzt zwei zur y-Achse parallele Asymptoten, wenn $x^2 + 4x + t = 0$ zwei Lösungen hat.

$x^2 + 4x + t = 0 \quad x_{1/2} = -2 \pm \sqrt{4-t} \Rightarrow t < 4$

Entsprechend gibt es eine (keine) solche Asymptote, wenn $t = 4$ $(t > 4)$

Da sämtliche Punkte mit waagerechter Tangente die Abszisse -2 besitzen, muss -2 Definitionslücke sein. Dies ist für $t = 4$ der Fall. Für die Symmetrie ist zu zeigen:

$f_t(-2+h) = f_t(-2-h)$ für alle zugelassenen $h > 0$.

$f_t(-2+h) = \frac{4}{(-2+h)^2+4(-2+h)-t} = \frac{4}{h^2-4+t}$

$f_t(-2-h) = \frac{4}{(-2-h)^2+4(-2-h)+t} = \frac{4}{h^2-4+t}$

b) $D_{f_0} = \mathbb{R} \setminus \{0; -4\}$, denn $x^2 + 4x = x(x+4)$

K_0 hat die waagerechte Asymptote $y = 0$ und eine waagerechte Tangente im Hochpunkt $H(-2 \mid 1)$

$D_{f_6} = \mathbb{R}$, denn $x^2 + 4x + 6 = 0$ liefert keine Lösung.

K_6 hat die waagerechte Asymptote $y = 0$ und eine waagerechte Tangente im Hochpunkt $H(-2 \mid 2)$.

c) $g(x) = ax^2 + bx + c \quad g'(x) = 2ax + b \quad f_6(x) = \frac{4}{x^2+4x+6}$

$f_6'(x) = -\frac{x+2}{(x^2+4x+6)^2}$

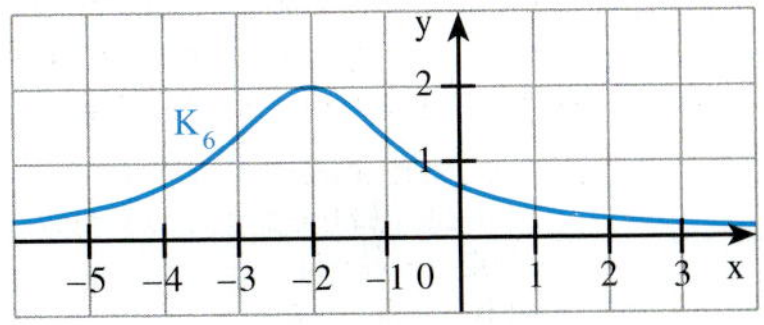

$f_6(-2) = g(-2) \Leftrightarrow 2 = 4a - 2b + c$

$f_6'(-2) = g'(-2) \Leftrightarrow 0 = -4a + b$

$f_6(0) = g(0) \Leftrightarrow \frac{2}{3} = c$ führt auf $g(x) = -\frac{1}{3}x^2 - \frac{4}{3}x + \frac{2}{3}$

$\bar{A} = \int_{-2}^{0} (-\frac{1}{3}x^2 - \frac{4}{3}x + \frac{2}{3})\,dx = [-\frac{1}{9}x^3 - \frac{2}{3}x^2 + \frac{2}{3}x]_{-2}^{0}$

$= 0 - (\frac{8}{9} - \frac{8}{3} - \frac{4}{3}) = 3\frac{1}{9}$ FE

d) $f_4(x) = \frac{4}{x^2+4x+4} = \frac{4}{(x+2)^2}$

$V(z) = \pi \int_0^z \left(\frac{4}{(x+2)^2}\right)^2 dx = \pi \int_0^z \frac{16}{(x+2)^4}\,dx = \pi \int_0^z 16(x+2)^{-4}\,dx = \pi[-\frac{16}{3}(x+2)^{-3}]_0^z = -\frac{16}{3}\pi\left[\frac{1}{(x+2)^3}\right]_0^z = -\frac{16}{3}\pi\left(\frac{1}{(z+2)^3} - \frac{1}{8}\right)$

$\lim_{z\to\infty} V(z) = \frac{2}{3}\pi.$

e) $P\left(u \mid \frac{4}{(u+2)^2}\right), \quad |\overline{OP}| = \sqrt{u^2 + \frac{16}{(u+2)^4}}, \quad u \in \mathbb{R}^+$

Da $|\overline{OP}|$ minimal, wenn $|\overline{OP}|^2$ minimal, untersucht man die Funktion f mit

$f(u) = u^2 + \frac{16}{(u+2)^4} \quad f'(u) = 2u - \frac{64}{(u+2)^5} \quad f''(u) = 2 + \frac{320}{(u+2)^6}$

$f'(u) = 0$ ist in $]0; 1[$ lösbar, da $f'(0) \cdot f'(1) < 0$.

Da außerdem $f''(u) > 0$ für alle $u \in \mathbb{R} \setminus \{-2\}$, gibt es einen Punkt mit relativ minimalem Abstand.

Anmerkung: Das Newton-Verfahren liefert den Wert $u \approx 0{,}40$.

Eine Randuntersuchung zeigt, dass es sich um einen absolut minimalen Abstand handelt.

12. Ableitungen: $f_t(x) = \frac{8(x-t)}{x^2} = \frac{8}{x} - \frac{8t}{x^2} = 8x^{-1} - 8tx^{-2}$

$f_t'(x) = -8x^{-2} + 16tx^{-3} = \frac{-8x+16t}{x^3}$

$f_t''(x) = \frac{16x-48t}{x^4} \quad f_t'''(x) = \frac{-48x+192t}{x^5}$

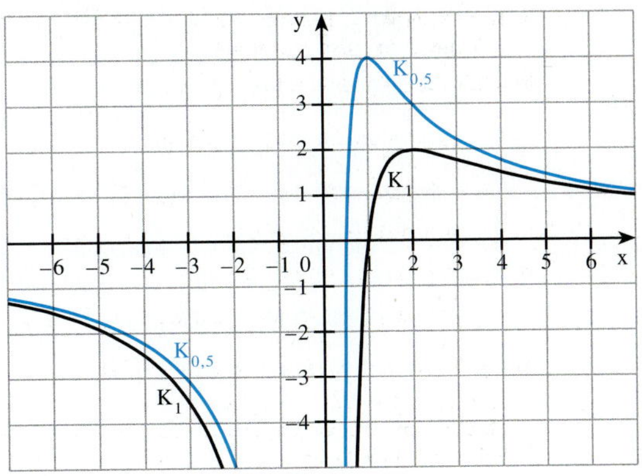

a) Asymptoten: a_1: $x = 0$; $\quad a_2$: $y = 0$

Schnittpunkt mit der x-Achse $N(t \mid 0)$

Extrempunkt $H(2t \mid \frac{2}{t})$ Wendepunkt $W(3t \mid \frac{16}{9t})$

Die Hochpunkte liegen auf der Kurve mit der Gleichung $y = \frac{4}{x}$.

b) $A = \int_1^2 (f_{0,5}(x) - f_1(x))\,dx$

$= \int_1^2 (\frac{8}{x} - \frac{4}{x^2} - (\frac{8}{x} - \frac{8}{x^2}))\,dx = 2$ FE

c) $U(t) = 4t + \frac{4}{t} = 4t + 4t^{-1}, \quad t \in \mathbb{R}^+$

$U'(t) = 4 - \frac{4}{t^2} \quad U''(t) = \frac{8}{t^3}$

Aus $U'(t) = 0$ folgt $t_1 = 1 \vee (t_1 = -1)$

Da $U''(1) = 8$ und $U(t) \to \infty$ für $t \to 0+$, $U(t) \to \infty$ für $t \to \infty$ ist der Umfang des Rechtecks für $t = 1$ absolut minimal.

d) $V = \pi \int_1^4 (f_1(x))^2\,dx = \pi \int_1^4 \frac{64x^2 - 128x + 64}{x^4}\,dx = \pi \int_1^4 (64x^{-2} - 128x^{-3} + 64x^{-4})\,dx = \pi[-\frac{64}{x} + \frac{64}{x^2} - \frac{64}{3x^3}]_1^4 = (-\frac{37}{3} + \frac{64}{3}) \cdot \pi = 9\pi$

e) Tangente g: $y - f_1(u) = f_1'(u)\,(x - u)$ durch $O(0 \mid 0)$ liefert $f_1'(u) = \frac{f_1(u)}{u} \Leftrightarrow \frac{-8u+16}{u^3} = \frac{8u-8}{u^3} \Leftrightarrow u = \frac{3}{2}$

$f_1(\frac{3}{2}) = \frac{16}{9} \quad f_1'(\frac{3}{2}) = \frac{32}{27}; \quad g$: $y = \frac{32}{27}x$

Seite 76

13. $f_t(x) = \frac{1}{t}\,e^{-\frac{1}{2}tx}$ $\quad f_t'(x) = -\frac{1}{2}\,e^{-\frac{1}{2}tx}$ $\quad f_t''(x) = \frac{1}{4}\,te^{-\frac{1}{2}tx}$

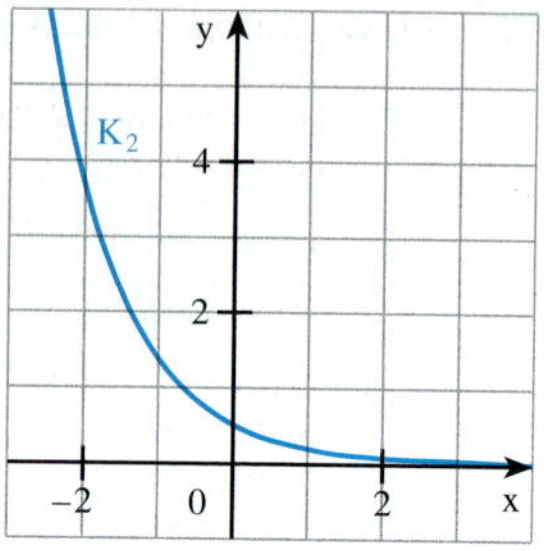

a) $S(0 \mid \frac{1}{t})$ keine Schnittpunkte mit der x-Achse
keine Extrem- und Wendepunkte
Asymptote a: $y = 0$

b) Tangentengleichung für beliebigen Punkt von K_t führt auf $B_t(-\frac{2}{t} \mid \frac{e}{t})$

c) $A(u) = \frac{1}{2}\,u \cdot f_2(u) = \frac{1}{4}\,u\,e^{-u}$, $\quad A(1) = \frac{1}{4e}$ ist der maximale Flächeninhalt

d) $F(u) = \frac{1}{2}\int_1^u e^{-x}\,dx = \frac{1}{2e} - \frac{1}{2e^u}$

$\lim\limits_{u \to \infty} F(u) = \frac{1}{2e}$

Gerade i: $x = 1 + \ln 2$

e) $V_t(u) = \pi\int_1^u [f_t(x)]^2\,dx = \frac{\pi}{t^3}\,(e^{-t} - e^{-ut})$ $\quad \lim\limits_{u \to \infty} V_t(u) = \frac{\pi}{t^3 e^t}$

14. Ableitungen: $f(x) = 2xe^x$ $\quad f'(x) = 2e^x + 2xe^x = (2 + 2x)\,e^x$
$f''(x) = (4 + 2x)\,e^x$ $\quad f'''(x) = (6 + 2x)\,e^x$

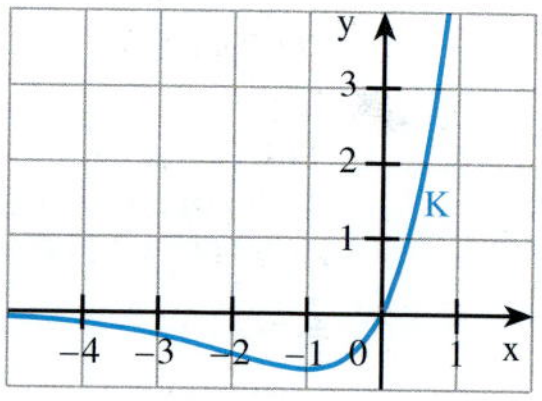

a) Schnittpunkt mit den Koordinatenachsen $N(0 \mid 0)$,
Tiefpunkt $T(-1 \mid -\frac{2}{e})$, Wendepunkt $W(-2 \mid -\frac{4}{e^2})$
Asymptote ist die x-Achse, da $\lim\limits_{x \to -\infty} f(x) = 0$.

b) $A(u) = -\frac{1}{2}\,u \cdot (-f(u)) = \frac{1}{2}\,uf(u) = u^2e^u$, $\quad u \in \mathbb{R}^-$,
$A'(u) = 2ue^u + u^2e^u = (2u + u^2)\,e^u$
$A''(u) = (2 + 2u)\,e^u + (2u + u^2)\,e^u = (u^2 + 4u + 2)\,e^u$
$A'(u) = 0 \Leftrightarrow u = -2 \vee (u = 0)$
$A''(-2) = -\frac{2}{e^2} < 0$
Da $A(-2) = \frac{4}{e^2}$, $\quad \lim\limits_{u \to 0-} A(u) = 0$, $\quad \lim\limits_{u \to -\infty} A(u) = 0$
ist $\frac{4}{e^2}$ der absolut maximale Flächeninhalt.
$P(-2 \mid 0)$, $\quad Q(-2 \mid -\frac{4}{e^2}) = W$.

c) $F'(x) = 2e^x + 2(x - 1)\,e^x = 2xe^x = f(x)$
$r > 0$ sei die Abszisse des Schnittpunktes der Parallelen zur x-Achse mit K.
Flächeninhalt $A(r) = r \cdot f(r) - \int_0^r f(x)\,dx = 2r^2e^r - [2(x - 1)\,e^x]_0^r = 2r^2e^r - [2(r - 1)\,e^r - (-2)] = 2r^2e^r - 2(r - 1)\,e^r - 2$
$= (2r^2 - 2r + 2)\,e^r - 2$
$A(r) = 2e - 2 \Leftrightarrow (2r^2 - 2r + 2)\,e^r = 2e \Leftrightarrow (r^2 - r + 1)\,e^r = e$. Man sieht die Lösung $r = 1$. Sie ist die einzige. Um dies zu zeigen, untersucht man die Hilfsfunktion h mit $h(r) = (r^2 - r + 1)\,e^r$, $r \in \mathbb{R}$. Aus $h'(r) = r(r + 1)\,e^r$ folgt: $h(-1) = \frac{3}{e}$ ist relatives Maximum und $h(0) = 1$ ist relatives Minimum.
Da $\frac{3}{e} < e$, $\lim\limits_{r \to -\infty} h(r) = 0$ und $h(r) \to \infty$ für $r \to \infty$, nimmt h den Wert e genau einmal an.

Seite 76

d) Die Tangente in $B(b \mid f(b))$ hat die Gleichung
t: $y - f(b) = f'(b)\,(x - b)$
t: $y - 2be^b = (2 + 2b)\,e^b(x - b)$
$A(0 \mid a) \in t$ liefert $a - 2be^b = (2 + 2b)\,e^b(-b)$
$\Leftrightarrow a - 2be^b = -2be^b - 2b^2e^b$
$\Leftrightarrow a = -2b^2e^b \Leftrightarrow 2b^2e^b = -a$
Da $2b^2e^b > 0$ für alle $b \in \mathbb{R}$, ist die Gleichung für $a > 0$ nicht lösbar, für $a = 0$ lösbar durch $b = 0$.
Zur Bestimmung der Anzahl der Lösungen für $a < 0$ betrachtet man die Funktion g mit $g(b) = 2b^2e^b$ und untersucht an wie vielen Stellen sie den Wert $-a$ annimmt.
$g'(b) = 2b(b + 2)\,e^b$, $\quad g''(b) = 2(b^2 + 4b + 2)\,e^b$
Die Stellen -2 und 0 sind Extremstellen.
Da $g''(-2) < 0$ und $g(-2) = \frac{8}{e^2}$ ist $\frac{8}{e^2}$ rel. Maximum.
Da $g''(0) > 0$ und $g(0) = 0$ ist 0 rel. Minimum.
Weiter ist $\lim\limits_{b \to -\infty} g(b) = 0$ und $g(b) \to \infty$ für $b \to \infty$.
Somit ist 0 absolutes Minimum von g.
Für $-\frac{8}{e^2} < a < 0$ existieren drei Tangenten an K, für $a = -\frac{8}{e^2}$ zwei und für $a < -\frac{8}{e^2}$ eine Tangente.

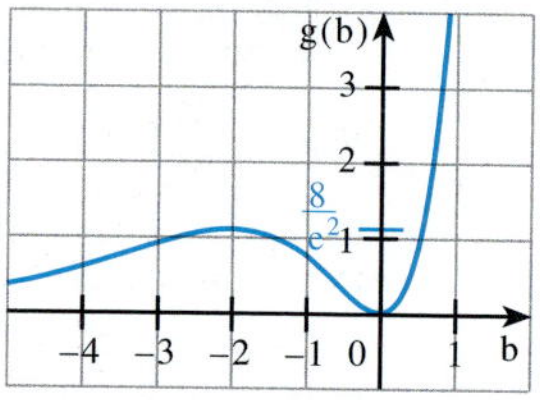

Seite 76 **15. a)** Schnittpunkte mit den Koordinatenachsen: $N_k(k + 1 + \ln k \mid 0)$
$S_k(0 \mid ke - e^{-k})$

keine Extrem- und Wendepunkte; Asymptote: a: $y = ke$
Für $k = 1$ also: a: $y = e$ und $N_1(2 \mid 0)$, $S_1(0 \mid e - \frac{1}{e})$

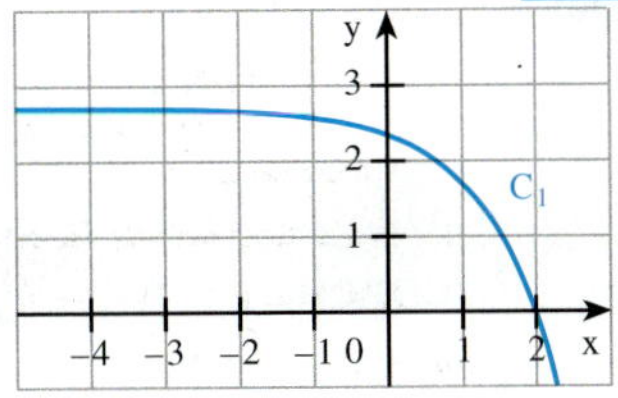

b) $V = \pi \int_0^2 (e - e^{x-1})^2\, dx = \pi \int_0^2 (e^2 - 2e^x + e^{2x-2})\, dx = \pi\, [e^2 x - 2e^x + \frac{1}{2} e^{2x-2}]_0^2$
$= \pi(2e^2 - 2e^2 + \frac{1}{2} e^2 - (-2 + \frac{1}{2} e^{-2})) = \pi(\frac{1}{2} e^2 + 2 - \frac{1}{2} e^{-2}) \approx 17{,}68$ VE

c) $A_k(u) = -u \cdot e^{u-k}$, $u \in \mathbb{R}^-$
$A_k'(u) = -(e^{u-k} + ue^{u-k}) = -(u + 1)\, e^{u-k}$
$A_k'(u) = 0 \Leftrightarrow u = -1$ (unabhängig von k)
$A_k'(u)$ wechselt an der Stelle -1 das Vorzeichen von + nach −
$\Leftrightarrow A_k(-1)$ ist rel. Maximum
Da $\lim\limits_{u \to -\infty} A_k(u) = \lim\limits_{u \to 0-} A_k(u) = 0$, ist $A_k(-1)$ abs. Maximum
Die Punkte $P_k(-1 \mid ke - e^{-1-k})$ liegen auf der Geraden mit der Gleichung $x = -1$.

d) P: $y = ax^2 + c$
$\left.\begin{array}{ll} S(0 \mid e - \frac{1}{e}) \in P: & e - \frac{1}{e} = c \\ N_1(2 \mid 0) \in P: & 0 = 4a + c \end{array}\right\} \Rightarrow a = \frac{1}{4e} - \frac{1}{4} e$
P: $y = (\frac{1}{4e} - \frac{1}{4} e)\, x^2 + e - \frac{1}{e}$
$A = \int_0^2 ((\frac{1}{4e} - \frac{1}{4} e)\, x^2 + e - \frac{1}{e})\, dx = [\frac{1}{3}(\frac{1}{4e} - \frac{1}{4} e)\, x^3 + (e - \frac{1}{e})\, x]_0^2 = \frac{1}{3}(\frac{1}{4e} - \frac{1}{4} e) \cdot 8 + 2(e - \frac{1}{e}) = \frac{2}{3e} - \frac{2}{3} e + 2e - \frac{2}{e} = \frac{4}{3} e - \frac{4}{3e}$
$\approx 3{,}13$ FE

e) Es ist zu zeigen, dass es keine zwei Schaubilder der Schar C_k gibt, die sich schneiden.
Der Ansatz $f_{k_1}(x) = f_{k_2}(x)$ für beliebige $k_1 \neq k_2$ führt auf: $k_1 e - e^{x-k_1} = k_2 e - e^{x-k_2} \Leftrightarrow (k_1 - k_2)\, e = e^{x-k_1} - e^{x-k_2}$
$\Leftrightarrow (k_1 - k_2)\, e = e^x(e^{-k_1} - e^{-k_2})$
$\Leftrightarrow e^x = \frac{k_1 - k_2}{e^{-k_1} - e^{-k_2}}$

Die letzte Gleichung ist nicht lösbar, da Zähler und Nenner des Bruchs in jedem Fall unterschliedliche Vorzeichen besitzen, aber $e^x > 0$ für alle $x \in \mathbb{R}$.

Seite 77 **16.** $f_t(x) = x - e^{t-x}$ $\quad f_1(x) = x - e^{1-x}$
$f_t'(x) = 1 + e^{t-x}$ $\quad f_1'(x) = 1 + e^{1-x}$
$f_t''(x) = -e^{t-x}$ $\quad f_1''(x) = -e^{1-x}$

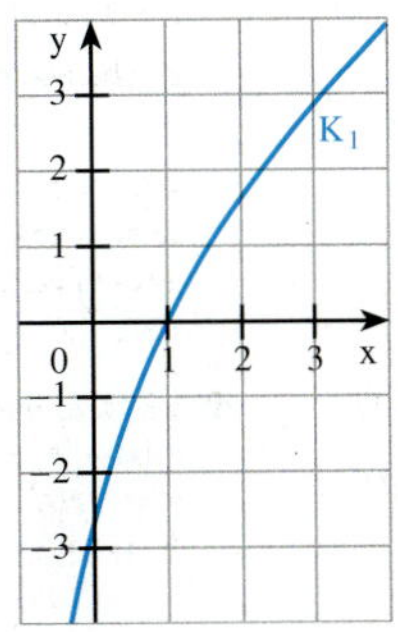

a) $N(1 \mid 0)$ $\quad S(0 \mid -e)$, keine Extrem- und Wendepunkte
Asymptote a: $y = x$

b) $A(u) = \frac{1}{2} + \int_1^u e^{1-x}\, dx = \frac{3}{2} - e^{1-u}$ $\quad \lim\limits_{u \to \infty} A(u) = \frac{3}{2}$.

c) $I(u) = u(u - f_1(u)) = ue^{1-u}$, $u > 0$
$I'(u) = (1 - u)\, e^{1-u}$
$I(1) = 1$ ist absolutes Maximum des Rechteckinhalts.

d) Jede Tangente im Schnittpunkt von K_t mit der y-Achse schneidet die Asymptote in einem von t unabhängigen Punkt $R(1 \mid 1)$.

Seite 77 **17.** $f_t(x) = \frac{1}{t} e^{2x} - te^x$ $\quad f_t'(x) = \frac{2}{t} e^{2x} - te^x$ $\quad f''(x) = \frac{4}{t} e^{2x} - te^x$

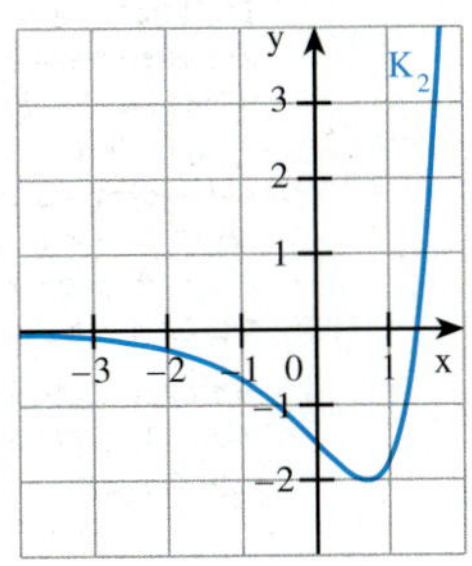

a) $N(2 \ln t \mid 0)$ $\quad S(0 \mid \frac{1}{t} - t)$ $\quad T(\ln \frac{t^2}{2} \mid -\frac{t^3}{4})$ $\quad W(\ln \frac{t^2}{4} \mid -\frac{3}{16} t^3)$.
Asymptote: x-Achse

b) $A = -\int_0^{2 \ln t} f_t(x)\, dx = -[\frac{1}{2t} e^{2x} - te^x]_0^{2 \ln t} = -(\frac{1}{2t} \cdot t^4 - t \cdot t^2 - (\frac{1}{2t} - t)) = \frac{1}{2} t^3 + \frac{1}{2t} - t$
Für $t = 2$ ist $A = 2\frac{1}{4}$

c) $V_t(u) = \pi \int_u^0 [f_t(x)]^2\, dx = \pi \int_u^0 (\frac{1}{t^2} e^{4x} - 2e^{3x} + t^2 e^{2x})\, dx = \pi\, [\frac{1}{4t^2} e^{4x} - \frac{2}{3} e^{3x} + \frac{t^2}{2} e^{2x}]_u^0$
$= \pi\, (\frac{1}{4t^2} - \frac{2}{3} + \frac{t^2}{2} - (\frac{1}{4t^2} e^{4u} - \frac{2}{3} e^{3u} + \frac{t^2}{2} e^{2u}))$
$\lim\limits_{u \to -\infty} V_t(u) = \pi\, (\frac{1}{4t^2} - \frac{2}{3} + \frac{t^2}{2})$. Betrachte $g(t) = \frac{1}{4t^2} - \frac{2}{3} + \frac{t^2}{2}$, $\quad t \in \mathbb{R}$
$g'(t) = -\frac{1}{2t^3} + t$ $\quad g''(t) = \frac{3}{2t^4} + 1$
$g'(t) = 0 \Leftrightarrow t = 2^{-\frac{1}{4}} \vee t = -2^{-\frac{1}{4}}$ (entfällt) $\quad g''(2^{-\frac{1}{4}}) > 0$
Da $g(t) \to +\infty$ für $t \to 0$ und $g(t) \to \infty$ für $t \to \infty$ ist, $\lim\limits_{u \to -\infty} V_t(u)$ für $t = 2^{-\frac{1}{4}}$ am kleinsten.

Verzeichnis mathematischer Symbole

Mengen, Terme

$\mathbb{N}$	Menge der natürlichen Zahlen
$\mathbb{N}_0$	$\mathbb{N} \cup \{0\}$
$\mathbb{Z}$	Menge der ganzen Zahlen
$\mathbb{Q}$	Menge der rationalen Zahlen
$\mathbb{R}$	Menge der reellen Zahlen
$\mathbb{R}^+$	Menge der positiven reellen Zahlen
$\mathbb{R}_0^+$	$\mathbb{R}^+ \cup \{0\}$
$\mathbb{R}^-$	Menge der negativen reellen Zahlen
$\mathbb{R}_0^-$	$\mathbb{R}^- \cup \{0\}$
$x \in M$	x ist Element von M
$x \notin M$	x ist nicht Element von M
$\{x \in M \mid \ldots\}$	Menge aller x aus M, für die gilt …
$\{a, b, c, d\}$	Menge mit den Elementen a, b, c, d
$A \subseteq B$	A ist Untermenge von B
$A \cap B$	Schnittmenge von A und B
$A \cup B$	Vereinigungsmenge von A und B
$A \setminus B$	A ohne die Elemente von B
$\{\,\}$	leere Menge
$[a; b]$	$\{x \in \mathbb{R} \mid a \leq x \leq b\}$
$]a; b[$	$\{x \in \mathbb{R} \mid a < x < b\}$
$[a; b[$	$\{x \in \mathbb{R} \mid a \leq x < b\}$
$[a; +\infty[$	$\{x \in \mathbb{R} \mid x \geq a\}$
$]-\infty; a[$	$\{x \in \mathbb{R} \mid x < a\}$
U_a	Umgebung von a
$a < b$	a ist kleiner als b
$a \leq b$	a ist kleiner oder gleich b
$\lvert a \rvert$	Betrag von a
a^n	a hoch n
$\sqrt{a}$	Wurzel aus a
$\sqrt[n]{a}$	n-te Wurzel aus a
b^x	Potenz zur Basis b mit Exponent x (b hoch x)
$\log_b x$	Logarithmus von x zur Basis b
$\sin x$	Sinus von x
$\cos x$	Kosinus von x
$\tan x$	Tangens von x

Funktionen

f	Funktion
$f(x)$	Funktionsterm der Funktion f Funktionswert von f an der Stelle x
$x \mapsto f(x)$	Zuordnungsvorschrift der Funktion f
D_f	Definitionsbereich der Funktion f
W_f	Wertebereich der Funktion f
f'	Ableitungsfunktion von f
$f''[f''', \ldots, f^{(n)}]$	zweite [dritte, ..., n-te] Ableitung der Funktion f
$f'(a)$	Ableitung der Funktion f an der Stelle a
$\lim\limits_{x \to +\infty} f(x)$	Grenzwert der Funktionswerte für $x \to \infty$
$\lim\limits_{x \to -\infty} f(x)$	Grenzwert der Funktionswerte für $x \to -\infty$
$\lim\limits_{\lvert x \rvert \to \infty} f(x)$	Grenzwert der Funktionswerte für $x \to \infty$ und $x \to -\infty$
$\lim\limits_{x \to a} f(x)$	Grenzwert der Funktionswerte bei Annäherung an die Stelle a
$\lim\limits_{x \to a-} f(x)$	linksseitiger Grenzwert der Funktionswerte bei Annäherung an die Stelle a
$\lim\limits_{x \to a+} f(x)$	rechtsseitiger Grenzwert der Funktionswerte bei Annäherung an die Stelle a

Geometrie

$P(x \mid y)$	Punkt mit den Koordinaten x und y
AB	Gerade durch A und B
$\overline{AB}$	Strecke mit den Endpunkten A und B
$\lvert\overline{AB}\rvert$	Länge der Strecke $\overline{AB}$
ABC	Dreieck mit den Eckpunkten A, B und C
$g \parallel h$	g ist parallel zu h
$g \perp h$	g ist orthogonal zu h